辐射环境模拟与效应丛书

多尺度模拟方法在半导体材料位移损伤研究中的应用

贺朝会 唐 杜 臧 航 邓亦凡 田 赏 著

科学出版社

北 京

内 容 简 介

本书系统介绍了用于材料位移损伤研究的多尺度模拟方法，包括辐射与材料相互作用模拟方法、分子动力学方法、动力学蒙特卡罗方法、第一性原理方法、器件电学性能模拟方法等，模拟尺寸从原子尺度的10^{-10}m到百纳米，时间从亚皮秒量级到10^6s，并给出了多尺度模拟方法在硅、砷化镓、碳化硅、氮化镓材料位移损伤研究中的应用，揭示了典型半导体材料的位移损伤机理和规律，在核技术和辐射物理学科的发展、位移损伤效应研究、人才培养等方面具有重要的学术意义和应用价值。

本书可作为辐射物理、核技术、微电子学、空间电子学、电子元器件等领域科研人员的参考书，也可供辐射效应研究、半导体材料应用、宇航电子系统设计等领域的工程技术人员参考。

图书在版编目（CIP）数据

多尺度模拟方法在半导体材料位移损伤研究中的应用/贺朝会等著. —北京：科学出版社，2023.9

(辐射环境模拟与效应丛书)

ISBN 978-7-03-076469-0

Ⅰ. ①多… Ⅱ. ①贺… Ⅲ. ①半导体材料–损伤–研究 Ⅳ. ①TN304

中国国家版本馆CIP数据核字(2023)第179469号

责任编辑：祝 洁 罗 瑶 / 责任校对：崔向琳

责任印制：赵 博 / 封面设计：陈 敬

科学出版社出版

北京东黄城根北街16号

邮政编码：100717

http://www.sciencep.com

北京华宇信诺印刷有限公司印刷

科学出版社发行 各地新华书店经销

*

2023年9月第 一 版 开本：720 × 1000 1/16

2024年5月第二次印刷 印张：13 1/4

字数：266 000

定价：150.00元

（如有印装质量问题，我社负责调换）

丛 书 序

辐射环境模拟与效应研究主要解决在辐射环境中工作的系统和电子器件的抗辐射加固技术和基础科学问题，涉及辐射环境模拟、辐射效应、抗辐射加固等研究方向，是核科学与技术、电子科学与技术等的交叉学科。辐射环境模拟主要研究不同种类和参数辐射的产生及其应用的基础理论与关键技术；辐射效应主要研究各种辐射引起的器件与系统失效机理、抗辐射加固及性能评估方法。

辐射环境模拟与效应研究涉及国家重大安全，长期以来一直是世界大国博弈的前沿科学技术，具有很强的创新性和挑战性。空间辐射环境引起的卫星故障占全部故障的 45%以上，对航天器构成重大威胁。核辐射环境和强电磁脉冲等人为辐射是造成工作在辐射环境中的电子学系统降级、毁伤的主要因素。国际上，美国国家航空航天局、圣地亚国家实验室、劳伦斯 · 利弗莫尔国家实验室，欧洲宇航局、核子中心，俄罗斯杜布纳联合核子研究所、大电流所等著名的研究机构都将辐射环境模拟与效应作为主要研究领域，开展了大量系统性基础研究，为航天器、新型抗辐射加固材料和微电子技术发展提供了重要支撑。

我国在 20 世纪 60 年代末，开始辐射环境模拟与效应的研究工作。在强烈需求的牵引下，经过多年研究，我国在辐射环境模拟与效应研究领域已经具备了良好的研究基础，解决了大量工程应用方面的难题，形成了一支经验丰富的研究队伍。国内从事相关研究的科研院所、高等院校和工业部门已达百余家，建设了一批可以开展材料、器件和电子学系统相关辐射效应的模拟源，发展了具有特色的辐射测量与诊断技术，开展了大量的辐射效应与机理研究，系统和器件的辐射加固技术水平显著增强，形成了辐射物理学科体系，为国防建设和航天工程发展做出了重大贡献，我国辐射环境模拟与效应研究在科学规律指导下进入了自主创新发展的新阶段。

随着我国空间技术的迅猛发展，在轨航天器数量迅速增长、组网运行规模不断扩大，对辐射环境模拟与效应研究和设备抗辐射性能提出了更高的要求，必须进一步研究提高材料、器件、电子学系统的抗核与空间辐射、强电磁脉冲加固的能力。因此，需要研究建立逼真的辐射模拟实验环境，开展新材料、新工艺、新器件辐射效应机理分析、实验技术和数值仿真研究，建立空间辐射损伤效应与地面模拟实验的等效关系，研发新的抗辐射加固技术，解决空间探索和辐射环境中系统和器件抗辐射加固的关键基础科学问题。

该丛书作者都是从事辐射环境模拟与效应研究的一线科研人员，内容来自辐射环境模拟与效应研究团队几十年的研究成果，系统总结了辐射环境研究与模拟、辐射效应机理、电子元器件与系统抗辐射加固技术等方面取得的科研成果，并介绍了国内外最新研究进展，涉及辐射环境模拟、脉冲功率技术、粒子加速器技术、强电磁环境效应、核与空间辐射效应、辐射效应仿真与抗辐射性能评估等研究领域，内容新颖，数据丰富，体现了理论研究与工程应用相结合的特色，充分展示了我国辐射模拟与效应领域产学研用的创新性成果。

相信该丛书的出版，将有助于进入这一领域的初学者掌握全貌，为该领域研究人员提供有益参考。

吕敏

中国科学院院士　吕敏

抗辐射加固技术专业组顾问

前　言

中子、质子、离子等使靶原子离开正常晶格位置，产生缺陷或缺陷簇，导致半导体器件功能异常的现象称为位移损伤效应。位移损伤导致半导体器件电学性能发生退化，难以恢复，是一种永久性损伤。位移损伤是跨越多个时间尺度的物理现象，采用适用于不同时间尺度的计算方法对位移损伤效应进行研究，并通过适当的方法将各个尺度的模拟衔接起来，对揭示位移损伤的产生和演化机理，以及进一步认识位移损伤引起的电子元器件的电学性能退化机制具有重要意义。

国内外关于多尺度模拟方法在半导体材料中应用的研究不多，尚处于起步阶段。许多研究人员期望掌握多尺度模拟方法。基于上述需求，本书从位移损伤的概念和特点入手，引入位移损伤缺陷的产生及演化模拟研究涉及的模拟方法，系统介绍了不同尺度的模拟方法，包括辐射与材料相互作用模拟方法、分子动力学方法、动力学蒙特卡罗方法、第一性原理方法、器件电学性能模拟方法等，并分别给出了多尺度模拟方法在硅、砷化镓、碳化硅、氮化镓材料位移损伤研究中的应用，实例展示多尺度模拟方法的具体应用，期望帮助相关科研人员掌握多尺度模拟方法。此外，不同于多尺度模拟方法的简单教程，本书通过多尺度模拟研究揭示的位移损伤规律更具学术意义，研究成果对理解辐射在半导体材料中的位移损伤机理有重要价值。

国际上开展半导体材料多尺度模拟研究的学者不多，其中，法国 Mélanie Raine 和 Antoine Jay 研究团队试图将多尺度模拟方法衔接起来。本书是系统介绍多尺度模拟方法在半导体材料位移损伤效应研究中应用的学术专著。

本书由贺朝会教授主持撰写并统稿。第 1～3 章由贺朝会、唐杜撰写；第 4 章由田赏、贺朝会撰写；第 5 章由邓亦凡、贺朝会撰写；第 6 章由臧航、刘方、谢飞、何欢和黄成亮撰写。

本书的出版得到了国家自然科学基金重大项目“纳米器件辐射效应机理及模拟试验关键技术”(11690040)的支持，在此表示感谢！

由于作者水平有限，书中不妥之处在所难免，敬请读者批评指正。

作　者

2023 年 3 月

主要符号表

BCA	二体碰撞近似
BJT	双极结型晶体管
CCD	电荷耦合器件
CID	电荷注入器件
CIS	CMOS 图像传感器
CMOS	互补金属氧化物半导体
C_{Si}	碳反位缺陷
E_a	激活能/eV
E_b	结合能/eV
E_c	导带能级/eV
E_d	离位阈能/eV
E_i	本征能级/eV
E_m	迁移能/eV
E_t	缺陷能级/eV
E_v	价带能级/eV
I_R	反向电流/A
I_{SPDD}	单粒子位移损伤电流/A
I_{dark}	暗电流/A
KMC	动力学蒙特卡罗
LET	线性能量转移/$(MeV \cdot cm^2 \cdot mg^{-1})$
MD	分子动力学
MOS	金属-氧化物-半导体
MOSFET	金属-氧化层-半导体-场效应晶体管
N_d	离位原子数目
NIEL	非电离能量损失/$(MeV \cdot cm^2 \cdot mg^{-1})$

PKA	初级撞出原子
Q_{crit}	临界电荷/C
R_{nn}	原子间最近邻距离/nm
SEU	单粒子翻转
SPDD	单粒子位移损伤
$\mathrm{Si_C}$	硅反位缺陷
U	原子间相互作用势/eV
a_0	晶格常数/nm
$g(r)$	径向分布函数
m	原子质量/kg
n_{i}	本征载流子浓度/$\mathrm{cm^{-3}}$
k_{B}	玻尔兹曼常量，$8.617\times10^{-5}\mathrm{eV\cdot K^{-1}}$
q	基本电荷/$1.6\times10^{-19}\mathrm{C}$
ε	相对介电常数
ε_0	真空介电常数/$(\mathrm{F\cdot cm^{-1}})$
v_{th}	载流子热运动速度/$(\mathrm{cm\cdot s^{-1}})$
ξ	电场强度/$(\mathrm{V\cdot cm^{-1}})$
τ_{n}	少数载流子寿命(电子)/s
τ_{p}	少数载流子寿命(空穴)/s
Φ	中子通量/$\mathrm{cm^{-2}}$

目　录

第1章 绪　　论

工作在空间辐射环境及核动力辐射环境中的电子系统，受到来自周围多种粒子的轰击，产生单粒子效应[1-4]、位移损伤效应[5-9]和总剂量效应[10-12]等，对电子系统的可靠性和稳定性产生巨大威胁。地球赤道上空的范艾仑(van Allen)带具有大量的捕获质子和电子；太阳耀斑爆发时会在瞬时释放大量重离子、α粒子、高能质子和电子；银河宇宙射线中的背景辐射包括约90%的质子、10%的α粒子，以及极少量的电子、光子和重离子等[13]。这些粒子严重影响航天器中电子元器件和集成电路的正常工作。此外，人类活动对能源与日俱增的需求促进了核动力的发展，核动力环境中的辐射粒子及陆生中子在探测器[14]和图像传感器[9]等器件中引起的位移损伤效应导致它们的电学性能发生退化。因此，充分理解辐射引起电子元器件及电路性能退化的机制，采取相应的措施提高其抗辐射性能，是保证辐射环境下工作的器件和电路可靠运行的关键因素之一。

带电粒子、中子等与靶原子相互作用，使其离开正常晶格位置，产生缺陷或缺陷簇，导致半导体器件功能异常的现象称为位移损伤效应。图1-1给出了原子移位形成缺陷示意图。

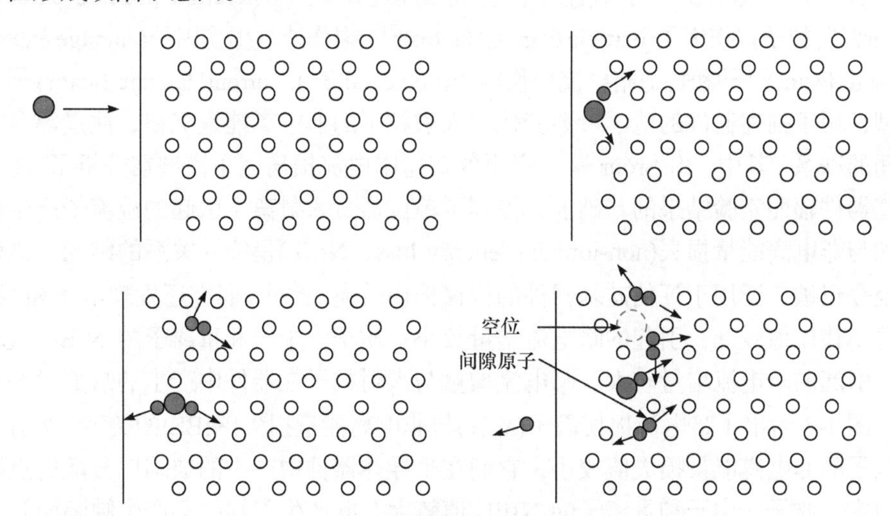

图1-1　原子移位形成缺陷示意图

研究表明，位移损伤效应是工作在空间辐射环境中的电子设备性能下降的重要原因之一[5,6,9,15-18]。当半导体器件受到载能粒子轰击时，粒子与晶格原子发生弹性碰撞，引发晶格原子移位，从而在半导体材料的禁带中引入新的缺陷能级。缺陷能级对电子和空穴具有俘获和发射作用，能够引起器件的电学性能发生改变[5]。单个粒子入射到位移损伤敏感型器件的灵敏体积中时能够引起电学性能发生明显的变化，这种由单个粒子产生的位移损伤引起的器件性能退化效应称为单粒子位移损伤效应[7,9,19]。例如，当单个粒子入射到图像传感器的光电二极管耗尽区时，入射粒子沉积非电离能量导致其径迹周围形成密集的缺陷，这些缺陷将引起光电二极管暗电流的显著增加，使该像元处于常开状态，称为热像素(hot pixel)[9]。这些热像素的存在严重影响图像传感器对弱光信号的探测。

位移损伤是跨越多个时间尺度的物理现象，当前关于位移损伤演化过程的研究尚不完善。采用适用于不同时间尺度的计算方法对单粒子位移损伤效应进行研究，并通过适当的方法将各个尺度的模拟衔接起来，对揭示单粒子位移损伤的产生和演化机理，以及进一步认识位移损伤引起的电子元器件的电学性能退化机制具有重要意义。

1.1 位移损伤效应

近 40 年来，国际上关于位移损伤效应的研究主要集中于太阳电池、双极型晶体管、GaAs 器件、光电二极管、高电子迁移率晶体管(HEMT)、GaN 器件和粒子探测器[5]等，先后提出了载流子产生寿命损伤因子(generation lifetime damage factor)[20]、粒子损伤因子(particle damage factor)[21]、损伤能量损伤因子(damage energy damage factor)[18,22]和普适暗电流损伤因子(universal dark current damage factor)[23]等模型，用于描述器件的电学参数变化与入射粒子的非电离能量沉积、注量等参数之间的联系。其中，由 Srour 等[16]提出的普适暗电流损伤因子模型在分析了 42 个硅基器件辐照实验结果的基础上，得到了单位通量入射离子引起的载流子产生率增加与非电离能量损失(non-ionizing energy loss，NIEL)呈线性关系的结论，该模型至今仍被广泛用于评估硅基器件的位移损伤效应。此外，研究还发现电子和γ射线的 NIEL 值较低，引起的暗电流增量较小；质子、中子和重离子的 NIEL 值较大，引起的暗电流增量较大。暗电流增量与入射粒子在器件中产生的缺陷形态有关。图 1-2 给出了暗电流损伤因子(K_{dark})与非电离能量损失(NIEL)的关系。γ射线和电子的非电离能量损失值较小，它们在半导体器件中产生的缺陷以分散的点缺陷为主；质子、中子和重离子的 NIEL 值较大，既产生点缺陷又产生缺陷团簇，这种情况下器件性能的退化效应更为严重[5]。

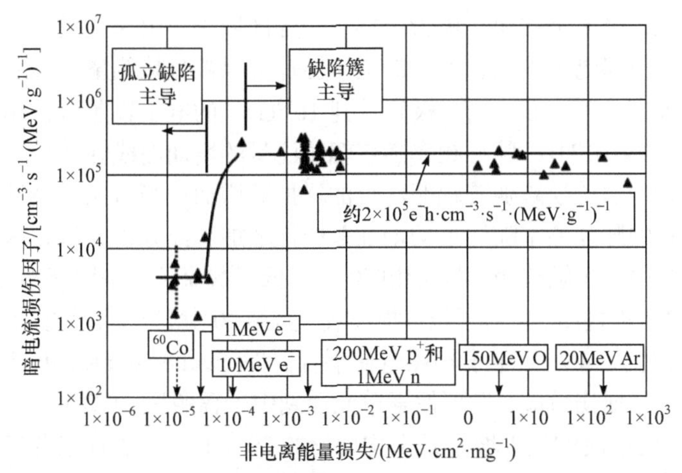

图 1-2　暗电流损伤因子(K_{dark})与非电离能量损失(NIEL)的关系[5]

过去认为，MOS 器件是单极型器件，器件的工作特性由多数载流子控制，因而少数载流子寿命对器件正常工作性能的影响并不明显。随着 CMOS 器件特征尺寸从亚微米发展至超深亚微米及纳米尺度，位移损伤在 MOS 器件中的位移损伤效应也逐渐凸显。Faruk 等[24]对美商安迈有限公司(AMI)0.5μm 和台湾积体电路制造股份有限公司(TSMC)0.25μm 工艺的 MOSFET 进行质子和中子辐照，通过分析辐照前和辐照后晶体管的电流-电压(I-V)特性来比较两种器件的辐照耐受能力。结果表明，这两种工艺下的 MOSFET 在中子辐照前和辐照后都表现出了漏端饱和电流退化的现象，分析认为，由位移损伤过程引起的缺陷导致载流子迁移率下降是漏端饱和电流退化的主要原因。Gadlage 等[25]对 90nm 工艺体硅静态随机(存取)存储器(SRAM)进行了先中子辐照后重离子辐照的实验，结果表明，当中子注量达到 10^{15}cm^{-2} 时，进行重离子照射时多位翻转(MBU)截面显著增加，这主要是因为中子辐照后阱区电阻率略有增加，从而引起阱区电势调制，这与改变阱区的离子掺杂浓度效果类似。

1.2　单粒子位移损伤效应

研究结果表明，在某些低泄漏电流的器件中，单个粒子引起的位移损伤会引起一些电学参数发生明显变化，这些变化并不像电离效应那样迅速恢复到辐照前水平，而是恢复到一定程度后就不再发生变化，且难以恢复到辐照前的水平。这种由单个粒子入射引起的位移损伤导致半导体器件电学性能退化的现象，称为单粒子位移损伤(single particle displacement damage，SPDD)效应[7]。

1965 年，Gereth 等[26]报道了电子和中子在雪崩二极管中引起的位移损伤效应。研究发现，当一个雪崩二极管反偏于击穿区域时，由深能级缺陷发射的一个载流子就足以引起电子雪崩，产生的电压脉冲可以被直接测量。辐照前，雪崩二极管的脉冲频率小于 1Hz；当二极管受到 $10^{15}cm^{-2}$ 的电子辐照后，测量的电压脉冲频率达到 1.3×10^{4}Hz；脉冲频率随着辐照注量的增加而线性增长，是由于电子辐照时二极管中的点缺陷随着辐照注量的增加而增加；当雪崩二极管受到中子辐照时，二极管的脉冲频率随注量的增加非线性增加。经分析，认为这是因为中子入射在二极管中产生缺陷团。缺陷团的存在降低了载流子从缺陷能级发射的势垒，导致载流子产生率提高。单粒子位移损伤效应直至 20 世纪 80 年代才引发担忧[25-27]。Srour 等[27]研究了 14MeV 中子辐照电荷耦合器件(charge-coupled device，CCD)阵列的单粒子位移损伤效应，发现像素单元受到中子辐照后，CCD 的暗电流增长了两个数量级，暗电流的最大增量是平均增量的 20 倍以上。尽管作者当时认为暗电流的增长幅度与产生的缺陷数目有关，而与缺陷是否成团无关，但随后更多的研究证实了缺陷成团现象能够促进暗电流的增长[24,28,29]。Burke 等[30]提出位移损伤引起的电学特性退化程度应与位移损伤缺陷数目呈线性关系的假设，且假设缺陷是否成团并不重要。当这个假设成立时，在 CCD 中由单粒子位移损伤引起的暗电流增量分布应与反冲核的能量分布成对应关系。然而，Burke 等获得的实验结果并非如此，反冲核的最大能量与平均反冲核能量之比为 1.67，暗电流的最大增量与平均增量之比为 23，极端事件中暗电流增量与暗电流平均增长幅度之比不等于最大反冲核能量与平均反冲核能量之比。Srour 等[17]在随后的研究中解释了上述差异。Srour 等认为，耗尽区内的高电场强度引起缺陷能级上的载流子发射率增加，从而导致一些极端损伤事件的发生。Marshall 等[22]提出了一个解析模型来预测电荷注入器件(charge injection device，CID)中由位移损伤导致的暗电流增量分布，发现当电场强度高于 10^{5} V · cm^{-1} 时，采用不考虑电场增强效应的 Shockley-Read-Hall(SRH)复合理论将低估 CID 的暗电流增长幅度。Kuboyama 等[31]研究了 AlGaN/GaN 高电子迁移率晶体管的单粒子位移损伤效应，观察到晶体管在 74MeV Ne、147MeV Ar 和 315MeV Kr 及 443MeV Xe 离子辐照条件下漏端电流会出现突然增加的现象，漏端电流的平均增长幅度为 187μA，测量到的漏电流经过一段时间的恢复后保持稳定，而这个稳定值高于晶体管辐照前的泄漏电流水平。近年来，单粒子位移损伤效应受到了更多关注。Auden 等[7]报道了采用 ^{252}Cf 源辐照 PAD1 二极管时观察的 SPDD 电流台阶的测量结果，图 1-3 给出了 PAD1 二极管受到 ^{252}Cf 源辐照的 SPDD 效应，展示了辐照过程中观测到的一个单粒子位移损伤电流脉冲，在 10.2h 时，实时监测的二极管反向电流突然增大，之后迅速下降。单粒子位移损伤事件之后的反向电流值与突变前的反向电流值形成一个电流台阶。室温条件下，电流台阶能够维持在一个稳定水平直至发生下一次单粒子位移损伤事件。

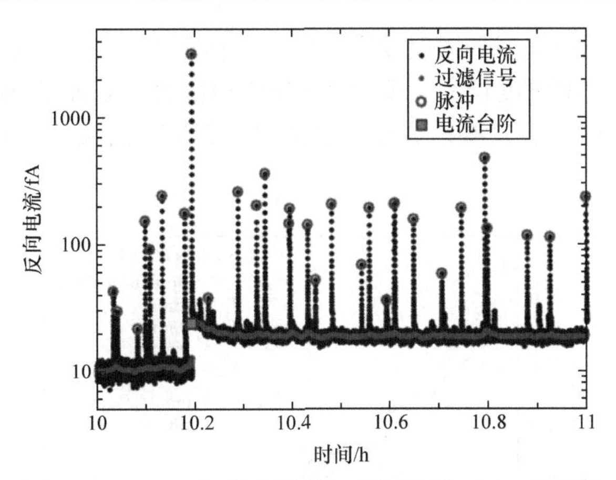

图 1-3　PAD1 二极管受到 ^{252}Cf 源辐照的 SPDD 效应[7]

随后，Raine 等[9]报道了中子辐照 CMOS 图像传感器(CMOS image sensor，CIS)时监测到的光电二极管中的单粒子位移损伤电流。图 1-4 给出了中子辐照 CIS 在 4 个像素单元中引起的单粒子位移损伤电流脉冲。部分发生单粒子位移损伤事件的光电二极管暗电流在室温下难以恢复至辐照前的水平。定义了一个暗电流退火因子来分析 SPDD 电流的退火过程，图 1-5 给出了中子辐照 CIS 光电二极管引起的 SPDD 电流的归一化退火因子随时间的变化。CIS 的像素单元发生 SPDD 效应后，突变的暗电流恢复需要较长时间，100s 后暗电流仍然在发生缓慢退火。综上所述，关于单粒子位移损伤的实验研究已取得一定成果，但关于单粒子位移损伤的产生及长时间演化行为的模拟研究较少，模拟结果与实验结果对比仍然受到限制。这是因为单一的模拟方法一般仅适用于特定时间和空间尺度的物理现象研究，而位移损伤过程涉及入射粒子与靶原子的碰撞、缺陷的产生与恢复、缺陷迁

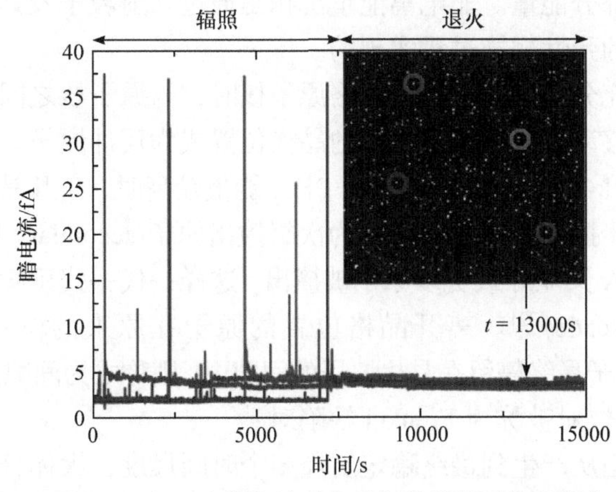

图 1-4　中子辐照 CIS 在 4 个像素单元中引起的单粒子位移损伤电流脉冲[9]

移和缺陷之间的反应等多个物理过程，跨越多个时间尺度，需要采用多种模拟方法结合，因此研究的难度较大。现阶段对位移损伤的模拟研究仍然集中在各个时间尺度内的独立研究，这些研究结果仅能够在其适用的尺度上对部分物理现象进行解释。

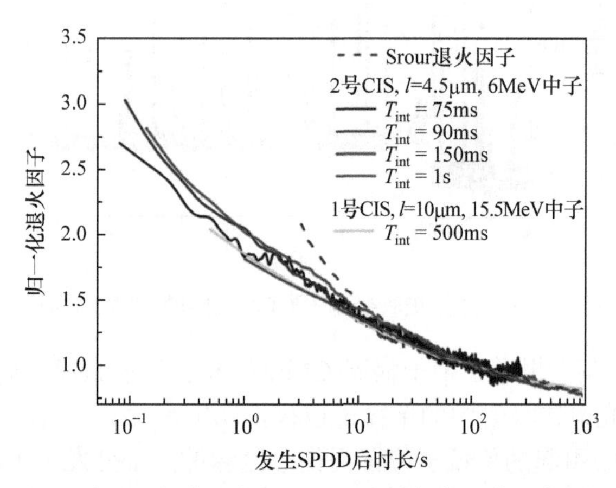

图 1-5 中子辐照 CIS 光电二极管引起的 SPDD 电流的归一化退火因子随时间的变化[9]

T_{int}-积分时间；l-相邻两像素中心的距离

1.3 位移损伤的多尺度特点

载能粒子入射到靶材料后，主要通过两种形式损失能量：一种是电离能量损失，另一种是非电离能量损失[32]。入射粒子沉积能量并将电子从价带激发到导带，产生电子-空穴对的过程称为电离。非电离能量是指入射粒子导致原子移位和声子产生损失的那部分能量。非电离能量沉积是通过入射粒子及其产生的反冲原子与靶原子核之间的弹性碰撞过程实现的。

当入射粒子充分靠近靶材料的晶格原子核时，与原子核之间发生弹性散射，晶格原子获得足够动能时将离开原来的晶格位置成为反冲原子，又称为初级撞出原子(primary knock-on atom，PKA)。当 PKA 能量较高时，离开晶格位置后它能够继续运动并进一步撞出晶格原子，称为次级撞出原子(secondary knock-on atom，SKA)，同理，SKA 又能导致更多原子被撞出，这样一代一代延续的过程称为级联碰撞(collision cascade)[32]。离开晶格位置的原子在原来的位置留下一个空位(vacancy)，若该原子最终停留在晶格原子的间隙中，则称之为间隙原子(interstitial)，这些间隙原子-空位对被称为 Frenkel 缺陷对。

位移损伤缺陷从产生到最终稳定历经多个时间尺度，大体分为四个阶段[33]。图 1-6 示意了跨越多个时间尺度的位移损伤效应。

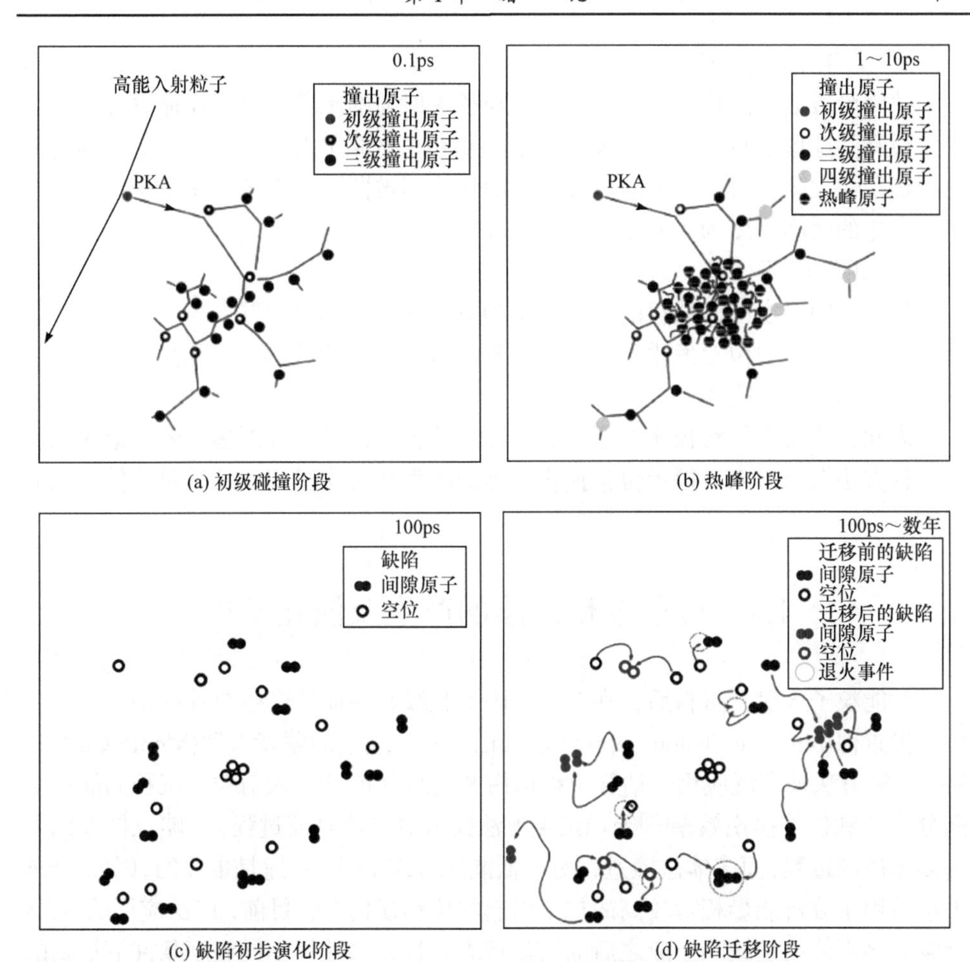

(a) 初级碰撞阶段 (b) 热峰阶段

(c) 缺陷初步演化阶段 (d) 缺陷迁移阶段

图 1-6 跨越多个时间尺度的位移损伤效应[34]

1) 初级碰撞阶段

入射粒子与靶原子快速碰撞，晶格原子获得足够能量时，产生的 PKA 继续运动，与周围晶格原子发生碰撞进一步产生 SKA、三级撞出原子(TKA)等。这一过程发生的时间尺度为 0.1ps 量级，如图 1-6(a)所示。

2) 热峰阶段

晶格原子受到 PKA 碰撞时，如果获得的能量不足以引起离位，这些能量能够引起晶格原子在平衡位置振动并激起周围原子同时振动，最终这些能量以晶格原子无规则热振动的形式在受击原子周围有限的体积内释放，使局部的温度迅速上升，部分区域的温度远远超过熔点。这一阶段中，一部分由级联碰撞过程中产生的缺陷发生了复合。该阶段发生的时间尺度为 1～10ps，如图 1-6(b)所示。

3) 缺陷初步演化阶段

热峰阶段后，晶格温度逐渐恢复到粒子入射前的水平，级联碰撞过程中产生的空位和间隙原子将与周围环境中的缺陷或者晶格原子发生反应，反应激活能低的缺陷很快发生复合，而反应激活能高的缺陷则被留下，系统状态趋于稳定，该阶段发生的时间尺度为 100ps，如图 1-6(c)所示。

4) 缺陷迁移阶段

较大时间尺度内，残存的间隙原子和空位迁移至其他位置，与杂质原子、近邻的间隙原子和空位等发生反应，形成复杂缺陷。该阶段的时间尺度为 100ps～数年，如图 1-6(d)所示。

因此，要模拟位移损伤对器件宏观性能的影响，必须开展多尺度模拟研究，把多种方法衔接起来，揭示位移损伤缺陷的产生和演化过程，及其对器件性能的影响。

1.4 位移损伤缺陷的产生及演化模拟

载能粒子入射到材料后，在亚皮秒内引起级联碰撞并产生位移损伤。基于二体碰撞近似(binary collision approximation，BCA)理论的蒙特卡罗(Monte Carlo，MC)计算方法被广泛应用于估算位移损伤的空间分布[33]、入射粒子沉积的能量空间分布[35]和位移损伤效率[36]等。BCA 方法仅考虑二体碰撞过程，忽略三体及以上的多体碰撞过程，而多体碰撞过程对于低能(100eV 以下)碰撞是重要的，因此 BCA 方法适用于分析能量相对较高的粒子引起的位移损伤[37]。目前，广泛应用的 BCA 计算程序不能描述缺陷形成之后的演化行为，且无法计算不同温度条件下缺陷的形成及演化，这限制了它在原子尺度模拟研究中的应用。

分子动力学(molecular dynamics，MD)方法与 BCA 方法不同，MD 方法通过求解经典的牛顿运动方程对模拟体系中所有原子的坐标及速度进行跟踪，是一种确定论方法。由于 MD 模拟的结果较精确，被广泛用于模拟多种材料在原子尺度的行为[38-40]。Caturla 等[38]采用 MD 方法模拟了能量为 5keV 的初级撞出原子(PKA)在硅中引起的级联碰撞，发现缺陷数目在经历先上升后下降的过程后，8ps 时间内已经趋于稳定；在级联碰撞热峰阶段，损伤区域质心附近的对关联函数(pair correlation function，又称“径向分布函数”)与熔融硅的对关联函数形状类似，这表明损伤中心区域的原子处于高度无序的状态，具有与液态硅类似的性质；通过对比 B 和 As 入射硅的级联碰撞结果发现，对于相同能量的入射粒子，较轻的粒子引起的主要是点缺陷和小缺陷团簇，较重的粒子则引起较大的缺陷团簇；Nordlund 等[40]采用 MD 方法模拟了 0.4～10keV 的 Si PKA 于 0K 温度下在硅晶体中产生的缺陷数目及缺陷形态。结果表明，缺陷数目在 0.1～0.5ps 达到峰值；当 PKA 能量低于 1keV 时，离位级联一般为单个级联，当 PKA 能量高于 1keV 时，离位级联能够分为若干个子级联，在晶格中形成松散的损伤结构。Konoplev 等[41]研究了 100eV PKA 在 0K、300K 及 500K 温度下的级联碰撞损伤过程，发现温度对稳定缺陷的数目无显著的影响，且 PKA 的级联损伤区尺寸与温度未呈现单调增加或减小的趋势。Denton 等[42]研究了 1.6keV 的 PKA 在 500～1700K 温度下的级联碰撞过程，结果表明温度越高的情况下引起的位移损伤区域越大，且温度较低的情况下缺陷数目很快趋于稳定，而高温下位移损伤缺陷能够发生持续的退火。Santos 等[43]对 0K、150K 及 300K 温度下 1keV PKA 引起的级联碰撞过程进行了研究，结果表明缺陷数目在峰值时刻的平均尺寸及最大尺寸都随温度的升高而增大。

以上提及的分子动力学研究的时间尺度大多为 1ps～1ns 量级，对于位移损伤缺陷在更长时间内演化行为的研究可采用动力学蒙特卡罗(kinetic Monte Carlo，KMC)方法。与 MD 方法不同，KMC 方法在计算中仅考虑对所计算实体的状态变化有意义的行为，忽略原子振动等微小的、无意义的晶格原子运动。在 KMC 模拟中，发生频率最高的事件是粒子迁移，约 10^9Hz 量级，而晶格原子的振动频率是 10^{13}Hz 量级[44]。因此，KMC 模拟所需的计算时间大大缩短。过去采用 KMC 方法对载能粒子在硅材料中引起的位移损伤的研究主要集中在离子注入后掺杂原子的空间分布[45,46]、掺杂原子的扩散行为[47]、离子射程附近的材料非晶化及再晶化行为、累积的位移损伤缺陷的高温退火[48,49]、{311}缺陷和位错环缺陷等扩展缺陷的形成与演化[50]等方面。在 KMC 程序开发方面，1996 年美国贝尔实验室联合西班牙 Valladolid 大学 Jaraiz 团队率先开发了应用于硅离子注入损伤及退火模拟的 KMC 程序——DADOS[51]，已经集成到半导体模拟软件 Sentaurus TCAD 的 SPROCESS 模块中[52]并仍在进一步改进。日本电气股份有限公司(NEC)[53]、Fujitsu 实验室[54]也开发了类似程序并发表了许多离子注入工艺仿真方面的论文。西班牙马德里先进材料研究所(IMDEA)Ignacio Martin-Bragado 团队开发了适用于包括 Si、SiC、Fe、W 等材料的原子尺度演化行为研究的 KMC 程序——MMonCa[55]。

已有研究工作大多是采用一种计算方法在其适用的时间尺度内对位移损伤进行的研究。就目前的计算机性能而言，将多个时间尺度的模拟计算进行耦合以研究多个时间尺度内体系连续演化规律的难度已有所降低。Huhtinen[56]定义了不同缺陷的产生率，并基于速率理论模拟了中子、质子及电子辐照条件下器件泄漏电流及有效载流子浓度随辐照注量的变化。模拟结果表明，采用标准的 Shockley-Read-Hall 复合理论计算的泄漏电流值低于实验测量值，这可能是由于模拟中未考虑缺陷成团对载流子产生的增强效应；Lazanu 等[57]采用速率理论(rate theory)建立了唯象模型(phomenological model)模拟均匀分布的缺陷随时间的演化过程，模拟中未考虑间隙原子和空位的成团行为。研究结果表明，经过一定时间的演化，在富氧的硅材料中氧空位(VO)的含量比其他稳定缺陷的数目更多；Lazanu 等又进一步采用该模型预测了硅探测器经过长时间辐照后泄漏电流和有效载流子浓度随时间的变化[58]。Myers 等[59]提出采用 BCA 方法结合连续介质模型来模拟中子辐照双极结型晶体管(bipolar junction transistor，BJT)引起的位移损伤缺陷在 0.01s 内的演化过程。基于 BCA 模拟的中子引起的位移损伤缺陷分布结果，假设中子辐照损伤的初态缺陷包括点间隙原子(100%)、双空位(44%)和点空位(56%)。模拟结果表明在整个过程中双空位的数目保持稳定，约 50%的间隙原子被 B 替位原子俘获形成 B_i 缺陷，其他间隙原子与点空位发生复合，其他点空位与 P 替位原子结合形成 VP 缺陷，整个演化过程中仅形成了极少量的 C_i 和 VO 缺陷。Hehr[60]提出采用 BCA 方法结合 KMC 方法来模拟中子辐照 2N2222 BJT 时产生的缺陷演化行为及基极电流的恢复过程，采用了与 Myers 等[59]类似的方法来确定中子辐照引起的缺陷初态分布。模拟结果表明，由于不同位置掺杂的杂质原子类型及其掺杂浓度不同，中子辐照在 BJT 中产生缺陷的长时间演化行为与缺陷所处的位置有关。

在应用 MD 方法和 KMC 方法结合研究材料的位移损伤方面，Caturla 等[61]采用 MD 方法模拟了 5～15keV As 离子注入硅产生的位移损伤，并将缺陷引入 KMC 模拟中，进行高温退火研究；Otto 等[62]采用 MD 和 KMC 耦合的方法模拟了 B 和 As 注入硅的损伤重叠(overlaping)现象。模拟结果表明，通过选择适当的 MD 和 KMC 耦合时刻，可以确保 MD 模拟的缺陷引入 KMC 时初始状态下缺陷形态和结构不发生剧烈变化，MD 模拟和 KMC 模拟能够实现“无缝衔接”。除了硅材料，国际上和国内还报道了其他材料的位移损伤多尺度模拟的相关研究工作。Ortiz 等[63]将 30keV PKA 入射铁的级联碰撞 MD 计算结果引入 KMC 模拟中，研究了级联碰撞缺陷的等时退火行为。结果表明，与点缺陷退火行为相比，离位级联碰撞引起的缺陷退火率较低且出现新的退火峰，说明缺陷团的退火过程与点缺陷的退火过程存在差异；Setyawan 等[64]基于 MD 和 KMC 方法研究了辐照条件(如温度、入射粒子能量)对 W 中缺陷长时间演化的影响；王宁[65]采用 MD 和 KMC 结合的方法模拟了钒的级联碰撞产生及缺陷长时间演化过程；郭达禧[66]等采用 MD 方法和 KMC 方法耦合模拟研究了 550keV Si 入射 SiC 产生的缺陷的长时间演化机理。

关于多尺度模拟方法在半导体材料位移损伤效应研究中的应用尚无系统的文献。本书在总结课题组研究成果的基础上，从以下方面介绍多尺度模拟方法及其在半导体材料位移损伤效应中的应用。

第 1 章绪论，介绍了位移损伤效应以及单粒子位移损伤效应研究现状，分析了位移损伤的多尺度特点，介绍了位移损伤缺陷的产生及演化模拟研究现状，引出多尺度模拟方法。

第 2 章多尺度模拟方法，介绍了辐射与材料相互作用模拟方法、分子动力学方法、动力学蒙特卡罗方法、第一性原理方法和器件电学性能模拟方法。

第 3 章多尺度模拟方法在硅材料位移损伤研究中的应用，介绍了离子入射硅引起的位移损伤缺陷初态研究、硅中离位级联的分子动力学模拟研究、位移损伤缺陷的长时间演化机理研究，以及重离子引起的单粒子位移损伤电流计算等。

第 4 章多尺度模拟方法在砷化镓材料位移损伤研究中的应用，介绍了质子在 GaAs 中初级离位碰撞模拟、GaAs 中级联碰撞的分子动力学模拟和 GaAs 中辐照缺陷长时间演化的 KMC 模拟研究。

第 5 章多尺度模拟方法在碳化硅材料位移损伤研究中的应用，介绍了中子与 SiC 材料初级碰撞模拟、PKA 在 SiC 中产生缺陷的分子动力学模拟研究、4H-SiC 中缺陷长时间演化的 KMC 模拟和位移损伤导致的反向漏电流的计算。

第 6 章多尺度模拟方法在氮化镓材料位移损伤研究中的应用，介绍了不同中子能谱在 GaN 中产生的初级反冲原子能谱研究、10keV PKA 在 GaN 中离位级联的分子动力学模拟研究和基于动力学蒙特卡罗的 GaN 位移损伤缺陷演化的模拟研究，以 1MeV 中子辐照为例，介绍了多尺度模拟研究和基于 TCAD 的 GaN 电学特性研究。

参 考 文 献

[1] VIRMONTOIS C, TOULEMONT A, ROLLAND G, et al. Radiation-induced dose and single event effects in digital CMOS image sensors[J]. IEEE Transactions on Nuclear Science, 2014, 61(6): 3331-3340.

[2] HUBERT G, ECOFFET R. Operational impact of statistical properties of single event phenomena for on-orbit measurements and predictions improvement[J]. IEEE Transactions on Nuclear Science, 2013, 60(5): 3915-3923.

[3] MUNTEANU D, AUTRAN J L. Modeling and simulation of single-event effects in digital devices and ICs[J]. IEEE Transactions on Nuclear Science, 2008, 55(4): 1854-1878.

[4] VEERAVALLI V S, POLZER T, SCHMID U, et al. An infrastructure for accurate characterization of single-event transients in digital circuits[J]. Microprocessors & Microsystems, 2013, 37(8): 772-791.

[5] SROUR J R, PALKO J W. Displacement damage effects in irradiated semiconductor devices[J]. IEEE Transactions on Nuclear Science, 2013, 60(3): 1740-1766.

[6] WANG Z, HUANG S, LIU M, et al. Displacement damage effects on CMOS APS image sensors induced by neutron irradiation from a nuclear reactor[J]. AIP Advances, 2014, 4(7): 1328-1331.

[7] AUDEN E C, WELLER R A, MENDENHALL M H, et al. Single particle displacement damage in silicon[J]. IEEE Transactions on Nuclear Science, 2012, 59(6): 3054-3061.

[8] AUDEN E C, WELLER R A, SCHRIMPF R D, et al. Effects of high electric fields on the magnitudes of current steps produced by single particle displacement damage[J]. IEEE Transactions on Nuclear Science, 2013, 60(6): 4094-4102.

[9] RAINE M, GOIFFON V, PAILLET P, et al. Exploring the kinetics of formation and annealing of single particle displacement damage in microvolumes of silicon[J]. IEEE Transactions on Nuclear Science, 2014, 61(6): 2826-2833.

[10] SHANEYFELT M R, SCHWANK J R, DODD P E, et al. Total ionizing dose and single event effects hardness

assurance qualification issues for microelectronics[J]. IEEE Transactions on Nuclear Science, 2008, 55(4): 1926-1946.

[11] ZHOU J, LUO H, KONG X, et al. Total-dose-induced edge effect in SOI NMOS transistors with different layouts[J]. Microelectronics Reliability, 2010, 50(1): 45-47.

[12] BARNABY H J. Total-ionizing-dose effects in modern CMOS technologies[J]. IEEE Transactions on Nuclear Science, 2006, 53(6): 3103-3121.

[13] 赖祖武. 抗辐射电子学——辐射效应及加固原理[M]. 北京: 国防工业出版社, 1998.

[14] FRETWURST E, DEHN C, FEICK H, et al. Neutron induced defects in silicon detectors characterized by DLTS and TSC methods[J]. Nuclear Instruments and Methods in Physics Research A: Accelerators Spectrometers Detectors and Associated Equipment, 1996, 377(2-3): 258-264.

[15] VIRMONTOIS C, GOIFFON V, MAGNAN P, et al. Displacement damage effects due to neutron and proton irradiations on CMOS image sensors manufactured in deep submicron technology[J]. IEEE Transactions on Nuclear Science, 2011, 57(6): 3101-3108.

[16] SROUR J R, PALKO J W. A framework for understanding displacement damage mechanisms in irradiated silicon devices[J]. IEEE Transactions on Nuclear Science, 2006, 53(6): 3610-3620.

[17] SROUR J R, HARTMANN R A. Enhanced displacement damage effectiveness in irradiated silicon devices[J]. IEEE Transactions on Nuclear Science, 1989, 36(6): 1825-1830.

[18] MARSHALL P W, DALE C J, BURKE E A, et al. Displacement damage extremes in silicon depletion regions[J]. IEEE Transactions on Nuclear Science, 1989, 36(6): 1831-1839.

[19] AUDEN E C. Heavy ion-induced single particle displacement damage in silicon[D]. Nashville: Vanderbilt University, 2013.

[20] SROUR J R, CHEN S C, OTHMER S, et al. Neutron damage mechanisms in charge transfer devices[J]. IEEE Transactions on Nuclear Science, 1978, 25(6): 1251-1260.

[21] DALE C J, MARSHALL P W, BURKE E A, et al. The generation lifetime damage factor and its variance in silicon[J]. IEEE Transactions on Nuclear Science, 1990, 36(6): 1872-1881.

[22] MARSHALL P W, DALE C J, BURKE E A. Proton-induced displacement damage distributions and extremes in silicon microvolumes[J]. IEEE Transactions on Nuclear Science, 1990, 37(6): 1776-1783.

[23] SROUR J R, LO D H. Universal damage factor for radiation-induced dark current in silicon devices[J]. IEEE Transactions on Nuclear Science, 2000, 47(6): 2451-2459.

[24] FARUK M G, WILKINS R, DWIVEDI R C, et al. Proton and neutron radiation effects studies of MOSFET transistors for potential deep-space mission applications[C]. 2012 IEEE Aerospace Conference, Big Sky: IEEE, 2012: 1-13.

[25] GADLAGE M J, KAY M J, DUNCAN A R, et al. Impact of neutron-induced displacement damage on the multiple bit upset sensitivity of a bulk CMOS SRAM[J]. IEEE Transactions on Nuclear Science, 2012, 59(6): 2722-2728.

[26] GERETH R, HAITZ R H, SMITS F M. Effects of single neutron - induced displacement clusters in special silicon diodes[J]. Journal of Applied Physics, 1965, 36(12): 3884-3894.

[27] SROUR J R, HARTMANN R A. Effects of single neutron interactions in silicon integrated circuits[J]. IEEE Transactions on Nuclear Science, 1985, 32(6): 4195-4200.

[28] WATTS S J, MATHESON J, HOPKINS-BOND I H, et al. A new model for generation-recombination in silicon depletion regions after neutron irradiation[J]. IEEE Transactions on Nuclear Science, 1997, 43(6): 2587-2594.

[29] GILL K, HALL G, MACEVOY B. Bulk damage effects in irradiated silicon detectors due to clustered divacancies[J]. Journal of Applied Physics, 1997, 82(1): 126-136.

[30] BURKE E A, SUMMERS G P. Extreme damage events produced by single particles[J]. IEEE Transactions on Nuclear Science, 1987, 34(6): 1575-1579.

[31] KUBOYAMA S, MARU A, SHINDOU H, et al. Single-event damages caused by heavy ions observed in AlGaN/GaN HEMTs[J]. IEEE Transactions on Nuclear Science, 2011, 58(6): 2734-2738.

[32] 郁金南. 材料辐照效应[M]. 北京: 化学工业出版社, 2007.

[33] HARA T, MURAKI T, SAKURAI M, et al. Damage depth profiles for high energy ion implanted silicon[J]. Nuclear Instruments and Methods in Physics Research B-Beam Interactions with Materials and Atoms, 1993, 74(93): 191-196.

[34] NORDLUND K, DJURABEKOVA F. Multiscale modelling of irradiation in nanostructures[J]. Journal of Computational Electronics, 2014, 13(1): 122-141.

[35] SUN G, DÖBELI M, MÜLLER A M, et al. Energy loss and straggling of heavy ions in silicon nitride in the low MeV energy range[J]. Nuclear Instruments and Methods in Physics Research B-Beam Interactions with Materials and Atoms, 2007, 256(2): 586-590.

[36] ZIEGLER J F. SRIM: The stopping and range of ions in matter[J]. Nuclear Instruments and Methods in Physics Research B: Beam Interactions with Materials and Atoms, 2010, 268(11-12): 1818-1823.

[37] BORODIN V A. Molecular dynamics simulation of annealing of post-ballistic cascade remnants in silicon[J]. Nuclear Instruments and Methods in Physics Research B: Beam Interactions with Materials and Atoms, 2012, 282: 33-37.

[38] CATURLA M J, DÍAZ DE LA RUBIA T, GILMER G H. Disordering and defect production in silicon by keV ion irradiation studied by molecular dynamics[J]. Nuclear Instruments and Methods in Physics Research B: Beam Interactions with Materials and Atoms, 1995, 106(1): 1-8.

[39] DÍAZ DE LA RUBIA T, GILMER G H. Structural transformations and defect production in ion implanted silicon: A molecular dynamics simulation study[J]. Physical Review Letters, 1995, 74(13): 2507-2510.

[40] NORDLUND K, GHALY M, AVERBACK R S, et al. Defect production in collision cascades in elemental semiconductors and fcc metals[J]. Physical Review B, 1998, 57(13): 7556-7570.

[41] KONOPLEV V, GRAS-MARTI A, ANDRIBET E P, et al. Effect of temperature on the bulk atomic relocation in low-energy collision cascades in silicon: A molecular dynamics study[J]. Radiation Effects and Defects in Solids: Incorporating Plasma Science and Plasma Technology, 1995, 133(3): 179-192.

[42] DENTON C D, KONOPLEV V M, GRAS-MARTÍ A, et al. Annealing of radiation damage in Si. A molecular dynamics study[J]. Radiation Effects and Defects in Solids, 1997, 141(1): 129-140.

[43] SANTOS I, MARQUÉS L A, PELAZ L, et al. Temperature effect on damage generation mechanisms during ion implantation in Si. A classical molecular dynamics study[J]. AIP Conference Proceedings, 2012, 1496(4): 229-232.

[44] DABROWSKI J, WEBER E R. Predictive Simulation of Semiconductor Processing[M]. Berlin, Heidelberg: Springer, 2004.

[45] MARTIN-BRAGADO I, ZOGRAPHOS N. Indirect boron diffusion in amorphous silicon modeled by kinetic Monte Carlo[J]. Solid-State Electronics, 2011, 55(1): 25-28.

[46] MARTIN-BRAGADO I, TIAN S, JOHNSON M, et al. Modeling charged defects, dopant diffusion and activation mechanisms for TCAD simulations using kinetic Monte Carlo[J]. Nuclear Instruments and Methods in Physics Research Section B: Beam Interactions with Materials and Atoms, 2006, 3040(61): 63-67.

[47] ABOY M, PELAZ L, MARQUES L A, et al. Atomistic analysis of the evolution of boron activation during annealing in crystalline and preamorphized silicon[J]. Journal of Applied Physics, 2005, 97(10): 103520.

[48] NODA T, ORTOLLAND C, VANDERVORST W, et al. Laser annealed junctions: Pocket profile analysis using an

atomistic kinetic Monte Carlo approach[C]. Symposium on VLSI Technology(VLSIT). Piscataway, NJ, Honolulu, USA: IEEE, 2010: 73-74.

[49] FISICARO G, PELAZ L, ABOY M, et al. Dopant dynamics and defects evolution in implanted silicon under laser irradiations: A coupled continuum and kinetic Monte Carlo approach[C]. International Conference on Simulation of Semiconductor Processes and Devices(SISPAD). Piscataway, NJ, Glasgow, Scotland: IEEE, 2013: 33-36.

[50] MARTIN-BRAGADO I, AVCI I, ZOGRAPHOS N, et al. From point defects to dislocation loops: A comprehensive modelling framework for self-interstitial defects in silicon[J]. Solid-State Electronics, 2008, 52(9): 1430-1436.

[51] JARAIZ M, CASTRILLO P, PINACHO R, et al. Atomistic Front-end Process Modelling: A Powerful Tool for Deep-submicron Device Fabrication[M]. Vienna: Springer, 2001.

[52] MOK K R C, COLOMBEAU B, BENISTANT F, et al. Predictive simulation of advanced nano-CMOS devices based on kMC process simulation[J]. IEEE Transactions on Electron Devices, 2007, 54(9): 2155-2163.

[53] HANE M, IKEZAWA T, TAKEUCHI K, et al. Monte Carlo impurity diffusion simulation considering charged species for low thermal budget sub-50nm CMOS process modeling[C]. International Electron Devices Meeting,(IEDM'01) Technical Digest Piscataway, NJ, Washington DC, USA: IEEE, 2001: 843-846.

[54] YU M, HUANG R, ZHANG X, et al. Atomistic simulation of defects evolution in silicon during annealing after low energy self-ion implantation[J]. Materials Science in Semiconductor Processing, 2004, 7(1): 13-17.

[55] MARTIN-BRAGADO I, RIVERA A, VALLES G, et al. MMonCa: An Object Kinetic Monte Carlo simulator for damage irradiation evolution and defect diffusion[J]. Computer Physics Communications, 2013, 184(12): 2703-2710.

[56] HUHTINEN M. Simulation of non-ionising energy loss and defect formation in silicon[J]. Nuclear Instruments and Methods in Physics Research A: Accelerators Spectrometers Detectors and Associated Equipment, 2002, 491(1-2): 194-215.

[57] LAZANU I, LAZANU S. The influence of initial impurities and irradiation conditions on defect production and annealing in silicon for particle detectors[J]. Nuclear Instruments and Methods in Physics Research Section B: Beam Interactions with Materials and Atoms, 2002, 201(3): 491-502.

[58] LAZANU I, LAZANU S. The role of primary point defects in the degradation of silicon detectors due to hadron and lepton irradiation[J]. Physica Scripta, 2006, 74(2): 201-207.

[59] MYERS S M, COOPER P J, WAMPLER W R. Model of defect reactions and the influence of clustering in pulse-neutron-irradiated Si[J]. Journal of Applied Physics, 2008, 104(4): 044507.

[60] HEHR B D. Analysis of radiation effects in silicon using kinetic Monte Carlo methods[J]. IEEE Transactions on Nuclear Science, 2014, 61(6): 2847-2854.

[61] CATURLA M J, DÍAZ DE LA RUBIA T, JARAIZ M, et al. Atomic scale simulations of arsenic ion implantation and annealing in silicon[J]. Mrs Online Proceeding Library, 1995, 396: 45-50.

[62] OTTO G, HOBLER G. Coupled kinetic Monte Carlo and molecular dynamics simulations of implant damage accumulation in silicon[J]. Mrs Online Proceeding Library, 2004, 792: R6.5.1-R6.5.6.

[63] ORTIZ C J, CATURLA M J. Simulation of defect evolution in irradiated materials: Role of intracascade clustering and correlated recombination[J]. Physical Review B, 2007, 75(18): 184101.

[64] SETYAWAN W, NANDIPATI G, ROCHE K J, et al. Displacement cascades and defects annealing in tungsten, Part I: defect database from molecular dynamics simulations[J]. Journal of Nuclear Materials, 2014, 462(13): 329-337.

[65] 王宁. 金属铁和钒中离位级联碰撞的多尺度模拟研究[D]. 长沙: 湖南大学, 2011.

[66] 郭达禧. 碳化硅的不同辐照源的缺陷初态与离位级联的产生及演化的研究[D]. 西安: 西安交通大学, 2015.

第2章　多尺度模拟方法

位移损伤过程跨越的时间尺度多达十几个量级，发生在 fs～ps 量级的级联碰撞过程难以用实验方法进行实时观测。计算机模拟具有实验无可替代的优势，通过计算机模拟，能够获取目前无法通过实验手段获取的信息，从而帮助人们更加充分地理解物理现象的微观机理。

图 2-1 给出了材料辐射效应的多尺度物理机制和模拟方法[1]，其中，图 2-1(a)为辐照缺陷和材料性质演化的时间和空间尺度；图 2-1(b)为对应于不同时间和空间尺度，可以采用的模拟方法。表 2-1 给出了不同理论方法处理的时空尺度范围。人们通常采用不同理论方法处理不同时空尺度范围的问题。

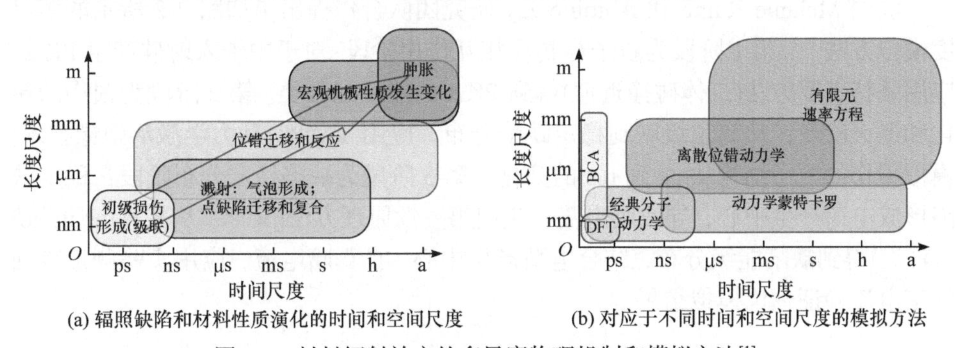

(a) 辐照缺陷和材料性质演化的时间和空间尺度　　(b) 对应于不同时间和空间尺度的模拟方法

图 2-1　材料辐射效应的多尺度物理机制和模拟方法[1]

DFT 为 density functional theory 的缩写，表示密度泛函理论；BCA 为 binary collision approximation 的缩写，表示二体碰撞近似

表 2-1　不同理论方法处理的时空尺度范围

方法	时间尺度	空间尺度
二体碰撞近似	0.1ps	所有空间尺度
第一性原理	⩽ 10ps	⩽ 100 个原子
经典分子动力学	⩽ 10ns	⩽ 10^6 个原子
动力学蒙特卡罗	1ns～1h 或更长	取决于体系中粒子的数目
有限元速率方程	1s～∞	所有空间尺度
连续性方法	1s～∞	所有空间尺度

基于蒙特卡罗方法的二体碰撞近似方法能够模拟大量载能粒子在材料中产生

的 PKA 能谱、位移损伤缺陷的空间分布信息等，这些粒子间的碰撞过程发生在 10^{-13}s 以内；微观尺度的研究包括采用第一性原理方法(first-principle method)计算缺陷的形成能[2]和结合能[3]等；采用 MD 方法计算入射粒子级联碰撞过程中引起缺陷的形成过程及纳秒尺度内缺陷的演化及退火过程[4-6]；近年来，快速发展的 KMC 方法被广泛应用于杂质扩散[6,7]、缺陷迁移[8]、解离和聚合[9-11]等长期演化行为的研究。KMC 方法可模拟的时空尺度介于原子级模拟与有限元宏观模拟之间，是一个连接微观机制和宏观机制的桥梁。对于宏观层次的模拟，可以采用有限元方法求解方程获得数值解，或基于平均场近似采用速率理论[12]对宏观尺度内材料的特征进行研究。

多尺度模拟是通过考虑时间和空间的跨尺度特征，将不同层次的模拟方法结合起来，从而达到模拟单粒子位移损伤过程的目的。对特定尺度凸显的特征进行细化模拟，对该尺度下不重要的特征则采用近似简化的方法，可以极大提高模拟计算的效率。

法国 Mélanie Raine 和 Antoine Jay 研究团队合作提出了如图 2-2 所示的多尺度模拟方法[13]，第 1 阶段为粒子与物质相互作用阶段：对于中子入射硅产生 PKA，应用蒙特卡罗方法(二体碰撞近似)得到 PKA 的能量和种类。第 2 阶段为损伤的演化和退火阶段：从离位级联到稳定缺陷分布，应用 k-ART(动力学激活弛豫技术)模拟损伤的原子结构从 ps 到 ms 的演化。第 3 阶段为缺陷稳定分布阶段：稳定缺陷形成电荷产生中心，导致暗电流，应用第一性原理方法[又称“从头算(ab initio)方法”]得到缺陷能级分布，结合电荷产生中心，计算暗电流，应用实验测量得到的暗电流验证理论模拟结果。

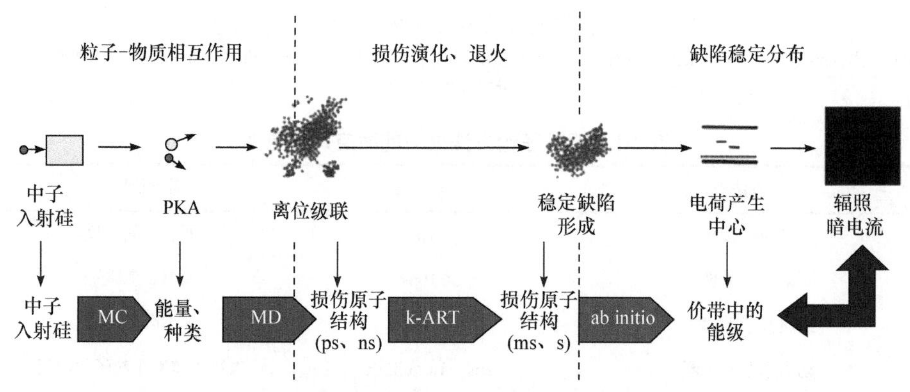

图 2-2 法国研究团队提出的多尺度模拟方法[13]

MC-蒙特卡罗(二体碰撞近似)；MD-分子动力学；k-ART-动力学激活弛豫技术

本书提出的多尺度模拟方法如图 2-3 所示。应用 Geant4 模拟辐射与材料的相互作用导致 PKA 的产生；应用分子动力学模拟软件 LAMMPS 模拟缺陷的形成和

ps 级的演化；应用 KMC 模拟缺陷的长时间演化；应用 TCAD 模拟器件性能的变化。时间跨度为 10^{-18}～10^{7}s，其中应用第一性原理软件 VASP 计算势函数、缺陷构型和形成能等参数，为 LAMMPS 和 KMC 模拟提供一些数据；缺陷测试表征验证 KMC 模拟结果；辐照实验验证器件性能变化。

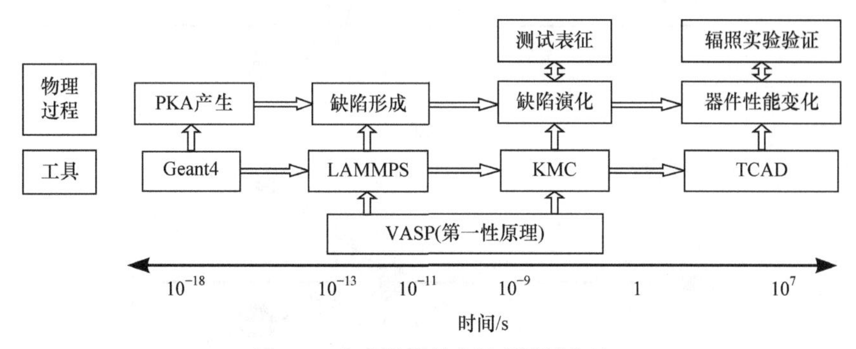

图 2-3　本书提出的多尺度模拟方法

Geant4 是辐射与材料相互作用模拟软件；LAMMPS 是分子动力学模拟软件；TCAD 是半导体模拟软件

本章将基于图 2-3 介绍各种方法，第 3～6 章分别介绍多尺度模拟方法在半导体材料 Si、GaAs、SiC 和 GaN 及其器件位移损伤研究中的应用。

2.1　辐射与材料相互作用模拟方法

2.1.1　载能粒子与原子核的碰撞动力学

入射粒子或者反冲原子通过与靶原子发生弹性碰撞产生离位原子，弹性碰撞由入射粒子及反冲原子与靶原子之间的库仑斥力引起，同时受到核外电子屏蔽作用的影响，这个弹性碰撞过程可采用二体碰撞近似(BCA)理论[14]来描述。

采用 BCA 理论描述运动粒子与靶原子的碰撞过程时仅考虑运动粒子最近的靶原子与之发生碰撞。图 2-4 给出了二体碰撞示意图。如图 2-4 所示[15]，θ 为质心坐标系下的入射粒子散射角，Φ 为反冲原子散射角，P 为碰撞瞄准距离。反冲原子散射角 Φ 可由质心坐标系下的散射积分及由质心系到实验室坐标系的转换确定。当 $P=0$ 时，二体碰撞为正碰撞，如图 2-4(b)所示。

这种情况下两碰撞粒子需满足动量守恒和能量守恒：

$$M_1 v_1 = M_1 v_1' + M_2 v_2' \tag{2-1}$$

$$\frac{1}{2} M_1 v_1^2 = \frac{1}{2} M_1 v_1'^2 + \frac{1}{2} M_1 v_2'^2 \tag{2-2}$$

式中，M_1 为运动粒子的质量，kg；v_1、v_1' 分别为运动粒子初始速度和碰撞后的速度，$m \cdot s^{-1}$；M_2为反冲原子的质量，kg；v_2'为反冲原子碰撞后的速度，$m \cdot s^{-1}$。

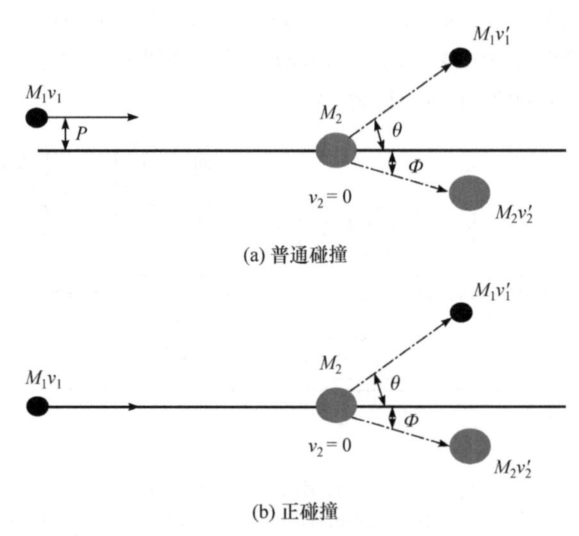

图 2-4　二体碰撞示意图[15]

v_2-反冲原子的初始速度

通过式(2-1)及式(2-2)可求得碰撞后两粒子的速度及能量。正碰撞条件下，碰撞过程中载能粒子传递给靶原子的能量为

$$T=\frac{4M_1M_2}{\left(M_1+M_2\right)^2}E \tag{2-3}$$

式中，E为入射粒子初始能量，eV。

式(2-3)中计算的是正碰撞的情况，因此载能粒子一次传递给靶原子的能量是最大能量，即$T=T_{\max}$。当$P\neq 0$时，需要根据图 2-4 中的具体几何条件确定动量守恒和能量守恒公式，从而确定碰撞后两粒子的状态。非正碰撞条件下，入射粒子传递给晶格原子的能量采用式(2-4)计算：

$$T=T_{\max}\cos^2\Phi \tag{2-4}$$

当靶原子接受的反冲能大于离位阈能时，它将发生离位。离位阈能(E_d)与粒子在晶格中运动的方向及靶材料的晶体结构有关。对于硅晶格原子，离位阈能介于10～30eV[16-18]。大部分 BCA 模拟器中硅原子的离位阈能默认值为 15eV[19]。当入射粒子与反冲原子之间的传递能量高于E_d时，靶原子可离开晶格位置；当传递能量低于E_d时，靶原子不发生离位，能量以声子的形式耗散。

采用 BCA 方法对级联碰撞过程进行模拟时，描述粒子与靶原子相互作用的势函数精确与否直接影响模拟的准确性。当载能粒子与靶原子之间的距离从无穷远逐渐减小时，它们之间的相互作用由吸引力起主导作用逐渐转变为由排斥力起主导作用。通过从头算计算方法(ab initio methods)可以获得精确的势函数[20]。弹性碰撞受靶原子外层电子云的屏蔽作用，通过模拟原子周围的电子密度和分析不同原子对之间的排斥势，获得了几种不同的屏蔽函数，包括 Tomas-Fermi 函数、Moliere 函数、Lenz-Jensen 函数和 Ziegler-Biersack-Littmark(ZBL)势函数等[15]。其中，应用最为广泛的是 ZBL 势函数。该屏蔽势由 Ziegler 等提出，拟合了 500 多对离子与靶的组合对理论模型进行系数修正，获得了较为精确的计算结果(与实验偏差小于 5%)，Ziegler-Biersak-Littmark 普适式的形式为[21]

$$U_{ij}^{\mathrm{ZBL}}=\frac{1}{4\pi\varepsilon_0}\cdot\frac{Z_iZ_j\mathrm{e}^2}{r_{ij}}\cdot\phi\left(\frac{r_{ij}}{a}\right) \tag{2-5}$$

$$a=\frac{0.8854a_0}{Z_i^{0.23}+Z_j^{0.23}} \tag{2-6}$$

$$\begin{aligned}\phi(x)=&0.1818\exp(-3.2x)+0.5099\exp(-0.9423x)\\&+0.2802\exp(-0.4029x)+0.02817\exp(-0.2016x)\end{aligned} \tag{2-7}$$

式中，Z_i 为载能粒子原子序数；Z_j 为靶原子序数；ε_0 为真空介电常数，$\mathrm{F\cdot m^{-1}}$；r_{ij} 为粒子之间的距离，nm；a_0 为玻尔半径，nm；$\phi(x)$为考虑核外电子屏蔽作用的屏蔽函数。

2.1.2　二体碰撞近似方法

二体碰撞近似方法能够用于描述高能粒子与晶格原子之间的碰撞，常见的相关模拟软件有 SRIM、MARLOW、Geant4 和 FLUKA 等。本小节主要研究重离子引起的单粒子效应，采用 SRIM 模拟重离子在硅中的能量沉积、PKA 的能量分布及空间分布等能够获得令人满意的结果。

1. SRIM 软件

SRIM(the stopping and range of ions in matter)[19]是由 Ziegler 等开发的研究离子与物质相互作用的模拟软件。该软件基于 ZBL 普适势描述二体碰撞过程，具有操作界面简单、计算速度快等优点，被广泛应用于粒子与物质相互作用的研究中。SRIM 软件包含两个模块，第一个模块是 SR 模块(tables of stopping and ranges of ions in simple target)，用于快速计算粒子入射单层材料的电子阻止本领、核阻止本领及射程；第二个模块为 TRIM 模块(the transport of ions in matter)，通过蒙特卡罗方法跟踪离子在材料中的输运过程。TRIM 能够处理 $10\mathrm{eV\cdot amu^{-1}}$ 至 $2\mathrm{GeV\cdot amu^{-1}}$ 的离子在多层靶材料中的输运，每层材料可包含多达 12 种元素。TRIM 可用于靶损伤、溅射、电离及声子产生等，还可获得入射离子在靶材料中的 3D 分布、次级粒子位置及种类、能量沉积、位移损伤分布等详细信息。

3.1 节将采用SRIM软件中的TRIM模块计算多种不同粒子在硅材料中的PKA能量分布。模拟过程中，运动粒子只有满足一定条件，才能使原子发生移位。假设原子离位阈能为 E_d，能量为 E，原子序数为 Z_1 的离子与原子序数为 Z_2 的靶材料原子发生碰撞后，入射离子能量和反冲原子能量分别 E_1 和 E_2，则：

若 $E_2 > E_d$，靶原子移位；若还满足 $E_1 > E_d$，则产生空位；

若 $E_2 > E_d$，$E_1 < E_d$，且 $Z_1 = Z_2$，则发生置换碰撞；若 $Z_1 \neq Z_2$ 则入射离子停止运动，成为间隙原子；

若 $E_2 < E_d$，$E_1 < E_d$，则入射离子成为间隙原子且 E_1 和 E_2 以声子的方式释放能量。

由此可知，在 SRIM 模拟中，需要根据模拟的材料设定合适的离位阈能，离位阈能的选取可参考第一性原理计算结果或分子动力学模拟结果。

2. Geant4 软件[22]

Geant4 是一款基于蒙特卡罗方法，用于精确模拟粒子在材料中输运过程的工具包。它被用于多个研究领域，包括高能物理、天体物理学、空间科学、医学和辐射防护等领域。Geant4 提供了可供选择的适用于各种能量范围的物理过程，并可追踪包括光子、轻子、强子和离子在内的多种粒子。Geant4 工具包包含了模拟过程中涉及的基本方面，包括：

(1) 系统的几何结构；

(2) 相关的材料构成；

(3) 感兴趣的基本粒子；

(4) 初始粒子入射事件的产生；

(5) 追踪粒子在材料和电磁场中的输运过程；

(6) 粒子相互作用涉及的物理过程；

(7) 敏感探测器响应；

(8) 模拟实验数据的产生；

(9) 事件数据和粒子径迹的存储；

(10) 探测器结构和粒子轨迹的可视化；

(11) 提取和分析不同详细程度的模拟数据。

1) 模拟过程

在 Geant4 程序中，典型的模拟过程按照时间顺序和层级关系进行计算，具体过程如下：

(1) 设定模拟实验参数，之后进行一次运行(Run)实验，Run 建立后，对几何结构、物理过程进行初始化，初始化之后开始模拟粒子输运过程；

(2) 发射粒子，粒子在材料中的输运过程按照蒙特卡罗方法进行模拟，该粒子从发射到其自身和所有由该粒子产生的次级粒子的死亡(Kill)为一次事件(Event)；

(3) 每一个事件(Event)模拟过程中，粒子与材料相互作用可能生成多个次级粒子，初始入射粒子和所有次级粒子都会产生径迹(Track)；

(4) 每一个粒子的径迹(Track)由很多步(Step)组成；

(5) 当用户定义的所有事件(Event)模拟结束，该次模拟运行(Run)结束。

其中，径迹(Track)和步(Step)的层级关系如图 2-5 所示。

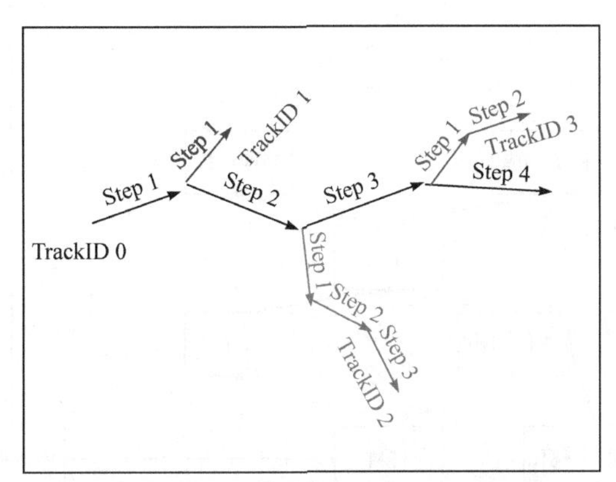

图 2-5　Geant4 中的径迹(Track)和步(Step)

需要注意的是，只有当一个径迹(Track)模拟结束时，才会继续模拟另一个径迹(Track)。由上一级粒子引发的次级径迹(Track)的存储采用“堆栈”方式，即依据“先进后出”的原则，后产生的径迹(Track)会先进行模拟，如图 2-5 所示，径迹 3(TrackID3)最后产生，但是当径迹 0(TrackID0)模拟结束后，径迹 3 会第一个被模拟。

步(Step)作为 Geant4 模拟过程中最小也是最精确的间隔，存储了粒子的大部分信息，包括每一步的位置和时间、粒子的动量和能量、每一步的能量沉积及几何信息，用户可以通过读取这些信息来获取自己需要的结果。

2) 功能模块

在 Geant4 的设计开发中，不同的模块用于建立不同的逻辑单元。同一模块的类之间有着紧密的联系，但不同模块类之间的联系是相对较弱的。图 2-6 展示了不同功能模块之间的关系。

图 2-6 中，每个矩形框表示一个模块，直线表示使用关系，直线终端的圆点表示该功能模块使用了另一端模块中的类。

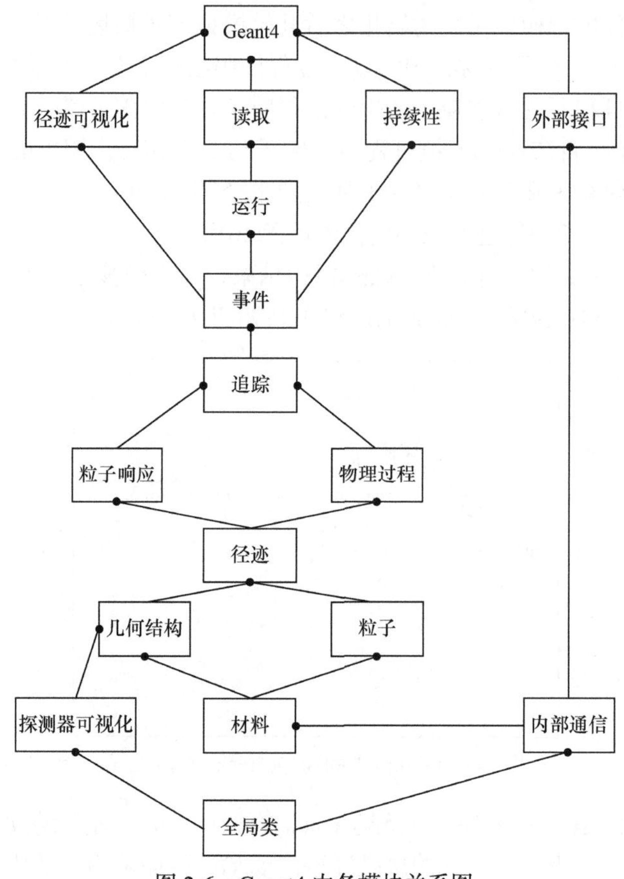

图 2-6　Geant4 中各模块关系图

3) 程序结构

Geant4 工具包采用 gcc 编译器，因此其程序结构与 C++软件是一致的。用户在使用过程中，只需继承 Geant4 所提供的类(class)，就可以完成模拟程序的编写。其中，用户必须进行编写的强制类，有如下几个模块：

(1) 主程序(G4RunManager)，用于初始化模拟信息，并连接各个子程序；

(2) 探测器几何结构类(DetectorConstruction)，定义了靶的几何结构及材料性质；

(3) 物理过程类(PhysicsList)，定义感兴趣的基本粒子并加载粒子相互作用涉及的物理过程；

(4) 粒子源类(PrimaryGenerator)，定义入射粒子的类型和能量信息，以及粒子注量、入射方向、起始位置等。

以上强制类是程序运行必需的，缺少任意一个，Geant4 程序都无法正常运行。

除此之外，用于控制粒子输运过程的数据输出等模块，根据参与的反应阶段分为运行处理类(RunAction)、事件处理类(EventAction)、径迹处理类(TrackingAction)和步数据处理类(SteppingAction)等四大类，这些类都属于可选类，虽然不是程序运行必需的，但用户只有通过设定这些类才能获取感兴趣的信息，包括粒子的类型、能量、位置、时间等。

使用Geant4软件可以模拟粒子在器件材料中的输运过程，获得不同粒子在半导体材料中产生的初级反冲原子种类、能量和位置等信息，进一步计算得到非电离能量损失、每个原子位移次数(DPA)等信息。

SRIM 的计算结果作为参考与 Geant4 软件的模拟结果进行对比验证。由于SRIM 只能模拟离子在材料中的输运过程，并不能模拟中子的输运过程。因此，其适用范围相对Geant4软件而言比较窄。

二体碰撞近似理论未考虑碰撞原子与周围其他原子之间的多体相互作用，而多体相互作用在低能碰撞过程中十分重要，这导致BCA在描述级联碰撞的细节方面略显不足。在运动粒子射程的末端，运动粒子能量很低，与靶原子发生弹性碰撞时需要考虑多体相互作用。因此，通过分子动力学方法可以实现多体相互作用的模拟，该方法已被广泛应用于位移损伤缺陷的产生及初步演化行为的研究领域。

2.2　分子动力学方法

在分子动力学模拟研究中，粒子之间的相互作用力和势能是通过分子力场或势函数定义的。通过合适的势函数描述粒子间的相互作用，可以较为精确地描述系统中粒子的运动。对于硅，常用的势函数包括SW(Stillinger-Weber)势函数[23]、Tersoff势函数[24]、MEAM(modified embedded atom method)势函数[25]、HOEP(highly optimized empirical potential)势函数[26]等。其中，SW势函数和Tersoff势函数在Si级联碰撞分子动力学模拟研究中应用最为广泛。SW势函数是1985年由Stillinger和Weber共同提出的半经验势，包含了二体和三体相互作用，能够较好地描述硅晶体、表面及缺陷结构，但在描述非正四面体构型，如缺陷团簇、液态硅键角等方面略显不足[27,28]。Tersoff势函数由Tersoff于1986年首次提出，随后进行了两次修改。尽管Tersoff势函数高估了单晶硅的熔点，但能较好地描述硅的正四面体构型和非正四面体构型，在研究缺陷团簇、晶向和液态结构等方面具有优势。因此，本书采用Tersoff势函数[29]来描述级联碰撞过程中PKA与靶原子的相互作用。采用Fermi函数将Tersoff势函数与ZBL势函数平滑地连接到一起，能够更精确地描述原子间的短程相互作用[6]。

Tersoff/ZBL势函数的形式为

$$E=\frac{1}{2}\sum_{i}\sum_{j\neq i}U_{ij} \tag{2-8}$$

$$U_{ij}=[1-f_{\mathrm{F}}(r_{ij})]\cdot U_{ij}^{\mathrm{ZBL}}+f_{\mathrm{F}}(r_{ij})\cdot U_{ij}^{\mathrm{Tersoff}} \tag{2-9}$$

$$f_{\mathrm{F}}(r_{ij})=\frac{1}{1+\mathrm{e}^{-A_{\mathrm{F}}(r_{ij}-r_C)}} \tag{2-10}$$

$$U_{ij}^{\mathrm{Tersoff}}=f_{\mathrm{C}}(r_{ij})[f_{\mathrm{R}}(r_{ij})+b_{ij}f_{\mathrm{A}}(r_{ij})] \tag{2-11}$$

$$f_{\mathrm{C}}(r_{ij})=\begin{cases}1, & r_{ij}\leqslant R_{ij}\\ \dfrac{1}{2}+\dfrac{1}{2}\cos[\pi(r_{ij}-R_{ij})/(S_{ij}-R_{ij})], & R_{ij}<r_{ij}<S_{ij}\\ 0, & r_{ij}\geqslant S_{ij}\end{cases} \tag{2-12}$$

$$f_{\mathrm{R}}(r_{ij})=A_{ij}\exp(-\lambda_{ij}r_{ij}) \tag{2-13}$$

$$f_{\mathrm{A}}(r_{ij})=-B_{ij}\exp(-\mu_{ij}r_{ij}) \tag{2-14}$$

$$b_{ij}=(1+\beta_i^{n_i}\zeta_{ij}^{n_i})^{-1/2n_i} \tag{2-15}$$

$$\zeta_{ij}=\sum_{k\neq i,j}f_{\mathrm{C}}(r_{ik})g(\theta_{ijk}) \tag{2-16}$$

$$g(\theta_{ijk})=1+c_i^2/d_i^2-c_i^2/[d_i^2+(h_i-\cos\theta_{ijk})^2] \tag{2-17}$$

$$\lambda_{ij}=(\lambda_i+\lambda_j)/2 \tag{2-18}$$

$$\mu_{ij}=(\mu_i+\mu_j)/2 \tag{2-19}$$

式中，i、j、k 为体系中的原子；U_{ij}^{ZBL} 为原子间的 ZBL 作用势能，eV；$U_{ij}^{\mathrm{Tersoff}}$ 为原子间的 Tersoff 作用势能，eV；f_{F} 为费米转换函数，用于实现 Tersoff 势函数和 ZBL 势函数的转换，转换截断半径为 0.095nm；r_{ij} 为原子 i 与原子 j 之间的距离，nm；f_{R} 为原子间的排斥势能，eV；f_{A} 为原子间的吸引势能，eV；f_{C} 为原子间相互作用的截断函数；R_{ij} 为截断半径上下限；b_{ij} 为反映共价键饱和性的键序函数；ζ_{ij} 为原子 i 除与 j 成键外的其他成键数目；θ_{ijk} 为原子 ij 键与原子 ik 键的夹角；A、B、λ、μ、β、n、c、d、h、R 和 S 为 Teroff 势函数中为了拟合内聚能、晶格参数、体模量及剪切弹性模量的拟合参数。表 2-2 给出了 Si-Si 相互作用 Tersoff 势函数参数值。

表 2-2　Si-Si 相互作用 Tersoff 势函数参数值[29]

参数	取值	参数	取值
A	1830.8eV	c	100390
B	471.118eV	d	16.218

续表

参数	取值	参数	取值
λ	24.799nm^{-1}	h	−0.59825
μ	17.322nm^{-1}	R	0.28nm
β	1.0999×10^{-6}	S	0.32nm
n	0.78734	—	—

1. 分子动力学方法简介

MD 方法起源于 20 世纪 50 年代，目前已经成为化学、物理、材料科学和生物分子模拟中常用的方法之一。与 BCA 模拟不同，MD 方法考虑体系中粒子之间的多体相互作用，通过求解牛顿运动方程来跟踪体系中所有粒子的运动轨迹，是一种确定论方法[30]。采用 MD 方法计算粒子之间的相互作用时，体系内所有粒子的运动服从牛顿第二定律，每个粒子受到的力为势函数对坐标的一阶导数，采用式(2-20)表示[30]：

$$\begin{cases} F_i(t) = m_i a_i(t) = m_i \dfrac{\partial v_i(t)}{\partial t} = -\dfrac{\partial U}{\partial r_i} \\ v_i(t) = \dfrac{\partial r_i(t)}{\partial t} \end{cases} \tag{2-20}$$

式中，$F_i(t)$ 为粒子 i 受到的作用力，N；m_i 为粒子 i 的质量，kg；$a_i(t)$ 为加速度，$\text{m}\cdot\text{s}^{-2}$；$v_i(t)$ 为粒子运动速度，$\text{m}\cdot\text{s}^{-1}$；$r_i(t)$ 为粒子 i 的坐标；t 为体系所处的时刻，s；U 为粒子之间的作用势，eV。

2. 初值问题及求解运动方程的积分方法

启动 MD 模拟的第一步就是建立体系的初始构型及给体系中所有原子赋予初始运动速度。采用 Maxwell-Boltzmann 统计分布获得一定温度条件下原子的初始运动速度[30]。给出了温度 T 条件下质量为 m_i 的原子 i 沿着 x 方向的速度为 v_{ix} 的概率采用式(2-21)计算：

$$p(v_{ix}) = \left(\frac{m_i}{2\pi k_B T}\right)^{\frac{1}{2}} \exp\left(-\frac{1}{2}\frac{m_i v_{ix}^2}{k_B T}\right) \tag{2-21}$$

由于描述多体相互作用的牛顿运动方程无法获得解析解，通常采用有限差分法来求解运动方程。通过对时间进行离散化，采用数值积分方法求解运动方程。较为常见的算法有 Verlet 算法、Velocity-Verlet 算法、Gear 算法、Leap-frog 算法等[30]。本书采用 Velocity-Verlet 算法来求解运动方程，图 2-7 给出了采用 Velocity-Verlet 算法的分子动力学模拟流程。在求解 $t+\Delta t$ 时刻粒子的坐标和速度之前需要已知 t 时刻的粒子坐标、速度及加速度，通过式(2-21)确定体系中原子的初始运动状态。

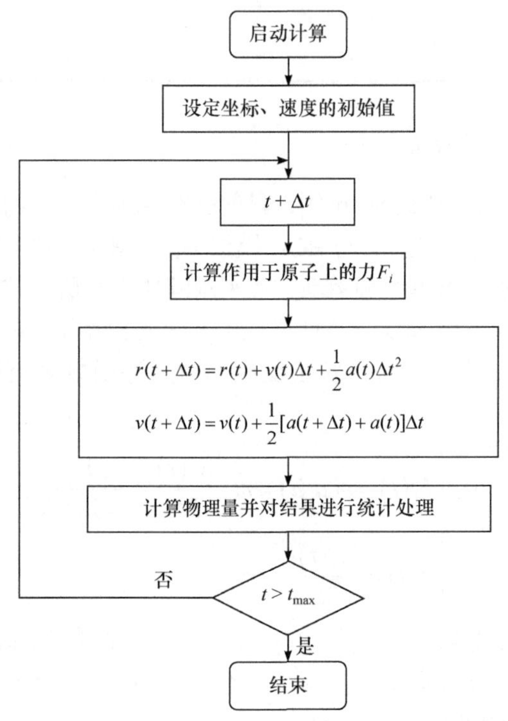

图 2-7　采用 Velocity-Verlet 算法的分子动力学模拟流程

3. 边界条件

受计算机性能的限制，MD 模拟体系中的粒子数目不能太大，因此模拟的尺寸与真实体系的尺寸之间存在差异，需要采用周期性边界条件克服这种“尺寸效应”[30]。图 2-8 给出了周期性边界条件示意图。采用周期性边界条件后，当体系中的某一原子穿过一个边界时，则有一个原子从镜像边界进入体系，以保证体系内粒子数目守恒。

4. 系综

系综是一个统计力学概念，表示一系列具有独立运动状态且性质、组成、尺寸等完全相同系统的集合[30]。分子动力学的计算结果包括所有原子的位置、运动速度和加速度等微观参数，为了将粒子的微观运动状态与体系的宏观性质联系起

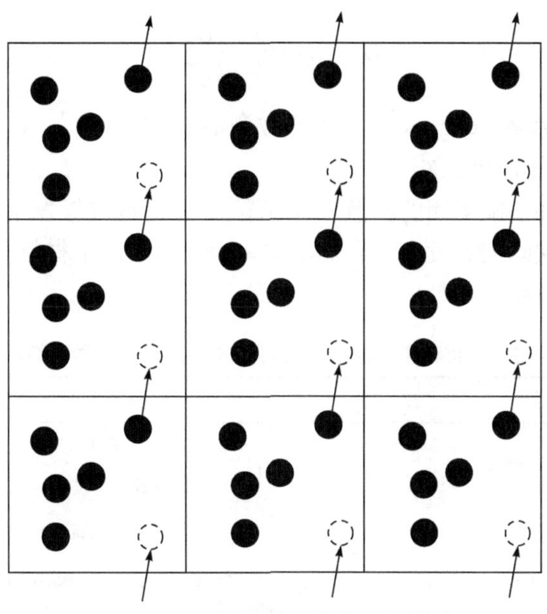

图 2-8　周期性边界条件示意图

来，需要对体系中大量粒子的微观运动状态参数求平均值。在 MD 模拟中需要根据实际情况选取合适的系综。本书采用 MD 方法模拟级联碰撞过程，涉及 NVE 系综(微正则系综，即模拟中保持粒子数 N、体积 V 和能量 E 不变)和 NVT 系综(正则系综，即模拟中保持粒子数 N、体积 V 和温度 T 不变)。

5. LAMMPS 程序简介

LAMMPS[31](large-scale atomic/molecular massively parallel simulator)表示大规模原子/分子并行模拟器，是一款由美国 Sandia 国家实验室发布的开源程序。用户通过编写输入文件，选择合适的势函数，在 Linux 编译环境下实现并行计算。由于 LAMMPS 源代码开放、扩展性好和支持并行等优点，被广泛应用于固态、液态和气态的分子动力学模拟研究中。本书采用 LAMMPS 对 keV 量级的 PKA 入射半导体材料引起的级联碰撞过程进行模拟，并研究位移损伤缺陷在 MD 模拟体系中的初态分布。

2.3　动力学蒙特卡罗方法

入射粒子在硅中引起的级联碰撞经历了线性级联碰撞、热峰及淬火阶段，在 ns 时间尺度内缺陷构型基本趋于稳定。在随后的时间里，具有迁移能力的点缺陷或小缺陷团能够发生扩散，表征缺陷迁移的扩散系数可采用 Arrhenius 方程[32]：

$$D = D_0 \exp\left(-\frac{Q}{k_B T}\right) \tag{2-22}$$

式中，D_0为扩散常数，$cm^2 \cdot s^{-1}$；Q为扩散激活能，$J \cdot mol^{-1}$；k_B为玻尔兹曼常量，$J \cdot K^{-1}$；T为热力学温度，K。

除了点缺陷和小缺陷团的扩散外，缺陷与缺陷之间能够发生各种各样的反应，形成其他类型的缺陷或者发生复合而消失。表 2-3 给出了材料中的缺陷之间可能发生的反应类型及结果。

表 2-3 材料中的缺陷之间可能发生的反应类型及结果

反应类型	反应结果
I+V	复合
V+V	形成双空位 V_2
I+I	形成双间隙原子 I_2
I_n+I 或 V_m+V	形成 I_{n+1} 或 V_{m+1}，缺陷团生长
I_n+V 或 V_m+I	形成 I_{n-1} 或 V_{m-1}，缺陷团缩小
I_n−I 或 V_m−V	形成 I_{n-1} 并发射 I，或形成 V_{m-1} 并发射 V，缺陷团缩小
I+X 或 V+X	形成杂质-缺陷复合体
XI−I 或 XV−V	缺陷 X 与间隙原子或空位的复合体解离

注：I 表示间隙原子；V 表示空位；XI 表示缺陷 X 与 I 的复合体；XV 表示缺陷 X 与 V 的复合体。

研究粒子扩散现象最常见的方法是采用解析方法对 Fick 定律扩散方程进行求解[33]，该方法计算速度快且方便易用。然而，对包含多种复杂反应的微观体系建立多种粒子的扩散方程组模型并获得解析解较为困难。因此，解析方法不适于处理缺陷间复杂的反应。近年来兴起的动力学蒙特卡罗方法(KMC)可以模拟体系中各种复杂的物理机制，非常适合进行缺陷扩散和缺陷反应机制的研究，因此受到广泛关注。

非 0K 温度条件下，稳定体系处于 $3N$ 维势能函数面局域极小值处，处于该体系内的原子无时无刻不在其格点附近热振动，但这些原子都只是在势能阱底附近振动，极偶然的情况下原子会越过不同势阱间的势垒完成一次状态跃迁。在动力学蒙特卡罗方法的框架内，考虑一个有限温度下的稳定体系，体系中某粒子从状态 i 转变到状态 j 的速率由发生该反应的激活能决定。类似于宏观扩散方程，反应速率采用式(2-23)表示[34]：

$$v_{ij} = v_0 \cdot \exp(-E_{ij} / k_B T) \tag{2-23}$$

式中，v_0为尝试频率，Hz；E_{ij}为体系从状态 i 转变到 j 状态所需要跨越的反应势垒(又称“激活能”)，eV。

这就是 Arrhenius 方程简谐近似下的过渡态理论[34](harmonic transition state theory，HTST)。在缺陷的长时间演化过程中，体系组态演化涉及的事件包括粒子迁移、反应、复合、缺陷团生长和缺陷团发射粒子等。所有事件发生的速率确定后，就可采用 KMC 方法对体系内缺陷的长时间演化行为进行模拟。

KMC 方法是一种以 MC 方法为基础，对系统中可能发生的组态变化事件赋予时间尺度来研究体系演化的高效计算方法[35]。一般而言，KMC 主要分为实体动力学蒙特卡罗(OKMC)方法和晶格型动力学蒙特卡罗(LKMC)方法。前者又被称为事件型 KMC(event-based KMC)，因为在 OKMC 模拟的范畴内，缺陷被认为是简单的实体，系统的一次组态变化称为一次事件，OKMC 基于事件发生的概率对体系中实体相关的事件进行随机抽样，从而对缺陷复杂的演化过程进行模拟。LKMC 是基于晶格的 KMC 模拟方法，主要用于模拟点缺陷的行为，例如空位或替位杂质原子等，不能处理复杂的缺陷构型[36]。第 3 章中采用 Synopsys 公司发布的 SPROCESS KMC 工具对硅中位移损伤缺陷的长时间演化过程进行模拟，该工具采用的是 OKMC 模拟方法。

1. KMC 模拟算法及流程

取样算法是 KMC 模拟的核心算法，目的是按照事件发生的速度随机抽取事件，使它按照固有的平均速度随机发生。图 2-9 示意了 BKL(Bortz-Kalos-Lebowitz)取样算法，又称为线性查找法[34]。该算法基于独立事件近似，假定各种不同类型的事件之间是独立的，不相互影响。例如，一个空位的跳跃运动不影响其他间隙原子的跳跃运动，也不影响其他缺陷相互反应的速度。只有当对象的属性发生了变化，其反应速度才发生变化。例如，一个空位运动至另一空位的捕获距离内，并与其结合形成双空位，这两个原本可移动的空位就不能再自由移动。这意味着同一形态对象的运动遵循其自身的固有规律，而不受其他事件的影响。

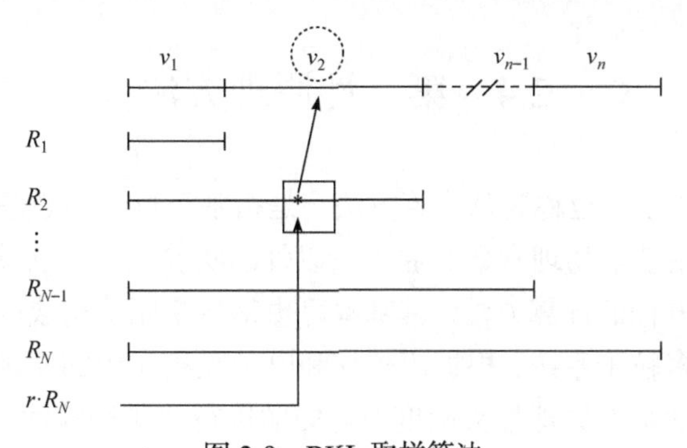

图 2-9　BKL 取样算法

按照图 2-9 中的取样算法，KMC 模拟的流程如下。

(1) 确定体系内所有可能发生的事件，建立事件发生列表，对所有事件的发生速率逐个累积求和，用式(2-24)表示：

$$R_i = \sum_{j=1}^{i} v_j \tag{2-24}$$

(2) 产生两个介于 0～1 的随机数 r 和 s；

(3) 选择要发生的事件 i，事件 i 满足式(2-25)：

$$R_{i-1} < r \cdot R_N < R_i \tag{2-25}$$

(4) 执行事件 i，使选定的对象从状态 i 转变到状态 j；

(5) 根据式(2-26)将系统的模拟时间推进 Δt，用式(2-26)表示：

$$\Delta t = \frac{\ln(1/s)}{R_N} \tag{2-26}$$

(6) 判断是否达到跳出循环的条件，若否，重复(1)～(5)步；若达到设定的总时间或者要模拟的总事件数，则跳出循环，计算结束。

2. 参数来源

KMC 模拟中对粒子运动的描述类似于宏观扩散方程，一个粒子发生状态转变事件时末态不同，所需要的激活能也不同。由于事件发生的速度与反应激活能呈指数关系，激活能微小的差别也会引起结果发生大的差异。因此，确定反应激活能是 KMC 计算过程中非常重要的一个环节。这些激活能参数来源十分广泛，部分参数从实验测量结果中获取，还有一部分参数通过第一性原理计算获得。随着计算机性能的快速发展和第一性原理方法的不断改进，许多复杂的物理参数，如缺陷迁移能、缺陷反应能等都可以通过第一性原理方法计算获得。

2.4 第一性原理方法

第一性原理方法，也称为从头算方法，是指基于量子力学理论，完全由理论推导而得，不使用基本物理常数和原子量以外的实验数据，以及经验或者半经验参数求解薛定谔方程的计算方法。其基本思想是将多原子构成的体系理解为电子和原子核组成的多粒子系统，根据原子核和电子互相作用的原理及其基本运动规律，运用量子力学基本原理最大限度地对问题进行“非经验性”处理。

2.4.1　第一性原理计算方法

第一性原理计算方法是指基于量子力学的薛定谔方程，利用最基本的非经验物理量，比如电子质量和电荷、普朗克常数及玻尔兹曼常量等，通过一系列合理假设和近似处理来描述原子间最基本的相互作用，并以密度泛函理论为基础，将多电子对象体系转化为单电子问题求解 Kohn-Sham 方程来研究体系基态性质的一种计算方法。

一般需要通过反复迭代求解 Kohn-Sham 方程，求解过程中通过方程的本征函数 Kohn-Sham 轨道的 $\varphi_i(r)$ 可以求得电荷密度 $\rho(r)$，进而求得 Kohn-Sham 有效势场 V_{KS}。这种自洽求解 Kohn-Sham 方程的自洽场(self-consistent field，SCF)方法流程见图 2-10，其基本的求解过程可以描述为：首先可以通过随机定义，给体系一个可尝试的初始电荷密度 $\rho(r)$，也可以按照体系初始分布的原子电荷密度独立叠加给出。然后根据该电荷密度构造计算出 Kohn-Sham 方程中定义的有效势场 V_{KS}，并通过在布里渊区进行 k 点取样来求解 Kohn-Sham 方程，得到单电子波函数并进一步计算出新的电荷密度。此时需要比较新的电荷密度和设置的尝试性初始电荷密度，如果二者完全相同，则表示找到了体系基态的电荷密度，这时就可以利用该基态电荷密度得到体系的基态总能量和其他性质。但如果两者的电荷密度不一样且不满足所设定的收敛标准,则需要按照一定自洽算法产生新的电荷密度并代入 Kohn-Sham 方程继续进行求解，得到新的波函数和电荷密度，反复进行以上过程直到最新的电荷密度完全自洽收敛为止，这样就可以得到一个最低的体系基态总能。

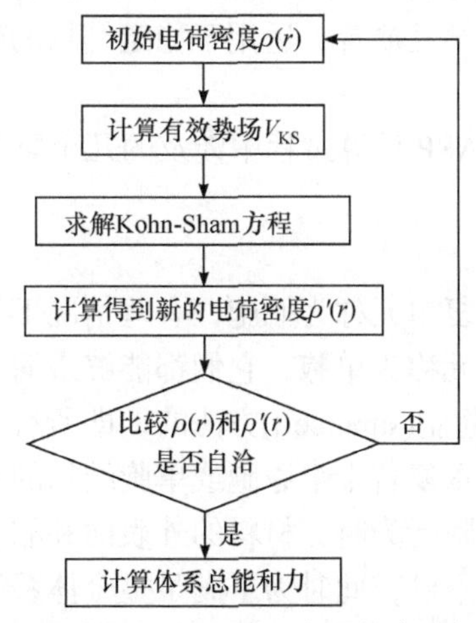

图 2-10　自洽求解 Kohn-Sham 方程的自洽场方法流程

2.4.2　VASP 软件

第一性原理的计算采用 VASP(vienna ab initio simulation package)软件[37-40]。

VASP 是基于密度泛函理论并利用赝势平面波方法进行第一性原理电子结构计算和从头分子动力学的软件包，是材料模拟和计算物质科学研究中非常流行的商用软件之一。VASP 程序包最初源于剑桥大学计算物理学教授 Mike Payne 编写的一段程序，与 CASTEP/CETEP 同根同源。后来 VASP 独立发展，1989 年开始，经过维也纳大学计算材料物理中心的 Jürgen Hafner、Georg Kresse 和 Jürgen Furthmuller 等不断地发展和完善，其间陆续实现了超软赝势的加入、并行化计算及投影缀加波方法加入等功能。截至 2023 年，升级发展到了比较完善的 VASP 6.4.2 版本。

VASP 是通过近似求解多体薛定谔方程，进而得到体系的基态能量和电子结构，是在 DFT 理论框架下对 Kohn-Sham 方程进行求解。或者是在 Hartree-Fock 近似下，求解 Roothaan 方程，此外，将 Hartree-Fock 方法和 DFT 方法结合在一起的杂化泛函方法也包含其中。VASP 采用高效的矩阵对角化技术求解电子基态，将对体系基态性质的计算分解为对固定势场下自洽电荷密度的确定，以及 Kohn-Sham 哈密顿量的对角化问题。VASP 是基于平面波基矢展开的方法进行计算的，对离子实和价电子之间的相互作用采用 Vanderbilt 超软赝势(USPP)或投影缀加波方法(PAW)来描述，这就大大减少了所需确定的平面波基函数的数目，提高了计算效率。

VASP 软件包具有强大的材料性质计算功能，主要采用周期性超胞模型处理原子、分子、团簇、纳米线、表面和体块材等多种体系，能实现高速高精度计算，广泛用于计算材料的电子结构，如能级、电荷密度分布、能带、电子态密度等，以及材料结构参数(晶格常数、键长、键角、原子位置)计算与构型预测、光学性质、磁学性质和晶格动力学性质等，适用于稳定结构的确定、扩散路径搜索、反应过程分析等问题。

在此简单介绍一下 VASP 计算过程中涉及的几个重要概念。

1. *超胞方法*

晶体结构中最小的重复单元称为原胞，有些情况下为了体现晶体的对称性而选取较大的周期性重复单元称为单胞，它们都能够最简单地代表晶体材料的结构特征。VASP 程序是基于超胞(supercell)方法的，即所有计算模型都必须在周期性体系内进行。超胞就是在重复若干个原胞或单胞结构的基础上构建的。

在研究表面体系的吸附行为时，材料的外表面和靠近表面的原子或分子破坏了晶体结构的周期性边界条件，此时为了满足整个体系结构的周期性，就必须采用超胞方法进行建模，需要在垂直于表面的上方设置一个真空层区域，这样就构成了所谓的平板模型(slab model)，图 2-11 给出了平板模型示意图。一定厚度(一般 1～2nm 即可)的真空层可以消除周期性重复导致的原子层区之间的相互作用影响。

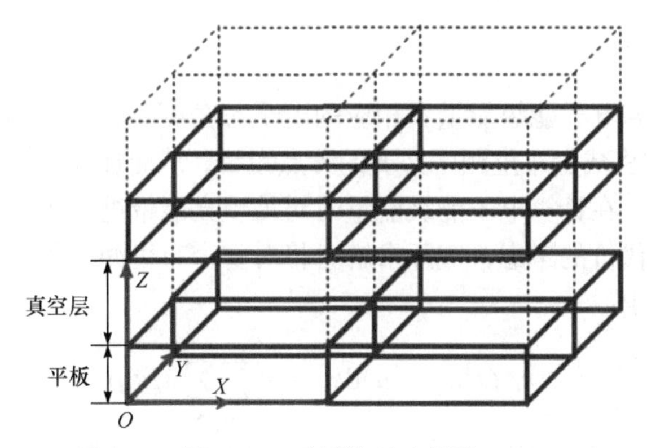

图2-11 平板模型示意图

2. 自洽迭代算法

自洽迭代主要是进行两层循环。外层循环是确定体系中原子位置，通过迭代优化使体系受力平衡，得到低能稳定结构；内层循环是指在特定原子构型情况下，通过假设初始的电荷密度和相应的初始波函数，完成对 Kohn-Sham 方程电子结构基态本征能量的自洽求解。在结构弛豫并对原子位置进行优化的过程中，VASP 提供了多种可选择的高效算法，主要包括准牛顿方法(quasi-Newton algorithm)、共轭梯度法(conjugate-gradient algorithm)和最陡下降法(steepest descent method)等。针对内层循环的电子结构优化，主要有两种迭代算法，即适合较小规模体系的分块 Davidson 直接对角化方法[41]和针对大规模体系的残差最小化的迭代空间直接反演(RMM-DIIS)方法[42]。当得到电子基态能量后，就可以进一步求得体系原子受到的力，这时需要判断其是否达到收敛标准，如果达到，则认为原子结构弛豫优化得到稳定的平衡构型，如果还未达到收敛标准，则再进入外层循环继续优化原子位置结构，如此两层循环交替迭代，直至体系能量和受力均达到收敛标准，计算结束。

3. 电荷密度混合

当初始的尝试性电荷密度求解 Kohn-Sham 方程得到新的电荷密度不满足收敛条件时，程序会采用一定算法对初始电荷密度和新求解的电荷密度进行某种程度的混合，作为新的 Kohn-Sham 方程输入电荷密度，继续进行迭代计算。VASP 软件包提供了多种电荷密度混合的高效算法，主要包括线性混合、Kerker 混合[43]、Broyden's 2nd 混合[44]及 Pulay 混合算法[45]，通过设定相关输入参数即可实现，其中 Pulay 算法针对大部分体系都是适用的，通常会得到比较满意的电子基态收敛速度。

4. 部分占据态

VASP 在计算电子能级能量及相应的电子态密度时，采用部分占据态(partial occupancies)的方法减少布里渊区必要的 k 点数目，从而加速计算过程，同时得到较为精确的结果。在计算电子能级能量时对被填充能带进行积分，但由于计算资源的限制和时间代价的考虑，实际求解时将对整个布里渊区积分转化为对其中离散的 k 点求和完成：

$$\sum_n \frac{1}{\Omega_{\mathrm{BZ}}} \int_{\Omega_{\mathrm{BZ}}} \varepsilon_{nk} \Theta\left(\varepsilon_{nk}-\mu\right) \mathrm{d}k \longrightarrow \sum_n \sum_k w_k \varepsilon_{nk} \Theta\left(\varepsilon_{nk}-\mu\right) \tag{2-27}$$

式中，Ω_{BZ} 为布里渊区体积；$\Theta\left(\varepsilon_{nk}-\mu\right)$ 为狄拉克阶跃函数，ε_{nk} 为 k 点处于第 n 能级的电子能量，μ 为费米能级；w_k 为权重因子。实际计算过程中，k 点数目的增加会明显降低体系达到平衡的收敛速度，只有当费米能级处的占据态从 1 变为 0 时收敛速度才会加快。对于被填充满能带的绝缘体或者半导体材料，布里渊区积分可以通过较少 k 点计算出来，而对于金属体系，一般采用平滑的部分占据态函数代替了狄拉克阶跃函数，从而在保证必要精确度的前提下也能通过较少 k 点实现快速收敛。

VASP 软件包主要提供了三种部分占据态方法，第一种是采用 Blöchl 修正的四面体方法[45]，该方法收敛速度较快且得到的体系能量结果精确，但对于原子受力的计算结果偏差较大；第二种是有限温度展宽方法，此时可以将阶跃函数按照费米-狄拉克函数[46]或高斯函数[47]展开；第三种是 Methfessel-Paxton 方法[48]，该方法可以提供较好的收敛特性。

2.5 器件电学性能模拟方法

2.5.1 缺陷复合理论

平衡条件下，半导体内部总存在一定数目的电子和空穴。电子和空穴的复合过程大致可分为两种[49]，一种是直接复合，一种是间接复合。顾名思义，直接复合就是电子在导带和价带之间直接跃迁引起的电子和空穴的复合；间接复合是指电子和空穴通过禁带中的能级发生复合。载流子的产生和复合作用对半导体非平衡载流子的寿命有重要影响。在窄带隙半导体中，第一种复合形式占主导作用，如锑化铟(禁带宽度 $E_{\mathrm{g}}=0.3\mathrm{eV}$)；在较宽的带隙半导体中，当禁带中存在较多的缺陷能级或者存在深能级缺陷时，间接复合的作用十分显著。热平衡时，载流子的产生率(G)必须等于复合率(U)；在非平衡状态下时，载流子的产生率和复合率是不相等的，净复合率 $U=R-G\neq 0$。

当半导体器件暴露于辐射环境下时，载能粒子在半导体材料中引入一些新的电子能级，影响载流子的产生和复合过程，导致电学性能发生变化[50]。辐射初期形成的缺陷以间隙原子和空位为主。随着时间的推移，部分间隙原子和空位发生移动并与其他杂质或缺陷发生反应形成新的缺陷[51]。根据 Shockley-Read-Hall 复合理论[52,53]，禁带中的缺陷通过电子俘获、空穴俘获、电子发射和空穴发射这四种过程来影响少数载流子的产生和复合，图 2-12 示意了载流子产生和复合的四个过程。图中的 A、B、C、D 表示这四个微观过程。A 代表缺陷从导带俘获一个电子；B 代表缺陷向导带发射一个电子；C 代表缺陷向价带发射一个电子，电子跃迁到价带后与价带中的空穴复合，因此该过程也可以认为是缺陷能级俘获空穴的过程；D 代表电子从价带发射到缺陷能级中，也可以认为缺陷能级向价带发射了一个空穴。禁带中的缺陷能级为电子和空穴在价带和导带间的跃迁提供了“台阶”，这将显著影响少数载流子寿命。

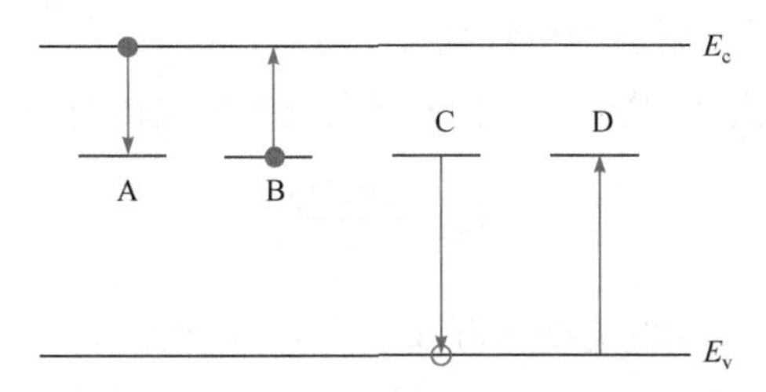

图 2-12　载流子产生和复合的四个过程

禁带中存在一个缺陷能级的条件下，载流子复合率采用式(2-28)计算[53]：

$$U=\frac{\sigma_p\sigma_n v_{th}\left(pn-n_i^2\right)N_t}{\sigma_n\left[n+n_i\exp\left(\frac{E_t-E_i}{k_BT}\right)\right]+\sigma_p\left[p+n_i\exp\left(\frac{E_i-E_t}{k_BT}\right)\right]} \tag{2-28}$$

式中，U 为载流子复合率，$cm^{-3}\cdot s^{-1}$；n_i 为本征载流子浓度，cm^{-3}；σ_n、σ_p 为缺陷对电子和空穴的俘获截面，cm^{-2}；n、p 为空穴和电子浓度，cm^{-3}；v_{th} 为载流子热运动速度，$cm\cdot s^{-1}$；E_t 为缺陷能级，eV；E_i 为本征能级，eV；k_B 为玻尔兹曼常量，$J\cdot K^{-1}$；T 为热力学温度，K；N_t 为缺陷密度，cm^{-3}。N_t 根据 $N_d/(Ax_d)$ 进行计算，N_d 为缺陷数目，A 为耗尽区面积，x_d 为耗尽区宽度。

当器件处于反向偏置时，耗尽层中 $p\ll n_i$，$n\ll n_i$。因此，式(2-28)转化为式(2-29)：

$$U=-\frac{\sigma_p\sigma_n v_{th}n_iN_t}{\sigma_n\exp\left(\frac{E_t-E_i}{k_BT}\right)+\sigma_p\exp\left(\frac{E_i-E_t}{k_BT}\right)} \tag{2-29}$$

当载流子复合率为负值时，表示耗尽区内的载流子产生过程起主导作用。二极管的反向电流由准中性区的扩散电流和耗尽区的漂移电流组成。准中性区的扩散电流对反向电流的贡献非常小，可忽略不计[54]。因此，二极管的反向电流等于耗尽区内的产生电流，采用式(2-30)计算[55]：

$$I_{\mathrm{R}} = qAx_{\mathrm{d}}G = \frac{q\sigma_{\mathrm{p}}\sigma_{\mathrm{n}}v_{\mathrm{th}}n_{\mathrm{i}}N_{\mathrm{t}}Ax_{\mathrm{d}}}{\sigma_{\mathrm{n}}\exp\left(\frac{E_{\mathrm{t}}-E_{\mathrm{i}}}{k_{\mathrm{B}}T}\right)+\sigma_{\mathrm{p}}\exp\left(\frac{E_{\mathrm{i}}-E_{\mathrm{t}}}{k_{\mathrm{B}}T}\right)} \tag{2-30}$$

式中，q 为基本电荷，C。

定义载流子产生寿命(generation lifetime) τ_{g} [54]：

$$\tau_{\mathrm{g}} = \tau_{\mathrm{n}}\exp\left(\frac{E_{\mathrm{t}}-E_{\mathrm{i}}}{k_{\mathrm{B}}T}\right)+\tau_{\mathrm{p}}\exp\left(\frac{E_{\mathrm{i}}-E_{\mathrm{t}}}{k_{\mathrm{B}}T}\right) \tag{2-31}$$

式中，τ_{n}、τ_{p} 为粒子入射前的少数载流子寿命，s。

根据式(2-30)和式(2-31)，二极管的反向电流公式转变为

$$I_{\mathrm{R}} = \frac{qn_{\mathrm{i}}Ax_{\mathrm{d}}}{\tau_{\mathrm{g}}} \tag{2-32}$$

辐射后二极管的反向电流增加可基于式(2-33)计算：

$$\Delta I_{\mathrm{R}} = qn_{\mathrm{i}}Ax_{\mathrm{d}}\left(\frac{1}{\tau_{\mathrm{g}}'}-\frac{1}{\tau_{\mathrm{g}}}\right) \tag{2-33}$$

式中，τ_{g}'、τ_{g} 为粒子入射后和入射前载流子产生寿命，s。

由式(2-28)～式(2-33)可知，二极管在受到辐射后，若已知缺陷类型、缺陷密度、缺陷能级和缺陷对载流子的俘获截面，则可以基于 Shockley-Read-Hall 复合理论研究辐射引起的位移损伤效应。

2.5.2 位移损伤缺陷的电学性质

通过模拟手段对位移损伤效应进行分析时，往往需要基于已有的实验数据建立恰当的物理模型，其中关键的参数就包括位移损伤缺陷的相关参数，这里主要是指缺陷能级和缺陷对电子和空穴的俘获截面。表 2-4 列出了与硅位移损伤相关的典型缺陷能级[56]。基于 Czochralski(Cz)法制作的硅基器件的氧和碳含量较高，当入射粒子在硅中产生间隙原子和空位时，氧杂质能够成为有效的空位俘获中心，碳杂质成为有效的间隙原子俘获中心。除了表 2-4 中列出的缺陷，在许多受照器件中还测量到了与间隙原子和空位团簇相关的缺陷能级。Xu 等[57]采用傅里叶转换红外光谱(FTIR)和光诱导瞬态谱仪对中子嬗变掺杂硅(NTD Si)中的缺陷测量结

果表明，能级为 $E_c-0.427eV$ 和 $E_c-0.524eV$ 的 P0 中心对应一个至少包含六个空位的缺陷团簇；Libertino 等[58]采用 145keV 和 1.2MeV Si 对 Cz-Si 进行辐照，并在 550～700℃温度退火后，采用瞬态深级能谱(DLTS)方法探测缺陷能级，结果表明：七个缺陷能级($E_v+0.33eV$、$E_v+0.52eV$、$E_c-0.58eV$、$E_c-0.50eV$、$E_c-0.37eV$、$E_c-0.29eV$ 及 $E_v-0.14eV$)与间隙原子团簇有关。间隙原子团簇不像点缺陷那样形成单个缺陷能级，而是在禁带中引入能带；缺陷团簇具有复杂的结构，能够同时俘获一个以上的载流子，被俘获的载流子能够在缺陷团簇内部转移(intercentre charge transfer)，导致部分缺陷能级对应缺陷团的具体形态难以确定。Madhu 等[59]采用 150MeV Cu 离子辐照 2N2219A BJT 后，采用 DLTS 方法测量到了与间隙原子团簇相关的能级 $E_v+0.504eV\pm0.044eV$、$E_v+0.526eV\pm0.029eV$，此外还测量到了两个缺陷能级 $E_c-0.695eV\pm0.017eV$、$E_c-0.636eV\pm0.030eV$，这两个缺陷能级与缺陷团簇相关[59]。

表 2-4　辐照后体硅中典型的缺陷能级[56]

缺陷	缺陷能级/eV	缺陷类型
V_2	$E_v+0.20$	施主
	$E_c-0.23$	受主
	$E_c-0.42$	受主
V_3	$E_c-0.46$	受主
VO	$E_c-0.17$	受主
C_i	$E_c-0.10$	受主
	$E_c-0.27$	受主
C_iC_s	$E_v+0.09$	施主
	$E_c-0.11$	受主
	$E_c-0.17$	受主
C_iO_i	$E_v+0.35$	施主
B_i	$E_c-0.13$	受主
	$E_c-0.45$	受主
B_iO_i	$E_c-0.26$	受主
B_iB_s	$E_v+0.29$	施主
VP	$E_c-0.44$	受主

注：C_i 为 C 替位原子俘获间隙原子形成的缺陷；C_iC_s 为 C_i 缺陷与 C 替位原子组合形成的缺陷；C_iO_i 为 C_i 缺陷和 O_i 缺陷组合形成的缺陷，O_i 为 O 替位原子俘获间隙原子形成的缺陷；B_i 为 B 替位原子俘获间隙原子形成的缺陷；B_iO_i 为 B_i 和 O_i 组合形成的缺陷；B_iB_s 为 B_i 和 B_s 组合形成的缺陷；VP 为 P 替位原子与点空位形成的缺陷。

2.5.3　Sentaurus TCAD 软件

计算机辅助设计技术(technology computer-aided design，TCAD)[60]是指利用计算机仿真来开发和优化半导体工艺技术和半导体器件。本书使用了 Synopsys 公司的 Sentaurus TCAD 软件开展器件级仿真工作。图 2-13 给出了一个利用 Sentaurus TCAD 进行器件仿真的典型流程示意图。流程图中展示了器件模型构建、数值仿真和数据处理及可视化三个主要部分。器件模型构建部分主要使用 Sentaurus Structure Editor 构建二维或三维结构并提供可视化选项，输入条件包括器件几何边界、掺杂方式及浓度、网格划分等信息的命令脚本文件，输出为器件模型的 tdr 文件;数值仿真部分的核心工具为 Sentaurus Device,其输入包括 Sentaurus Structure Editor 输出的器件模型文件及定义物理过程、电学边界条件、计算方法及输出变量的命令脚本文件,通过计算可得到器件模型各端口的电学响应(输出文件后缀为 des.plt)和各网格节点处物理变量值(输出文件后缀为 des.tdr)。上述文件导入 Inspect、Sentaurus Visual 和 Tecplot 中可进行可视化及数据处理。

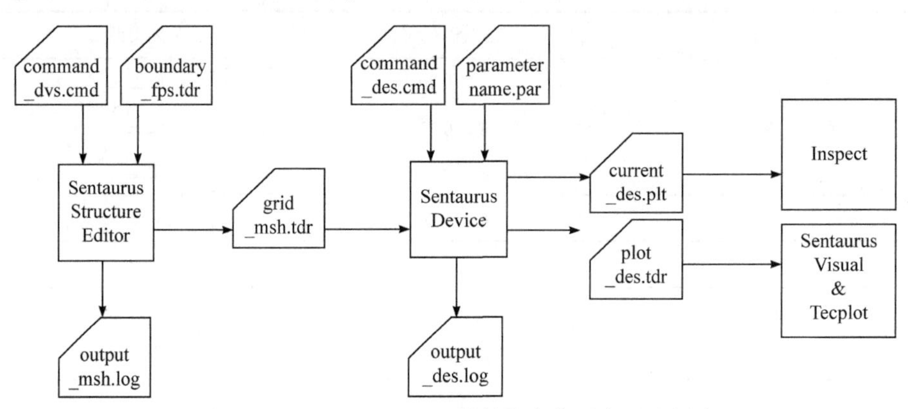

图 2-13　Sentaurus TCAD 器件仿真典型流程示意图

参 考 文 献

[1] NORDLUND K, DJURABEKOVA F. Multiscale modelling of irradiation in nanostructures[J]. Journal of Computational Electronics, 2014, 13(1): 122-141.

[2] SUEOKA K, SHIBA S, FUKUTANI S. First principles analysis of formation energy of point defects and voids in silicon crystals during the cooling process of Czochralski method[J]. Journal of Solid Mechanics & Materials Engineering, 2007, 1(9): 1175-1185.

[3] SAHLI B, VOLLENWEIDER K, ZOGRAPHOS N, et al. Ab initio calculations of phosphorus and arsenic clustering parameters for the improvement of process simulation models[J]. Materials Science & Engineering B, 2008, 154(48): 193-197.

[4] BORODIN V A. Molecular dynamics simulation of annealing of post-ballistic cascade remnants in silicon[J]. Nuclear Instruments and Methods in Physics Research B: Beam Interactions with Materials and Atoms, 2012, 282: 33-37.

[5] CATURLA M J, RUBIA T D D L, GILMER G H. Disordering and defect production in silicon by keV ion irradiation studied by molecular dynamics[J]. Nuclear Instruments and Methods in Physics Research B: Beam Interactions with Materials and Atoms, 1995, 106(1): 1-8.

[6] NORDLUND K, GHALY M, AVERBACK R S, et al. Defect production in collision cascades in elemental semiconductors and FCC metals[J]. Physical Review B, 1998, 57(13): 7556-7570.

[7] NODA T, KAMBHAM A K, VRANCKEN C, et al. Analysis of dopant diffusion and defects in Fin structure using an atomistic kinetic Monte Carlo approach[C]. Proceedings of the IEEE International Electron Devices Meeting, Washington: IEEE, 2013: 140-143.

[8] NODA T. Modeling of indium diffusion and end-of-range defects in silicon using a kinetic Monte Carlo simulation[J]. Journal of Applied Physics, 2003, 94(10): 6396-6400.

[9] JARAIZ M, PELAZ L, RUBIO E, et al. Atomistic modeling of point and extended defects in crystalline materials[J]. MRS Proceedings, 1998, 532: 43-53.

[10] LEE S H, OH H J, KIM D H. Kinetic Monte Carlo simulation for the void defects formation in Czochralski silicon growth[J]. Molecular Simulation, 2010, 36(3): 240-245.

[11] MURALIDHARAN P, VASILESKA D, GOODNICK S M, et al. A kinetic Monte Carlo study of defect assisted transport in silicon heterojunction solar cells[J]. Physica Status Solidi C, 2015, 12(9-11): 1198-1200.

[12] ORTIZ C J, CATURLA M J. Simulation of defect evolution in irradiated materials: Role of intracascade clustering and correlated recombination[J]. Physical Review B, 2007, 75(18): 184101.

[13] RAINE M, JAY A, RICHARD N, et al. Simulation of single particle displacement damage in silicon-part I: Global approach and primary interaction simulation[J]. IEEE Transactions on Nuclear Science, 2017, 64(1): 133-140.

[14] ROBINSON M T, TORRENS I M, ROBINSON M T, et al. Computer simulation of atomic-displacement cascades in solids in the binary-collision approximation[J]. Physical Review B, 1974, 9(12): 5008-5024.

[15] 郁金南. 材料辐照效应[M]. 北京: 化学工业出版社, 2007.

[16] SAYED M, JEFFERSON J H, WALKER A B, et al. Molecular dynamics simulations of implantation damage and recovery in semiconductors[J]. Nuclear Instruments and Methods in Physics Research B: Beam Interactions with Materials and Atoms, 1995, 102(95): 218-222.

[17] MAZZAROLO M, COLOMBO L, LULLI G, et al. Low-energy recoils in crystalline silicon: Quantum simulations[J]. Physical Review B, 2001, 63(63): 797-801.

[18] HOLMSTROM E, KURONEN A, NORDLUND K. Threshold defect production in silicon determined by density functional theory molecular dynamics simulations[J]. Physical Review B, 2008, 78(4): 1436-1446.

[19] ZIEGLER J F. SRIM: The stopping and range of ions in matter[J]. Nuclear Instruments and Methods in Physics Research B: Beam Interactions with Materials and Atoms, 2010, 268(11-12): 1818-1823.

[20] NORDLUND K, RUNEBERG N, SUNDHOLM D. Repulsive interatomic potentials calculated using Hartree-Fock and density-functional theory methods[J]. Nuclear Instruments and Methods in Physics Research B: Beam Interactions with Materials and Atoms, 1997, 132(1): 45-54.

[21] BIERSACK J P, ZIEGLER J F. The Stopping and Range of Ions in Solids[M]. Berlin, Heidelberg: Springer, 1982.

[22] AGOSTINELLI S, ALLISON J, AMAKO K, et al. GEANT4: A Simulation toolkit[J]. Nuclear Instruments and Methods in Physics Research A: Accelerators Spectrometers Detectors and Associated Equipment, 2003, 506(3): 250-303.

[23] STILLINGER F H, WEBER T A. Computer simulation of local order in condensed phases of silicon[J]. Physical

Review B, 1985, 31(8): 5262-5271.

[24] TERSOFF J. New empirical model for the structural properties of silicon[J]. Physical Review Letters, 1986, 56(6): 632-635.

[25] BASKES M I, NELSON J S, WRIGHT A F. Semiempirical modified embedded-atom potentials for silicon and germanium[J]. Physical Review B, 1989, 40: 6085-6100.

[26] LENOSKY T J, KRESS J D, KWON I, et al. Highly optimized tight-binding model of silicon[J]. Physical Review B, 1997, 55(3): 1528-1544.

[27] STICH I, CAR R, PARRINELLO M. Amorphous silicon studied by ab initio molecular dynamics: Preparation, structure, and properties[J]. Physical Review B, 1991, 44: 11092-11104.

[28] WANG C Z, CHAN C T, HO K M. Tight-binding molecular-dynamics study of liquid Si[J]. Physical Review B, 1992, 45(21): 12227-12232.

[29] TERSOFF J. Empirical interatomic potential for silicon with improved elastic properties[J]. Physical Review B, 1988, 38(14): 9902-9905.

[30] 张跃. 计算材料学基础[M]. 北京: 北京航空航天大学出版社, 2007.

[31] PLIMPTON S. Fast parallel algorithms for short-range molecular-dynamics[J]. Journal of Computational Physics, 1995, 117(1): 1-19.

[32] 刘培生. 晶体点缺陷基础[M]. 北京:科学出版社, 2010.

[33] 于民. 集成电路超浅结工艺的动力学蒙特卡罗模拟研究[D]. 北京:北京大学, 2005.

[34] MARTIN-BRAGADO I, RIVERA A, VALLES G, et al. MMonCa: An object kinetic Monte Carlo simulator for damage irradiation evolution and defect diffusion[J]. Computer Physics Communications, 2013, 184(12): 2703-2710.

[35] FICHTHORN K A, WEINBERG W H. Theoretical foundations of dynamical Monte Carlo simulations[J]. Journal of Chemical Physics, 1991, 95(2): 734-750.

[36] XU H, STOLLER R E, BÉLAND L K, et al. Self-evolving atomistic kinetic Monte Carlo simulations of defects in materials[J]. Computational Materials Science, 2015, 100: 135-143.

[37] KRESSE G. Ab initio molecular dynamics for liquid metals[J]. Journal of Non-Crystalline Solids, 1995, 192-193: 222-229.

[38] KRESSE G, HAFNER J. Ab initio molecular-dynamics simulation of the liquid-metal-amorphous-semiconductor transition in germanium[J]. Physical Review B, 1994, 49(20): 14251-14269.

[39] KRESSE G, FURTHMÜLLER J. Efficient iterative schemes for ab initio total-energy calculations using a plane-wave basis set[J]. Physical Review B, 1996, 54(16): 11169-11186.

[40] KRESSE G, HAFNER J. Norm-conserving and ultrasoft pseudopotentials for first-row and transition elements[J]. Journal of Physics: Condensed Matter, 1994, 6(40): 8245.

[41] DAVIDSON E R. The iterative calculation of a few of the lowest eigenvalues and corresponding eigenvectors of large real-symmetric matrices[J]. Journal of Computational Physics, 1975, 17(1): 87-94.

[42] KRESSE G, FURTHMÜLLER J. Efficiency of ab-initio total energy calculations for metals and semiconductors using a plane-wave basis set[J]. Computational Materials Science, 1996, 6(1): 15-50.

[43] KERKER G P. Efficient iteration scheme for self-consistent pseudopotential calculations[J]. Physical Review B, 1981, 23(6): 3082-3084.

[44] JOHNSON D D. Modified Broyden's method for accelerating convergence in self-consistent calculations[J]. Physical Review B, 1988, 38(18): 12807-12813.

[45] PULAY P. Convergence acceleration of iterative sequences. The case of SCF iteration[J]. Chemical Physics Letters, 1980, 73(2): 393-398.

[46] WEINERT M, DAVENPORT J W. Fractional occupations and density-functional energies and forces[J]. Physical Review B, 1992, 45(23): 13709-13712.

[47] DE VITA A, GILLAN M J, LIN J S, et al. Defect energetics in MgO treated by first-principles methods[J]. Physical Review B, 1992, 46(20): 12964-12973.

[48] METHFESSEL M, PAXTON A T. High-precision sampling for Brillouin-zone integration in metals[J]. Physical Review B, 1989, 40(6): 3616-3621.

[49] 刘恩科. 半导体物理学[M]. 北京：电子工业出版社, 2011.

[50] SROUR J R, PALKO J W. Displacement damage effects in irradiated semiconductor devices[J]. IEEE Transactions on Nuclear Science, 2013, 60(3): 1740-1766.

[51] MYERS S M, COOPER P J, WAMPLER W R. Model of defect reactions and the influence of clustering in pulse-neutron-irradiated Si[J]. Journal of Applied Physics, 2008, 104(4): 044507.

[52] HALL R N. Electron-hole recombination in germanium[J]. Physical Review B, 1952, 87: 387.

[53] SHOCKLEY W, READ W T. Statistics of the recombinations of holes and electrons[J]. Physical Review, 1952, 87(5): 835-842.

[54] AUDEN E C, WELLER R A, SCHRIMPF R D, et al. Effects of high electric fields on the magnitudes of current steps produced by single particle displacement damage[J]. IEEE Transactions on Nuclear Science, 2013, 60(6): 4094-4102.

[55] SCHRODER D K. The concept of generation and recombination lifetimes in semiconductors[J]. IEEE Transactions on Electron Devices, 1982, 29(8): 1336-1338.

[56] NIELSEN H K. Capacitance transient measurements on point defects in silicon and silicon carbide[D]. Stockholm: Royal Institute of Technology, 2005.

[57] XU Y, LIU C, LI Y, et al. Multivacancy clusters in neutron - irradiated silicon[J]. Journal of Applied Physics, 1995, 78(11): 6458-6460.

[58] LIBERTINO S, COFFA S, BENTON J L, et al. Formation, evolution and annihilation of interstitial clusters in ion implanted Si[J]. Nuclear Instruments and Methods in Physics Research Section B: Beam Interactions with Materials and Atoms, 1999, 148(148): 247-251.

[59] MADHU K V, KUMAR R, RAVINDRA M, et al. Investigation of deep level defects in copper irradiated bipolar junction transistor[J]. Solid-State Electronics, 2008, 52: 1237-1243.

[60] 韩雁. 半导体器件 TCAD 设计与应用[M]. 北京：电子工业出版社, 2013.

第 3 章　多尺度模拟方法在硅材料位移损伤研究中的应用

半导体硅材料是目前应用最广、最主要的半导体材料，是半导体器件和集成电路的基础材料。可以说现代电子技术的发展离不开硅材料。

硅为周期表中第ⅣA 族元素，在地壳中主要以二氧化硅和硅酸盐形式存在，丰度为 27.7%，仅次于氧。硅的原子量为 28.085，25℃下密度为 $2.329\mathrm{g\cdot cm^{-3}}$，具有灰色金属光泽，较脆，硬度 6.5Mohs，稍低于石英。熔点 1410℃，在熔点时体积收缩率为 9.5%。常温下硅表面覆盖一层极薄氧化层，化学性质不活泼。

用于半导体器件制造的硅材料是高完整性的单晶硅。通常用直拉法或区熔法由多晶硅制得单晶硅。单晶硅最近邻原子配位数为 4，为共价键结合。

3.1　离子入射硅引起的位移损伤缺陷初态研究

为了分析影响位移损伤缺陷在硅中产生和演化行为的因素，本节首先采用 BCA 方法模拟不同种类离子入射硅的初级碰撞过程，获得初级撞出原子的能量分布信息，并分析非电离能量沉积与入射离子能量的关系；然后基于 BCA 模拟的结果，采用 MD 方法模拟 PKA 入射硅形成的级联碰撞过程，研究不同温度条件下不同能量 PKA 入射硅引起的缺陷产生和初期演化过程，并对 PKA 入射产生的缺陷数目、成团比例与辐照温度的关系进行分析。本节的结果有助于理解离子入射硅引起的缺陷数目、形态和空间分布，且能够为单粒子位移损伤多尺度模拟提供输入参数。

3.1.1　离子入射硅初级碰撞过程的蒙特卡罗模拟

1. 计算方法

采用 SRIM 软件中的 TRIM 模块对不同离子入射硅的初级碰撞过程进行模拟。采用 SRIM 模拟离子产生的 PKA 的能量分布及非电离能量损失份额有两个目的：①评估离子在硅中产生的 PKA 的能量，为 MD 模拟缺陷初态选择合适的 PKA 能量范围；②将 SRIM 计算的非电离能量损失份额与已有模型及实验结果对比，以验证 SRIM 模拟结果的可靠性。

采用 SRIM 模拟离子在材料中的输运分为两种模式，一种是离子分布与损伤快速计算模式(ion distribution and quick calculation of damage，简称“快速计算模式”)；另一种是全损伤级联精细计算模式(detailed calculation with full damage cascade，简称“精细计算模式”)。这两种模式的不同之处在于采用快速计算模式模拟时仅能够模拟入射离子的运动轨迹及初级反冲原子的产生，而不跟踪次级粒子的产生；采用精细计算模式模拟时能够跟踪入射粒子、初级反冲原子、次级粒子的运动，能够得到更为详细的模拟结果。本书采用精细计算模式来模拟 PKA 的产生。进行 SRIM 模拟之前，首先要对各项参数进行设置，包括靶材料类型、厚度、材料离位阈能、入射粒子种类、能量、入射方向等。模拟中选取了 6 种典型离子垂直入射 Si，包括 H、He、C、O、Si 和 Kr。对入射离子选择 1keV、10keV、100keV、1MeV、10MeV、100MeV、1GeV 共 7 个能量点进行模拟。模拟之前需要确定硅原子的离位阈能。Miller 等[1]采用 MD 方法模拟得到硅晶格原子受到来自不同方向的 PKA 碰撞时原子离开最近邻距离(2.35Å)所需的能量为 10.1～19.1eV，离开晶格位置超过 0.75 a_0 (a_0 为硅的晶格常数，5.431Å)所需能量为 11.5～22eV；Sayed 等[2]采用 MD 方法模拟了不同材料在不同方向的离位阈能，其中 Si 原子的离位阈能为 10～26eV。在已发表的文献中，大部分研究选择 15eV 作为硅的平均离位阈能[3]，因此这里设置 15eV 作为 Si 原子的离位阈能。

参考 Stoller 等[4]计算离子在 Fe 中的非电离能量沉积方法，采用 TRIM 计算了以上 6 种离子入射硅沉积的非电离能量。通过 TRIM 输出文件 VACANCY.txt 计算空位数目 N_{vac}，并基于 Norgett-Robinson-Torrens(NRT)模型[5]计算非电离能量损失：$E_{\mathrm{dam}} = 2E_{\mathrm{d}}N_{\mathrm{vac}}/0.8$。其中，$E_{\mathrm{dam}}$ 表示非电离能量(或位移损伤能量)，E_{d} 表示硅原子的离位阈能。

除了可采用 BCA 模拟方法计算非电离能量沉积，还可通过能量配分函数对非电离能量损失进行计算。Lindhard 等[6]基于 Thomas-Fermi 势计算入射粒子弹性散射过程中损失的能量，由此推导出能量为 E 的反冲原子 NIEL 值采用式(3-1)进行计算：

$$S_{\mathrm{NIEL}} = \frac{N_{\mathrm{A}}}{A}\sum_{i}\sigma_i(E)T_i \tag{3-1}$$

式中，σ_i 为第 i 个反冲原子的反应截面，cm^{-2}；T_i 为反冲原子的平均位移损伤能量，keV；N_{A} 为阿伏伽德罗常数；A 为靶原子的质量数。

随后，Robinson[7]对 Lindhard 能量配分函数进行了修正，修正后的 Lindhard 能量配分函数形式如下：

$$L(T) = \frac{1}{1 + F_{\mathrm{L}}g(\varepsilon)} \tag{3-2}$$

$$g(\varepsilon)=\left(3.4008\varepsilon^{1/6}+0.40244\varepsilon^{3/4}+\varepsilon\right) \tag{3-3}$$

$$\varepsilon=\frac{T}{E_{\mathrm{L}}} \tag{3-4}$$

$$E_{\mathrm{L}}=30.724Z_{\mathrm{R}}Z_{\mathrm{L}}\left(Z_{\mathrm{R}}^{2/3}+Z_{\mathrm{L}}^{2/3}\right)^{1/2}\frac{A_{\mathrm{R}}+A_{\mathrm{L}}}{A_{\mathrm{L}}} \tag{3-5}$$

$$F_{\mathrm{L}}=\frac{0.0793Z_{\mathrm{R}}^{2/3}Z_{\mathrm{L}}^{1/2}\left(A_{\mathrm{R}}+A_{\mathrm{L}}\right)^{3/2}}{\left(Z_{\mathrm{R}}^{2/3}+Z_{\mathrm{L}}^{2/3}\right)^{3/4}A_{\mathrm{R}}^{3/2}A_{\mathrm{L}}^{1/2}} \tag{3-6}$$

式中，T 为入射离子能量，keV；$L(T)$为能量为 T 的离子沉积于弹性碰撞的能量占比；Z_{R} 为反冲原子的原子序数；A_{R} 为反冲原子的质量数；Z_{L} 为靶材料原子的原子序数；A_{L} 为靶材料原子的质量数。

采用式(3-2)～式(3-6)能够较为精确地计算能量较高离子的非电离能量损失份额，但会低估能量小于 10keV · amu^{-1} 入射粒子的非电离能量损失份额。Akkerman 等[8]对 Robinson 修正的 Lindhard 函数作了进一步改进，主要是对式(3-3)进行了修正，采用式(3-7)代替：

$$g(\varepsilon)=\left(0.90565\varepsilon^{1/6}+1.6812\varepsilon^{3/4}+0.742\varepsilon\right) \tag{3-7}$$

修正后的能量配分函数对原子序数低于 15 的离子在低能区的位移损伤能量份额计算结果更为准确。为方便表达，Akkerman 修正的能量配分函数在本书中称为"Akkerman-Robinson-Lindhard(ARL)能量配分函数"。本节将对 SRIM 计算的非电离能量计算结果与 ARL 能量配分函数的计算结果以及实验结果进行比较。

2. 模拟结果

1) 非电离能量损失

图 3-1 给出了位移损伤能量占比(E_{dam}/E_0)与入射离子能量的关系。从图中可知，随着入射离子能量的增加，贡献给弹性碰撞的那部分能量占总能量损失的份额越来越小。对于 H 入射，SRIM 的模拟结果与采用 ARL 能量配分函数计算的结果有较大的偏差；对于 He、C 和 O 入射，SRIM 模拟的结果略高于 ARL 能量配分函数计算的结果，SRIM 计算的 Si 和 Kr 的非电离能量沉积与 ARL 能量配分函数的计算结果较为接近。由图可见，SRIM 模拟结果在低能时给出的计算结果与 ARL 模型计算的结果差别较大，这可能是 BCA 理论未考虑多体碰撞过程导致对低能离子入射模拟结果不够准确。图中还给出了实验结果，由图 3-1 可见，总体上 SRIM 模拟的结果与实验结果一致，因此采用 SRIM 模拟离子的能量沉积的结

果是较为可靠的。

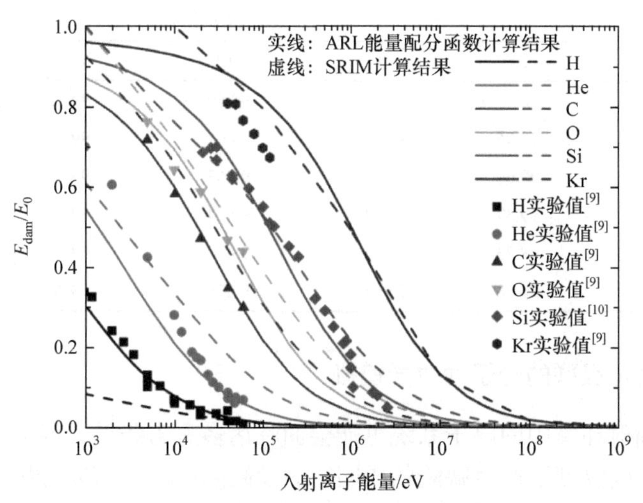

图 3-1　位移损伤能量占比与入射离子能量的关系[9,10]

2) 初级撞出原子的能量分布

图 3-2 展示了 100keV 以上的离子入射硅产生的 PKA 平均能量与入射离子能量的关系。表 3-1 给出了不同能量的离子入射硅产生的能量小于 10keV 的 PKA 比例。由图 3-2 及表 3-1 可知，对于这几种典型离子，PKA 的平均能量均低于 2keV，96.61%以上的 PKA 能量小于 10keV，低能 PKA 占绝对优势。因此，在 3.1.2 小节中对 10keV 以下能量的 PKA 离位级联过程进行分子动力学模拟。

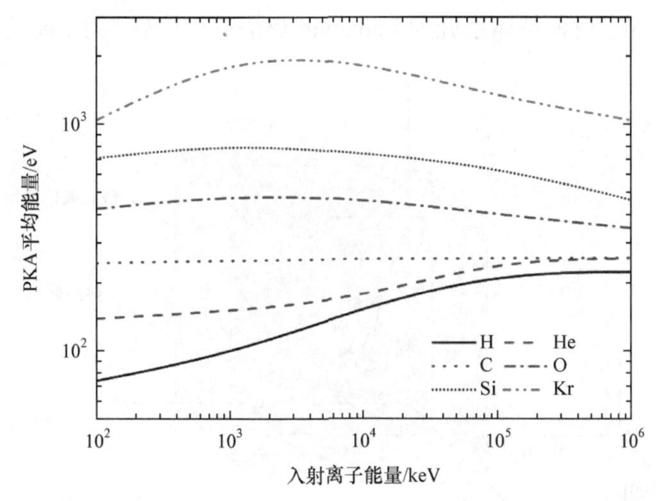

图 3-2　100keV 以上的离子入射硅产生的 PKA 平均能量与入射离子能量的关系

表 3-1　不同能量的重离子入射硅产生的能量小于 10keV 的 PKA 比例　(单位：%)

离子类型	入射离子能量/keV				
	10^2	10^3	10^4	10^5	10^6
H	100	99.93	99.89	99.86	99.84
He	99.96	99.93	99.92	99.86	99.85
C	99.60	99.55	99.62	99.67	99.83
O	99.37	99.34	99.44	99.55	99.77
Si	98.73	98.65	98.98	99.25	99.61
Kr	97.78	96.61	97.68	98.28	98.89

3.1.2　硅中离位级联的分子动力学模拟

工作于辐射环境中的电子系统可能会面临诸多恶劣条件，温度变化是其中之一。PKA 在不同温度下产生缺陷的成团行为及缺陷的产生和复合机制可能会有所不同。因此，研究不同温度下的缺陷产生及演化规律对于进一步理解硅的位移损伤效应具有重要意义。本小节采用分子动力学方法对不同温度条件下不同能量 PKA 在硅中引起的离位级联(级联碰撞)过程进行模拟。

1. 计算方法

本小节采用分子动力学模拟软件 LAMMPS[11]对 PKA 入射硅的级联碰撞过程进行模拟，Si-Si 间的相互作用采用 Tersoff/ZBL 势函数[12]进行描述。硅级联碰撞分子动力学模拟体系如图 3-3 所示，分为两部分。一部分是热浴区域，另一部分是级联碰撞区域。对模拟体系施加 Langevin 热浴进行控温。为了防止热浴对 PKA

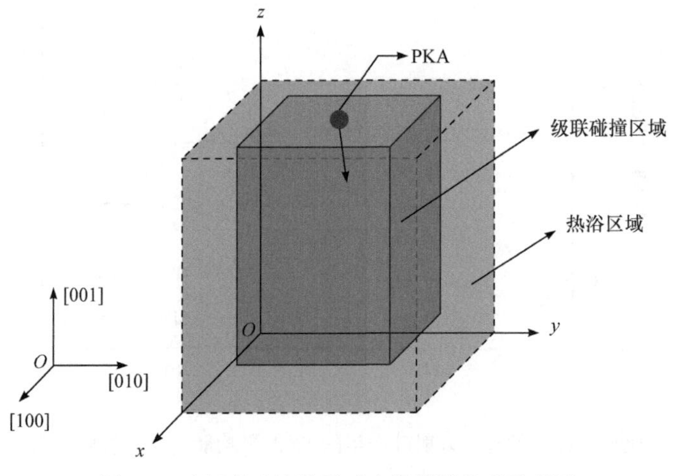

图 3-3　硅级联碰撞分子动力学模拟体系示意图

的动能产生影响，设置(001)顶面为自由表面，其余五个边界均选取外层 $3a_0$(a_0 为晶格常数，硅的晶格常数为 5.431Å)层原子作为热浴区域，内部区域作为级联碰撞区域。

表 3-2 给出了模拟中的 PKA 能量、速度及对应的模拟体系规模，模拟体系的大小取决于 PKA 能量。建立的模拟体系规模能够确保所有级联碰撞过程均发生在级联碰撞区域内，不会对热浴产生影响。通过赋予(001)顶面中心的 Si 原子一定动能实现 PKA 入射，对应的 PKA 的运动速度见表 3-2。为了克服尺寸效应，模拟体系采用周期性边界条件。体系内原子的初始运动状态通过式(2-21)确定。为提高统计性，需要对每个 PKA 引起的离位级联进行多次模拟，这里对每个能量点的 PKA 设置了 5 个随机方向(为避免沟道效应，PKA 初始运动方向与负 z 轴夹角介于 7°～26°)进行模拟，对计算结果取平均值。

表 3-2　PKA 能量、速度及对应的模拟体系规模

E_{PKA}/keV	E_{dam}/keV	v/(Å · ps^{-1})	体系大小	原子数目
0.4	0.35	491	$20a_0×20a_0×20a_0$	64000
2	1.6	1050	$25a_0×25a_0×25a_0$	125000
5	3.8	1607	$40a_0×40a_0×40a_0$	512000
10	7.5	2493	$50\ a_0×50a_0×60a_0$	1200000

注：E_{PKA} 为 PKA 能量；v 为 PKA 的速度。

为了平衡计算精度和速度，这里采用了变步长方法[13]，在级联碰撞剧烈的阶段采用较小的时间步长，以避免丢失原子的运动细节；在原子运动相对不剧烈的阶段，采取较大的时间步长，以提高计算效率。模拟分为以下五个阶段：

(1) 赋初速度阶段。建立系统的初始位形并给体系中的所有原子赋予初始速度，整个体系以 Langevin 热浴控温方式实现对温度的控制，使整个系统内的所有原子达到平衡状态。该阶段计算的时间步长为 1fs，弛豫时间为 10ps。

(2) 初始平衡阶段。对热浴区域仍采用 Langevin 热浴控温，对级联碰撞区域采用正则系综。该阶段计算的时间步长为 1fs，弛豫时间为 10ps。

(3) 级联碰撞阶段。赋予 PKA 一定动能，使其入射到级联碰撞区域并将能量充分地耗散在级联碰撞区域。该阶段计算时间步长为 0.01fs，持续时间长 0.3ps。

(4) 中间弛豫阶段。由于激烈的级联碰撞阶段已经完成，此时体系内形成的部分间隙原子和空位发生复合。该阶段计算时间步长为 0.1fs，持续时间长 1.7ps。

(5) 最终平衡阶段。该阶段内极少部分间隙原子和空位发生复合，缺陷数目总体趋于稳定。该阶段的时间步长为 1fs，持续时间长 8ps。

最终，从 PKA 入射到最终平衡阶段结束，MD 模拟的总时长为 10ps。

2. 缺陷判断方法

这里采用 Wigner-Seitz 缺陷分析法[14]提取缺陷的种类和位置信息。以某晶格点为中心，作其与邻近晶格点的中垂面，由所有中垂面组成的最小体积的区域称为 Wigner-Seitz 原胞(以下简称“W-S 原胞”)，如图 3-4 所示。若该晶格点的 W-S 原胞中包含一个原子，原胞占据数(occupancy)为 1，该点被晶格原子正常占据；若 W-S 原胞中没有原子，occupancy = 0，表示原胞中存在一个空位；若 W-S 原胞中的包含两个原子，occupancy = 2，则表示 W-S 原胞中存在一个间隙原子；若 W-S 原胞中包含 2 个以上原子，occupancy > 2，则表示该原胞中有成团的间隙原子。这里以初始平衡阶段 10ps 时刻(PKA 入射前)级联碰撞区域中的晶格原子作为理想参考点阵，以 PKA 入射后各时刻的晶格作为实时点阵。将实时点阵与理想点阵进行对比，通过判断每个 W-S 原胞中的占据数来分析实时点阵中的缺陷位置及类型。此外，还定义偏离晶格位置超过原子最近邻距离一半的原子为离位原子(displaced atoms)，动能超过 0.2eV 的原子为热原子[15](hot atoms)。

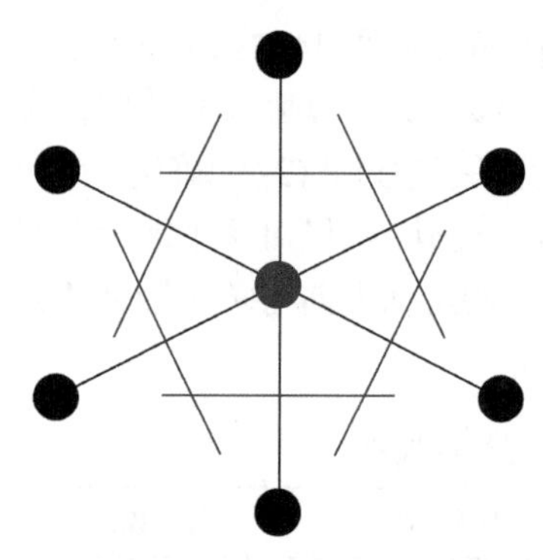

图 3-4 Wigner-Seitz 原胞

为分析不同模拟条件下缺陷的成团行为，对提取的 W-S 缺陷作进一步分析，对缺陷团的分析采用“搜索遍历”的方法[14]，具体操作步骤如下：定义一搜索距离，以某一间隙原子(空位)为中心作半径等于搜索距离的球，若在球内找到另一间隙原子(空位)，则认为这两个缺陷属于同一缺陷团簇；再以被找到的间隙原子(或空位)为球心作球，若在球内找到另一缺陷，则认为这三个缺陷都属于同一缺陷团簇，重复此过程直至遍历所有缺陷。对于硅级联碰撞引起缺陷的成团分析，参考 Jaraiz 等[16,17]和 Rubia 等[18]选取原子的次近邻距离 3.84Å 作为搜索距离，与 Caturla 等[19]选取的 SW 势函数截断半径值 3.77Å 接近，小于 Nordlund 等[15]选取的 8.1Å。

3. 分子动力学程序验证

为验证分子动力学模拟程序及方法，首先模拟了 0K 温度下 0.4keV、2keV、5keV、10keV 的 PKA 在硅中的级联碰撞过程，取 10ps 时刻的结果与 Nordlund 等的模拟结果[15]进行比较，表 3-3 为 0K 温度下 0.4～10keV PKA 级联碰撞引起的间隙原子、离位原子及热原子数目。表 3-3 中，N_{int} 表示采用 Wigner-Seitz 判据判断的间隙原子数目，N_d 表示离位原子数目，$N_{hot,max}$ 表示在级联碰撞初始阶段体系内产生的热原子的最大数目。需要注意的是采用 Wigner-Seitz 分析法提取的间隙原子数目与空位数目总是相等的。一一对应的间隙原子和空位又被称为 Frenkel 缺陷对(FP)，因此 $N_{int} = N_{vac} = N_{FP}$，其中，$N_{FP}$ 表示 FP 数目。

表 3-3　0K 温度下 0.4～10keV PKA 级联碰撞引起的间隙原子、离位原子及热原子数目

E_{PKA} /keV	N_{int}		N_d		$N_{hot,max}$	
	本小节	文献[15]	本小节	文献[15]	本小节	文献[15](SW/ZBL)
0.4	8.8 ± 0.44	8.3 ± 0.2	24 ± 2.9	25 ± 1	138.2 ± 9.6	132 ± 3
2	40.6 ± 2.7	39 ± 2	128 ± 5.4	128 ± 4	681 ± 9.8	710 ± 30
5	88.2 ± 7.4	84 ± 2	270 ± 27.2	300 ± 10	1472 ± 53.8	1350 ± 30
10	196.8 ± 18.4	—	626.6 ± 90.0	—	3264 ± 477.4	3100 ± 100

由表 3-3 中的数据可知，这里模拟的间隙原子数目、离位原子数目和热原子最大数目与 Nordlund 等[15]模拟的结果相符。图 3-5 展示了 0K 温度下 2keV PKA 入射产生的间隙原子数目随时间演化的结果(图中 1～5 表示模拟 5 次的结果)，模拟结果与 Nordlund 等[15]的结果一致。表 3-3 及图 3-5 表明建立的硅中级联碰撞的分子动力学模拟程序和方法是合理的。

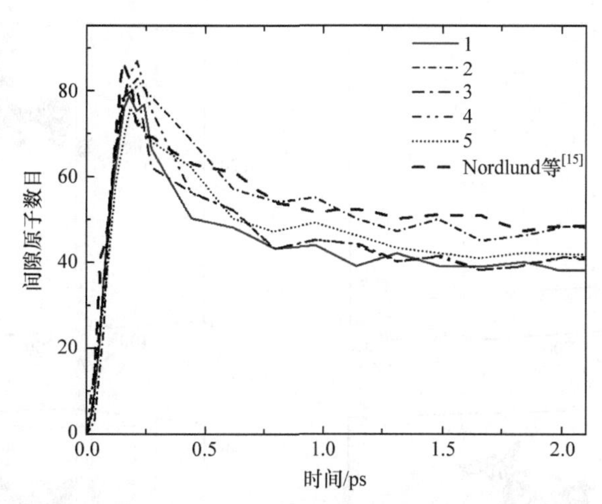

图 3-5　0K 温度下 2keV PKA 入射产生的间隙原子数目在 2ps 内的演化过程

4. 结果与讨论

1) 离位原子及间隙原子的演化过程及空间分布

图 3-6 展示了 0K 温度下 10keV PKA 入射硅产生的离位原子和间隙原子数目随时间的演化过程，图 3-7 展示了 0K 温度下 10keV PKA 在硅晶格中产生的间隙原子和空位在不同时刻的空间分布。

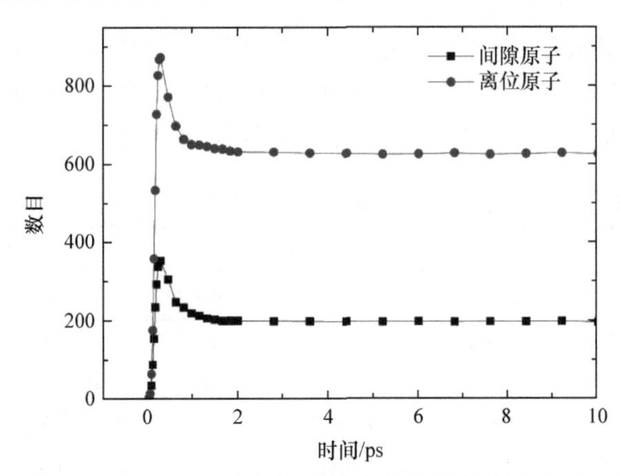

图 3-6 0K 温度下 10keV PKA 入射引起的离位原子和间隙原子数目随时间的演化

从图 3-6 及图 3-7 可见，在级联碰撞的初始阶段，PKA 运动过程中将能量耗散在硅晶格中，引起晶格原子离位，到达晶格的间隙位置成为间隙原子，并在原来的晶格位置留下空位。短时间内损伤区域不断扩大，缺陷数目快速增加，在 0.3ps 左右达到峰值。随后，体系经历了缺陷恢复阶段，部分间隙原子和空位发生复合，0.3～2ps 内缺陷数目逐渐减少，损伤区域体积也有所减小。2ps 后，体系内的缺陷

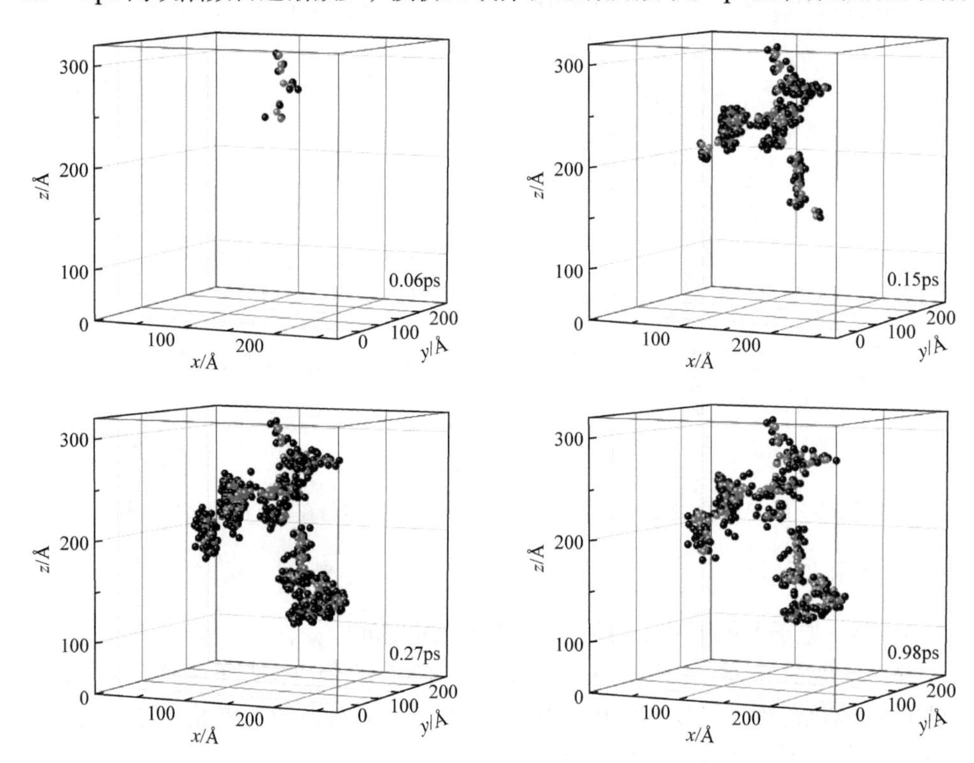

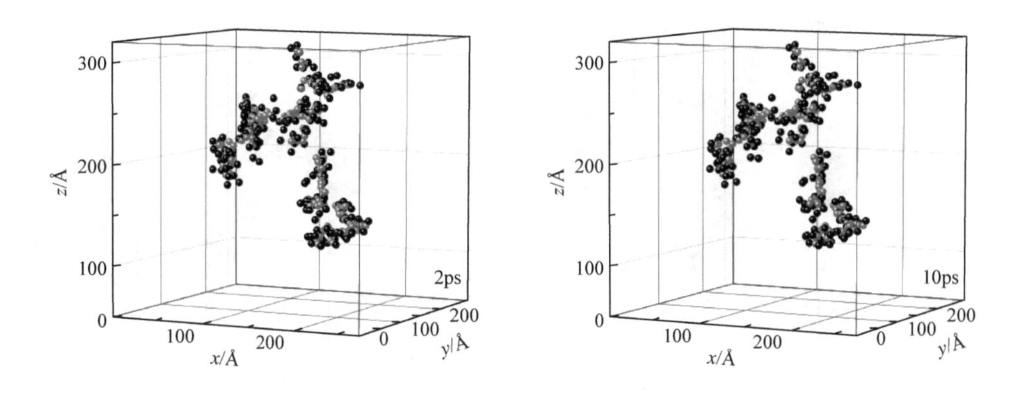

图 3-7　在不同时刻 0K 温度下 10keV PKA 产生的间隙原子和空位的分布

基本已经趋于稳定，其数目和形态几乎不再发生变化。从图 3-7 可见，间隙原子和空位的空间分布有所不同，空位几乎都分布在级联损伤区域中心位置，间隙原子大多处于损伤区域的边缘。离位原子和间隙原子的数目变化呈现相似的规律，离位原子的数目约为间隙原子数目的 3 倍。

定义间隙原子(空位)的复合率为

$$\eta=\left(1-\frac{N_{\text{stable}}}{N_{\max}}\right)\times 100\% \tag{3-8}$$

式中，N_{stable} 为稳定间隙原子(空位)的数目；$N_{\max}$ 为 10ps 内间隙原子(空位)的数目峰值。

离位原子回复率的定义类似于式(3-8)。取 10ps 时刻的数目作为稳定间隙原子(空位)和离位原子数目。图 3-6 中 10keV PKA 产生的间隙原子(空位)的复合率约为 45%，离位原子的回复率为 28%。

图 3-8(a)给出了 10keV PKA 引起的动能大于 0.2eV 的原子(热原子)在其数目峰值时刻(0.27ps)的空间分布，图 3-8(b)给出了 PKA 引起的离位原子在 10ps 时刻的空间分布。由图可见，离位原子和热原子及间隙原子的空间分布区域是相似的。

离位峰温度定义为

$$T_{\text{sp}}=\overline{E_{\text{k}}}/\frac{3}{2}k_{\text{B}} \tag{3-9}$$

式中，T_{sp} 为离位峰温度，K；$\overline{E_{\text{k}}}$ 为离位峰中原子的平均动能，eV。

对图 3-8(a)中的热原子的动能求平均值可得 0.27ps 时刻热原子的平均动能为 0.7eV。基于式(3-9)计算得到该时刻热原子动能对应的平均温度达到 5410K，而硅

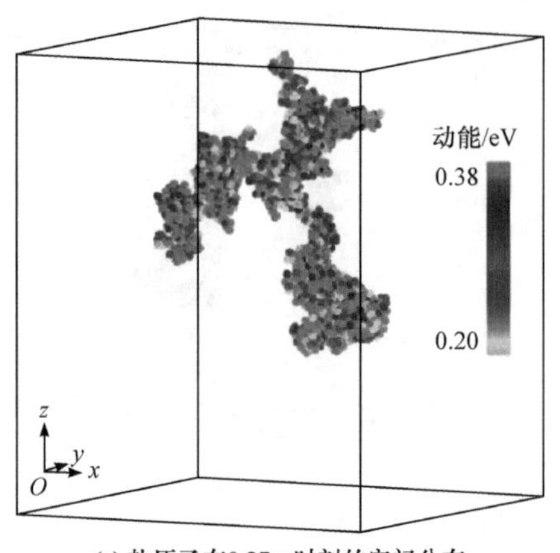

(a) 热原子在0.27ps时刻的空间分布

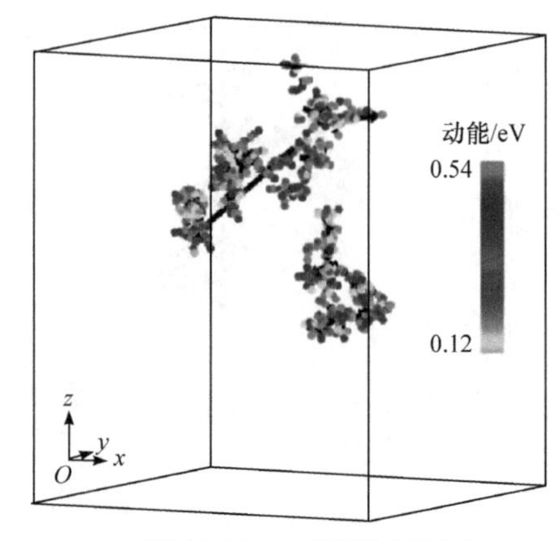

(b) 离位原子在10ps时刻的空间分布

图 3-8 0K 条件下 10keV PKA 引起的热原子及离位原子的空间分布

的熔点为 1693K 左右，这意味着该时刻位移损伤中心存在热熔化区，局部区域可能经历了一次由固相向液相的转变。图 3-9 给出了四个不同时刻损伤区域的径向分布函数。由图可见，PKA 入射前，理想晶格的径向分布函数在 2.35Å 和 3.84Å 存在两个明显的峰，分别对应硅的最近邻距离和次近邻距离；PKA 入射后 0.27ps 时刻，峰值有明显的下降，并且峰出现了展宽现象，径向分布函数的形状与液态硅的径向分布函数相似[20]。0.27ps 后损伤区的温度下降，部分间隙原子与空位发生复合，晶格无序化程度减弱，因此径向分布函数的峰值提高且峰展宽现象减弱。但直到 10ps 时刻，径向分布函数也未能完全恢复至 PKA 入射前的水平，说明该区域中仍然存在缺陷，晶格未完全恢复。

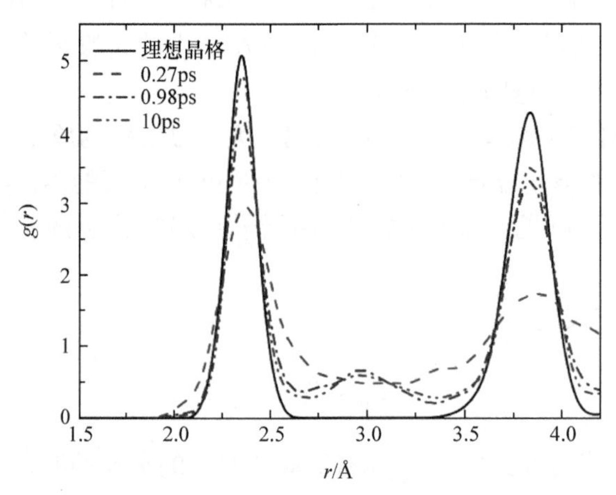

图 3-9 四个不同时刻损伤区域的径向分布函数

r-距离

2) 不同能量的 PKA 引起的缺陷数目和缺陷形态分析

图 3-10 给出了 0K 条件下采用不同方法计算 0.4keV、2keV、5keV 和 10keV PKA 产生的 N_{FP} 或空位数目与 PKA 能量的关系，比较了分子动力学(MD)计算的稳定 Frenkel 缺陷对的数目、SRIM 模拟得到的空位数目及 ARL 能量配分函数结合 NRT 模型计算的空位数目。图 3-10 中的直线表示对这三种方法计算的结果进行的线性拟合结果，拟合度均高于 0.99。结果显示，采用这三种方法计算的缺陷数目结果较为相近，10keV 以下的 PKA 产生的缺陷数目与 PKA 能量呈线性关系。由于 10keV 以下能量的 PKA 的非电离能量损失与 PKA 能量呈近似线性的关系，因此 PKA 产生的缺陷数目与 PKA 非电离能量损失呈近似线性关系。

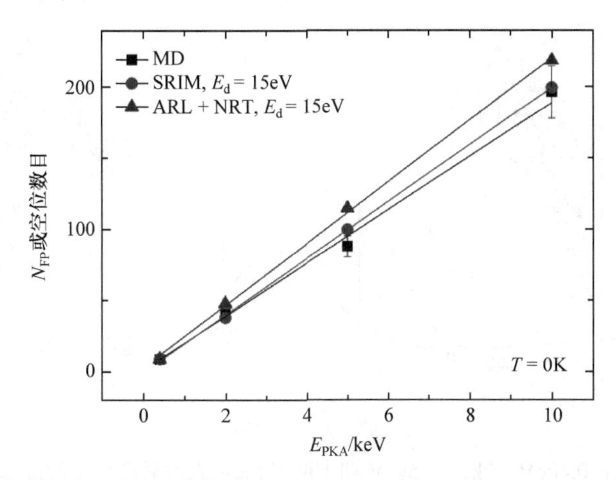

图 3-10 0K 条件下采用不同方法计算 0.4keV、2keV、5keV 和 10keV PKA 产生的 N_{FP} 或空位数目与 PKA 能量的关系

图 3-11 展示了 0K 条件下 0.4keV、2keV、5keV 和 10keV PKA 入射后产生的间隙原子及空位在 10ps 时刻的空间分布图。由图可知，0.4keV PKA 产生的缺陷数目较少且较为分散，2～10keV PKA 引起的离位级联可分为若干个子级联。与金属中出现的相对紧凑的离位级联结构相比[15,21]，PKA 在 Si 中产生的离位级联结构较为松散，离位级联的空间分布形态与同属金刚石结构立方晶系的 SiC 离位级联形态[22]相似。PKA 在 Si 和 SiC 中产生的离位级联较松散，这可能是由于金刚石结构的晶体原子堆积因子相对较低(体心立方结构为 0.68；面心立方结构为 0.74；密排六方结构为 0.74；金刚石结构为 0.34)，硅晶格中原子间的能量传递效率比金属的原子间能量传递效率低。

当 PKA 能量远远高于离位阈能时，会产生多次次级碰撞，引发子级联。一个 PKA 入射后其损伤区域分裂为数个分散的损伤区域。这为基于低能 PKA 引起的离位级联的结果模拟高能 PKA 引起的离位级联提供了一定的可能性。因此，需要

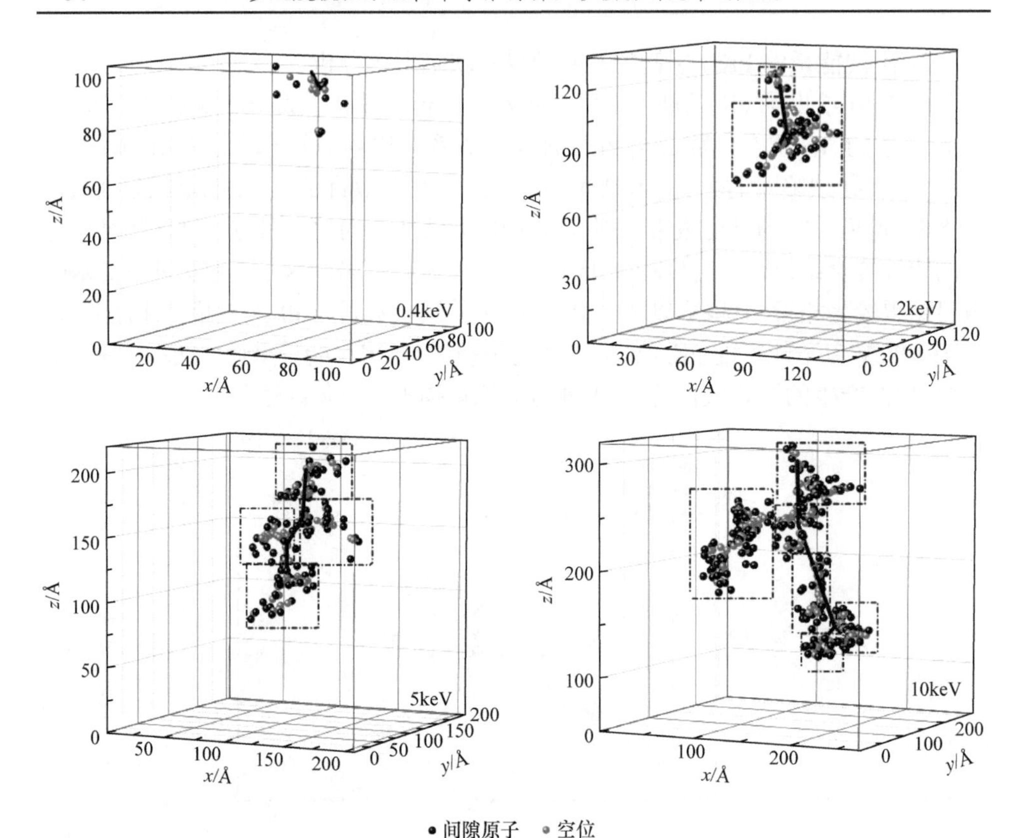

图 3-11　0K 条件下 0.4keV、2keV、5keV 和 10keV PKA 入射后产生的间隙原子及空位在 10ps 时刻的空间分布图

对不同能量的 PKA 引起的缺陷成团份额和分散缺陷份额进行分析。

表 3-4 为 0K 条件下成团缺陷、点缺陷、孤立间隙原子和孤立空位的比例。由表中的数据可知，这四个能量点的 PKA 产生成团缺陷的比例为 58.50%～63.76%，说明大部分缺陷是以成团缺陷的形式产生的。0K 温度下，PKA 产生的成团缺陷比例十分接近，与 PKA 能量之间未表现出明显的相关性，这与 Srour 等[23]采用 BCA 方法计算的 Si PKA 在非晶硅中贡献给成团缺陷的能量份额为 59%，贡献给点缺陷的能量份额为 41%，且位移损伤能量的分配份额与 PKA 能量无关的结论相似。

表 3-4　0K 条件下成团缺陷、点缺陷、孤立间隙原子和孤立空位的比例

E_{PKA}/keV	成团缺陷比例/%	点缺陷比例/%	孤立间隙原子比例/%	孤立空位比例/%
0.4	60.42 ± 4.45	35.58 ± 4.45	55.68 ± 15.41	15.49 ± 3.05
2	63.76 ± 2.71	36.24 ± 2.71	51.16 ± 5.24	21.32 ± 6.31

续表

E_{PKA}/keV	成团缺陷比例/%	点缺陷比例/%	孤立间隙原子比例/%	孤立空位比例/%
5	60.99 ± 3.52	39.01 ± 3.52	55.67 ± 2.84	22.35 ± 4.23
10	58.50 ± 2.76	41.50 ± 2.76	58.24 ± 4.6	24.76 ± 3.11

MD 模拟计算的点缺陷比例为 35.58%～41.50%，略高于 Nordlund 等[15]计算的 11%～27%。这是由于 Nordlund 等采用了更大的搜索半径($1.5a_0 = 8.1$Å)进行缺陷成团分析。由表 3-4 中的分析结果可见，孤立间隙原子的比例为 51.16%～58.24%，约为孤立空位比例的 3 倍。这说明，所有成团的缺陷中，成团空位占主导地位，空位的成团比间隙原子的成团行为更显著。这与图 3-7 中展示的绝大部分空位处于位移损伤区域中心，而间隙原子则包围在损伤区外围的结果一致。

3) 温度对级联碰撞及缺陷初期演化过程的影响

图 3-12 展示了 0K、300K、600K 及 900K 温度下 0.4keV、2keV、5keV 和 10keV PKA 入射引起的间隙原子或空位数目(N)随时间的演化过程。

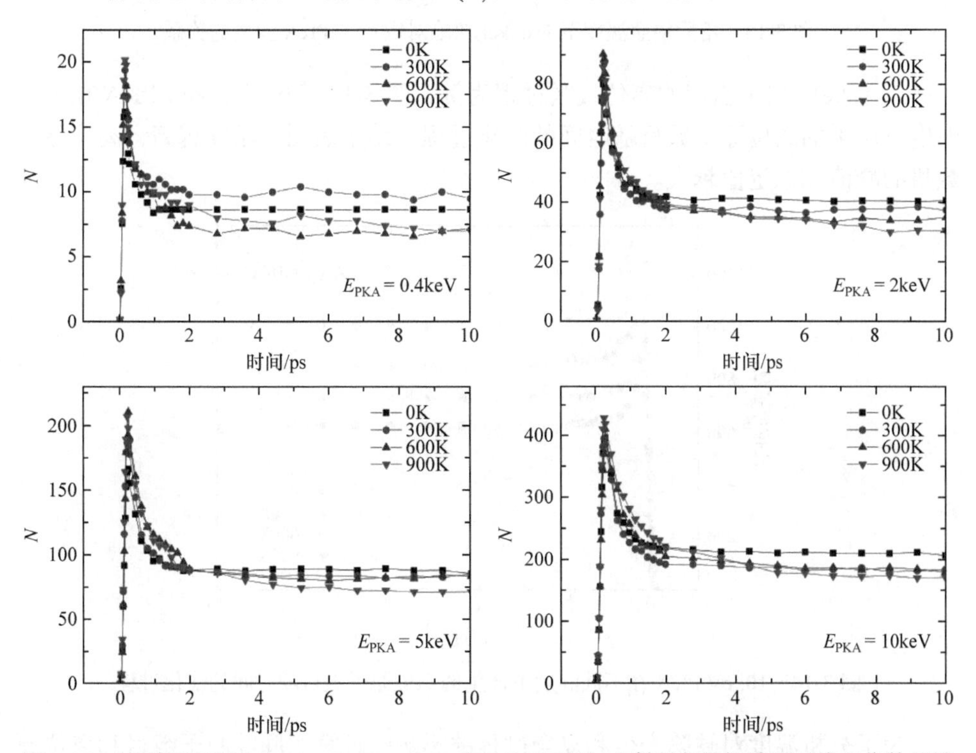

图 3-12　不同温度下 0.4keV、2keV、5keV 和 10keV PKA 入射引起的间隙原子或空位数目随时间的演化过程

图 3-13 展示了不同辐照温度下 10ps 时刻 Frenkel 缺陷对数目与 PKA 能量的关系。结果表明，整体上 PKA 入射到硅晶格体系中产生的稳定缺陷随着温度的增加略有下降。

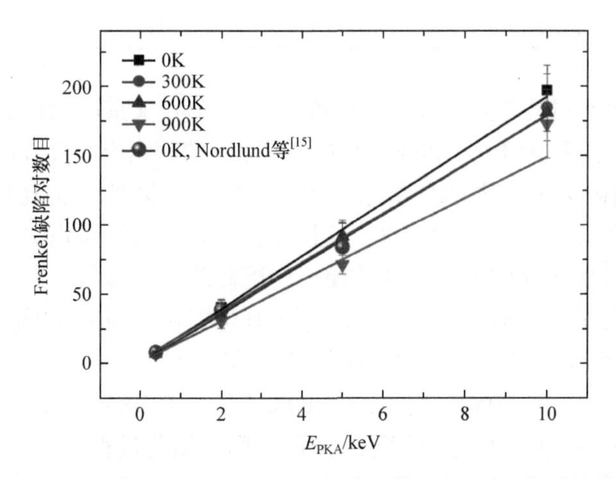

图 3-13　不同辐照温度下 Frenkel 缺陷对数目与 PKA 能量的关系

以 10keV PKA 引起的离位级联过程为例，图 3-14 给出了 10keV PKA 在不同温度下产生的离位原子数目随时间的演化过程。结果表明，温度越高，离位原子数目的峰值和稳定值越大。

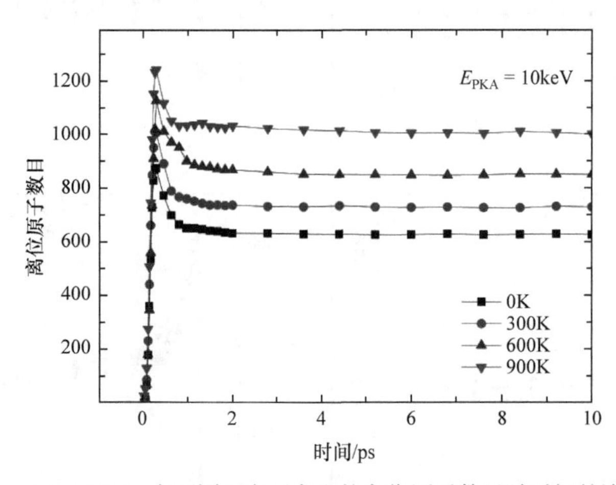

图 3-14　10keV PKA 在不同温度下产生的离位原子数目随时间的演化过程

为了分析温度对缺陷产生和复合过程的影响，计算了间隙原子数目和离位原子数目之比 N_{int}/N_d 与温度的关系，如图 3-15 所示。由图可见，随着温度的升高，间隙原子数目与离位原子数目之比减小。

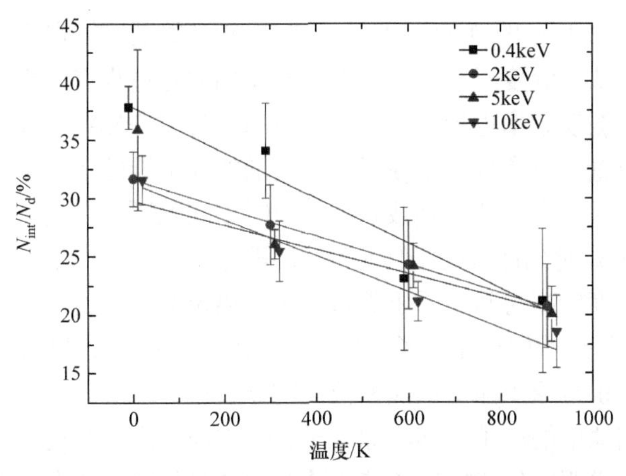

图 3-15　间隙原子数目和离位原子数目之比与温度的关系

采用均方位移(mean square displacement，MSD)来描述体系内的离位损伤程度，通过式(3-10)计算：

$$\mathrm{MSD}_t = \sum_{i=0}^{i=N}\left[x_i(t)-x_i(0)\right]^2+\left[y_i(t)-y_i(0)\right]^2+\left[z_i(t)-z_i(0)\right]^2 \tag{3-10}$$

式中，i 为原子序号；N 为级联碰撞区的原子总数目；$x_i(t)$、$y_i(t)$、$z_i(t)$ 为原子 i 在 t 时刻的坐标值，Å；$x_i(0)$、$y_i(0)$、$z_i(0)$ 为 PKA 入射前原子 i 的坐标值，Å。

由式(3-10)计算可得 0K、300K、600K、900K 温度条件下 10keV PKA 引起的离位原子均方位移在 10ps 时刻的平均值分别为 5.98×10^6Å^2、7.21×10^6Å^2、9.20×10^6Å^2 和 1.21×10^7Å^2，随温度的升高而增加，这说明高温促进了原子的离位。图 3-16 展示了不同能量 PKA 产生的间隙原子和空位的复合率与温度的关系。结果表明，随温度升高，缺陷的复合率呈现升高的趋势。

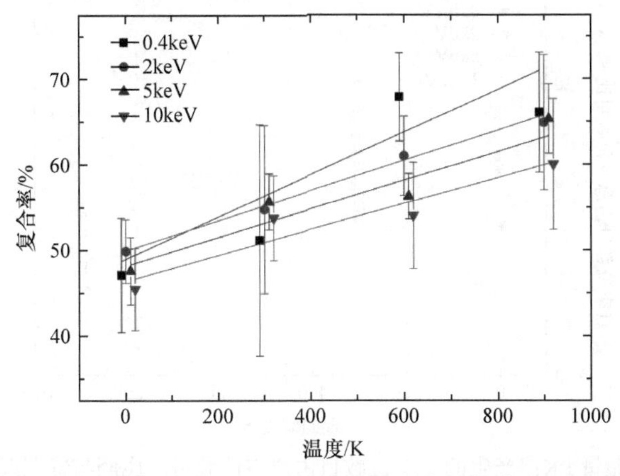

图 3-16　不同能量 PKA 产生的间隙原子和空位的复合率与温度的关系

通过分析图 3-11～图 3-16，并结合式(3-10)计算的不同温度下的离位原子均方位移的结果，认为温度对级联碰撞及缺陷初期演化过程有一定的影响。温度较高时晶格原子的振动频率也较高，当硅晶格原子受到 PKA 及反冲原子碰撞后更容易离开晶格位置，且离位原子在温度较高的情况下能够运动至更远的位置。高温条件下，PKA 入射产生的缺陷数目的峰值时刻间隙原子和离位原子数目比温度较低时多，而 10ps 时刻体系趋于稳定后，间隙原子和离位原子的数目与温度的关系刚好相反，温度较高时间隙原子数目较少，离位原子数目较多。离位原子由两部分组成：一部分是替位碰撞原子，即运动至其他晶格位置并停留在该晶格位置，而将该晶格点的正常原子撞出该晶格位置的原子；另一部分是运动至某晶格位置并停留于晶格间隙中的原子，即间隙原子。一方面，高温时离位原子数目多而间隙原子数目少，说明替位碰撞原子能迅速到达能量较低的状态，难以恢复至原来的晶格位置，因而离位原子的复合率较低。另一方面，高温又能促进间隙原子的热运动，使间隙原子更容易运动至空位附近与之发生复合。上述两方面的原因使温度升高促进了替位碰撞原子的产生。

图 3-17 给出了不同能量 PKA 产生的点空位数目占总空位数目的比例与辐照温度之间的关系。图 3-18 给出了不同能量 PKA 产生的点间隙原子数目占总间隙原子数目的比例与辐照温度之间的关系。图 3-19 和图 3-20 分别给出了不同能量 PKA 产生的点缺陷数目和成团缺陷数目占总缺陷数目的比例与辐照温度之间的关系。结果显示，温度较高的情况下成团缺陷比例有所提高，而点缺陷的比例有所降低。Pelaz 等[24]的研究结果表明，成团缺陷再晶化的激活能约为 0.89eV，比点缺陷的复合势垒 0.44eV 高，缺陷成团在一定程度上增加了缺陷复合的难度。因此，高温主要是促进点缺陷发生复合。一方面，温度升高促进了离位原子的增加，

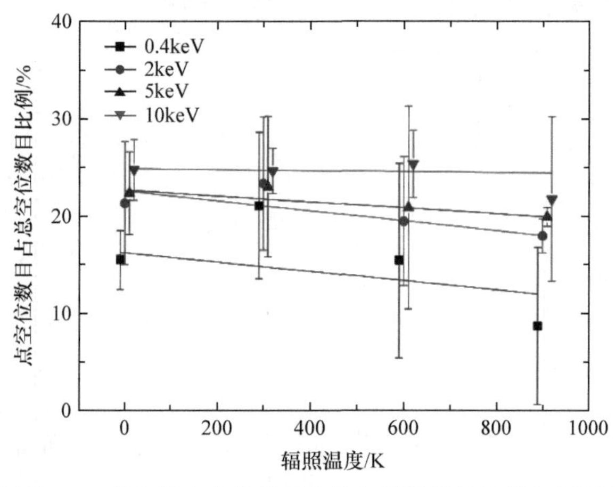

图 3-17　不同能量 PKA 产生的点空位数目占总空位数目的比例与辐照温度之间的关系

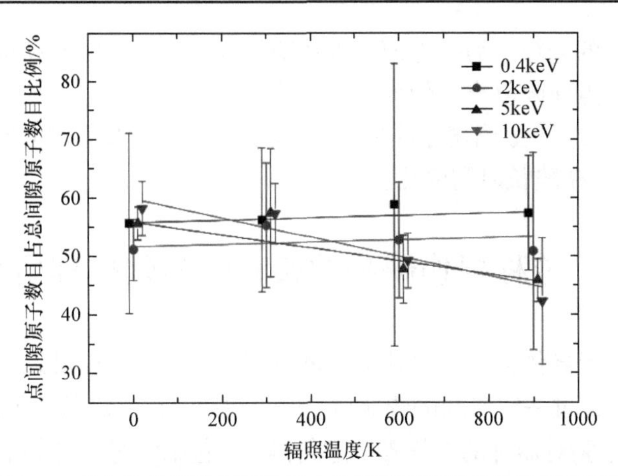

图 3-18　不同能量 PKA 产生的点间隙原子数目占总间隙原子数目的比例与辐照温度之间的关系

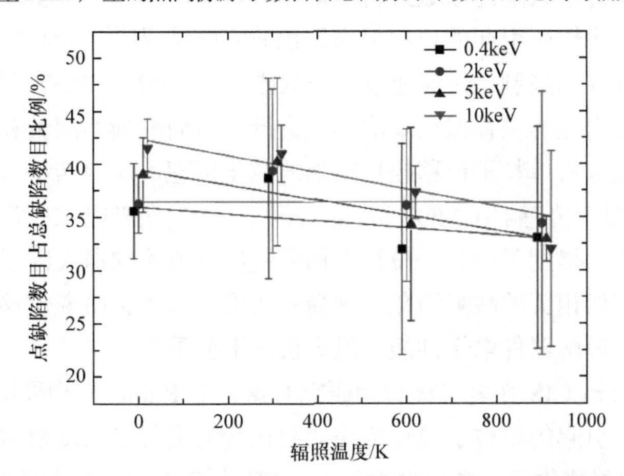

图 3-19　不同能量 PKA 产生的点缺陷数目占总缺陷数目的比例与辐照温度之间的关系

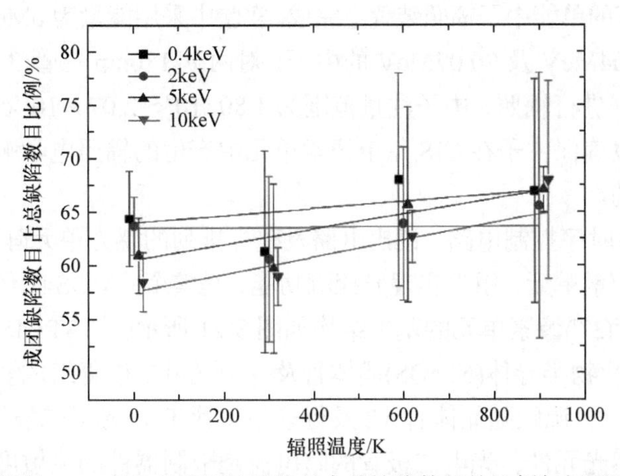

图 3-20　不同能量 PKA 产生的成团缺陷数目占总缺陷数目的比例与辐照温度之间的关系

有引起更多缺陷的趋势；另一方面，点缺陷复合势垒低，因此高温能够在缺陷初期演化阶段促进点缺陷复合，使成团缺陷比例增加。

离位级联的分子动力学模拟结果可引入动力学蒙特卡罗模拟当中，以进一步研究 PKA 引起的缺陷长时间演化行为。

3.2　位移损伤缺陷的长时间演化机理研究

过去人们对半导体器件的位移损伤进行实验研究，遵循模式通常为将器件置于辐射环境中，经过一定时间的辐照后，停止辐照，在一定条件下(如不同的退火时间、退火温度等)对器件的电学参数进行测量，包括测量器件的输入输出特性和泄漏电流，对器件中缺陷的参数进行测量和分析等。遵循这种实验模式获得的结果通常是大量粒子辐照引起的位移损伤累积效应的结果[25]。受缺陷浓度测量下限及缺陷测量时效性的限制，目前通过电子顺磁共振(EPR)、DLTS 等缺陷测量方法对单个粒子入射引起的位移损伤缺陷难以进行及时而准确的测量和分析，因此难以从微观层面上分析单粒子位移损伤缺陷的演化机理。2014 年，Raine 等[25]对中子辐照 CMOS 图像传感器(CMOS image sensor，CIS)在光电二极管中产生的暗电流进行实时监测，得到了单粒子位移损伤电流值及电流的退火因子，然而与退火因子这一参数密切相关的缺陷演化机理尚不明确。因此，研究位移损伤缺陷的长时间演化行为对理解器件电学性能的退火机理十分重要。

本节以 180nm CIS 光电二极管为研究对象，对 Raine 等[25]采用中子辐照 CIS 在光电二极管中引起的单粒子位移损伤的演化行为进行多尺度模拟，并分析暗电流退火行为与缺陷演化行为之间的关系。该实验由 Raine 等在法国原子能和替代能源委员会实验室的单能中子辐照装置上完成。实验中采用能量为 6MeV、15.52MeV、16.26MeV、18.04MeV 及 20.07MeV 的中子，对两款 180nm 三管(3 transistors，3T)结构的 CIS 阵列进行辐照，中子注量范围为 $1.80\times10^{9}\sim2.07\times10^{11}cm^{-2}$。实验中谨慎选择注量率以确保中子在 CIS 每个像素单元中产生的辐照电学响应都是由单个中子入射引起的。

CIS 阵列由时序控制电路、读出电路及整齐排列的感光单元阵列组成。其中，感光单元又称像素单元，用于实现光探测功能，是整个 CMOS 图像传感器的核心器件。一个三管(3T)像素单元的基本结构如图 3-21 所示[26]。3T CIS 像素单元由三个 N 型金属氧化物半导体(NMOS)晶体管及一个光电二极管组成。三个晶体管包括复位晶体管 T1、源跟随晶体管 T2 及行选晶体管 T3。光电二极管(photodiode，PD)是 CIS 的感光元件，光电二极管的暗电流是限制器件的灵敏度及动态范围的重要参数。暗电流是指反偏二极管在无光照条件下的反向直流电流。当载能粒子轰击光电二极管的反偏 PN 结时，在耗尽区中产生的位移损伤缺陷作为载流子产生中心，将引起暗电流水平的上升，因此暗电流这一参数对位移损伤十分敏感。在中子辐照 CIS 的实验中，对单粒子位移损伤效应的监测是通过实时测量每个像素单元中光电二极管的暗电流实现的。

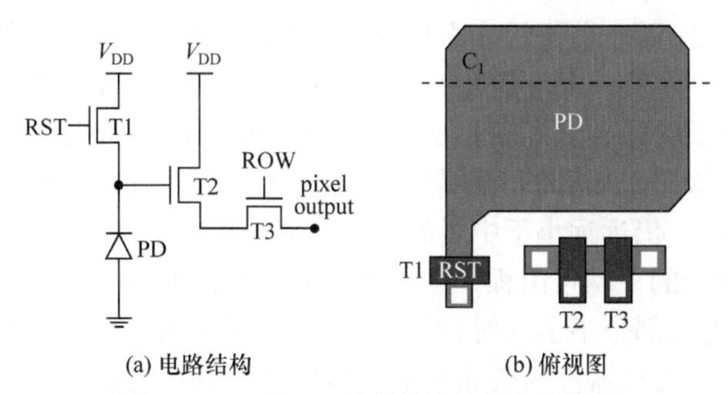

(a) 电路结构　　(b) 俯视图

图 3-21　三管(3T)像素单元的基本结构[26]

RST-复位门；ROW-行选接口；pixel output-像素引出接口；V_{DD}-偏置电压

CIS 阵列中光电二极管沿图 3-21(b)的 C_1 剖面结构如图 3-22 所示。无辐射的条件下，光电二极管中的缺陷密度很低，暗电流很小。当光电二极管处于辐射环境中时，电离能量沉积导致器件中产生氧化物陷阱、Si/SiO_2 界面陷阱和位移损伤能量沉积在体区引入的位移损伤缺陷均能导致暗电流增加[27]。过去对 CIS 的研究主要集中于总剂量效应和位移损伤效应，随着 CIS 工艺的不断改善，电离辐射引起的氧化物陷阱及界面陷阱对暗电流的影响已经显著减小，辐射对 CIS 的威胁主要来自辐照过程中在体区产生的位移损伤缺陷[27]，如图 3-22(b)所示。

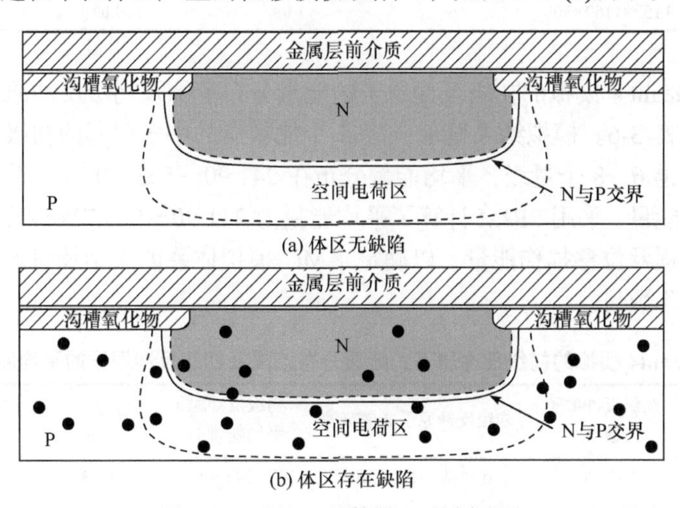

图 3-22　光电二极管沿 C_1 的剖面图

3.2.1 中子在硅中产生的初级反冲原子能量分布计算

本小节首先采用粒子输运程序 Geant4[28](版本：Geant4.9.6)模拟计算了单能中子在光电二极管中产生的初级反冲原子的能量分布及平均能量。Geant4 模拟参数见表 3-5。中子反应截面来源于 ENDF/B-Ⅶ.1 中子评价数据库[29]。Geant4 模拟基于 G4NeutronHP 高精度模型，考虑了弹性散射和非弹性散射过程。两种型号的 CIS 编号分别为 1 和 2，两个器件的表面积分别为 $74\mu m^2$ 和 $5\mu m^2$，阵列数分别为 128×128 和 256×256。为了提高计算效率，模拟中将 1 号和 2 号器件的表面积分别设置为 $100\mu m^2$ 和 $20.25\mu m^2$。对于本小节所考虑的中子能量范围，中子的平均自由程约为 10^{-1}m 量级，二极管的实际尺寸为 10^{-5}m 量级，将模拟体系的尺寸提高至 10^{-4}～10^{-3}m 量级，仍远远小于中子的平均自由程。由于建立的 Geant4 模拟体系的尺寸远小于中子的平均自由程，中子在光电二极管中与硅原子发生弹性碰撞的次数远小于 1，绝大部分中子入射后最多在二极管中产生一个 Si 反冲原子。因此，在 Geant4 模拟中增加器件的表面积不会影响中子引起的初级反冲原子平均能量分析结果，却能加快模拟计算的速度。模拟中采用的中子注量为 $6.1\times10^9 cm^{-2}$ 和 $7.5\times10^9 cm^{-2}$，与实验中的辐照注量相符。

表 3-5　Geant4 模拟参数

CIS 编号	模拟体系尺寸 /(μm×μm×μm)	中子能量 /MeV	弹性碰撞截面 σ_{el}/barn	平均自由程 MFP_{el}/m	中子注量 Φ/cm^{-2}
1	1280×1280×300	15.52	0.76	0.13	6.1×10^9
		16.26	0.79	0.13	
		18.04	0.89	0.11	
		20.07	0.91	0.11	
2	1152×1152×300	6	1.08	0.09	7.5×10^9

采用 Geant4 模拟的初级反冲原子的能量分布范围及初级反冲原子的平均能量的结果见表 3-6。模拟结果显示，这 5 个能量点的中子引起的初级反冲原子的能量分布跨越 6～8 个量级，平均能量分布在 241.90～503.72keV。针对初级反冲原子的平均能量，采用 SRIM 计算了平均能量为 241.90～503.72keV 的 PKA 在 Si 中相应的射程及位移损伤能量，以确定 KMC 模拟体系的大小及引入体系的 MD 模拟初态缺陷数目。

表 3-6　Geant4 模拟的初级反冲原子的能量分布范围及初级反冲原子的平均能量的结果

E_n/MeV	初级反冲原子数目	初级反冲原子能量范围	初级反冲原子平均能量/keV	射程 R_p /μm	位移损伤能量 E_{dam}/eV
6.00	7972768	0.11eV～0.81MeV	241.90	0.33	87.81
15.52	5029030	0.06eV～2.70MeV	490.33	0.65	126.33

续表

E_n/MeV	初级反冲原子数目	初级反冲原子能量范围	初级反冲原子平均能量/keV	射程 R_p /μm	位移损伤能量 E_{dam}/eV
16.26	5274236	0.16eV～3.16MeV	496.72	0.65	127.02
18.04	5612377	0.15eV～3.9MeV	503.72	0.66	127.80
20.07	5528576	0.08eV～3.87MeV	386.68	0.52	113.08

注：E_n为入射中子能量，MeV。

3.2.2　位移损伤缺陷长时间演化的动力学蒙特卡罗模拟

缺陷长时间演化过程的 KMC 模拟是基于$v = v_0\exp(-E_a/k_BT)$对每一种缺陷相关事件的发生频率进行计算实现的。这里所考虑的缺陷包括：I^{2+}、I^+、I^0、I^-、I^{2-}、V^{2+}、V^+、V^0、V^-、V^{2-}、B_s^-、B_i^+、B_i^0、B_i^-、O_i^0、V_iO^+、VO_i^0、VO_i^-、C_s^0、C_i^0、$C_iC_s^0$、$C_iO_i^0$、间隙原子-空位缺陷团、间隙原子团、V_2、V_3和V_4及其他空位团。其中，上标表示缺陷的电荷态；下标 s 和 i 分别表示缺陷以替位态(substitutional site)和间隙态(interstitial state)形式存在；下标的数字表示缺陷团中包含某种缺陷的数目，例如V_3表示三空位缺陷。与这些缺陷相关的事件包括三类，即迁移、I 和 V 与杂质原子的反应、缺陷团的生长与缩小。下面介绍 KMC 模拟的参数设置。

1. 电荷态

这里对不同电荷态缺陷之间的反应采用 Martin-Bragado 等建立的电荷模型进行描述[30-32]。具有不同电荷态缺陷的浓度之比由费米能级及缺陷在禁带中的能级位置决定，电荷态之间可相互转换。以价带作为参考能级，以缺陷 X 为例，X^j和X^{j+1}之间的浓度之比采用式(3-11)进行计算：

$$\frac{\left[X^j\right]}{\left[X^{j+1}\right]} = \exp\left[\frac{e_F - e(j+1,j)}{k_BT}\right] \tag{3-11}$$

式中，e_F为费米能级，eV；$e(j+1,j)$为缺陷X^j在禁带中的能级，eV。

杂质-间隙原子复合体也有不同的电荷状态，以$(B_i^0 \to B_s^- + I^+)$反应为例，该反应的激活能为$E_b(B_i^0) + E_m(I^+)$，其中，$E_b(B_i^0)$采用式(3-12)进行计算：

$$E_b(B_i^0) = E_b(B_i^-) + e(B_i)(0,-) - e(I)(+,0) \tag{3-12}$$

式中，$E_b(B_i^-)$为B_i^-的结合能，eV；$e(B_i)(0,-)$为缺陷B_i^-在禁带中的能级位置，eV；$e(I)(+,0)$为缺陷I^0在禁带中的能级位置，eV。

采用 Martin-Bragado 等建立的电荷态模型基于以下几个条件：①电荷反应速度远远高于粒子与粒子间的反应速度及粒子迁移的速度。所以，粒子的带电状态时刻处于平衡状态。②中性缺陷的形成能与费米能级无关。③具有相同类型电荷状态的缺陷间的斥力反应是不允许发生的，如 B_s^- 和 I^- 均带负电，二者之间静电排斥，因此二者间的反应不允许发生。

大量的研究表明[33-35]，辐射在 Si 材料中产生的缺陷还包括间隙原子团、空位团及其他与间隙原子和空位相关的缺陷团簇。已有研究[36]证实双空位(V_2)、三空位(V_3)和四空位(V_4)的存在。除了这三种缺陷团外，其他形式的缺陷团目前仍然没有明确的实验结果可供参考，这是由于电荷能够在缺陷团簇内部发生转移，难以准确测量缺陷团的电荷态。因此，这里假设其他缺陷团的电荷态均为中性电荷态。

模拟中考虑了三种杂质原子，包括 B、O 和 C。B 原子是硅片制作工艺中引入的衬底掺杂原子或是后续制作 PN 结过程中通过离子注入等手段引入 Si 中的掺杂原子。B 是第ⅢA 族元素，B 原子在 Si 中充当着受主中心的角色。在辐照前，B 原子处于激活状态，以替位杂质形式存在，用 B_s^- 表示。O 和 C 是半导体器件制作过程中引入的典型杂质。O 原子通常处于硅晶格的间隙中，呈电中性，用 O_i^0 表示[37]。C 以替位式杂质的形式存在于 Si 晶格中，呈中性，用 C_s^0 表示[36]。B、O 和 C 这三种原子在 KMC 模拟初始条件下均匀分布在模拟体系中。

2. 缺陷构型

已有研究表明[38]，点间隙原子具有多种构型，包括<110>哑铃型间隙原子、四角位间隙原子和六角位间隙原子等。然而，目前关于缺陷的退火 KMC 模拟中，仍没有令人满意的判据来区分这些不同构型的间隙原子。因此，这里不区分间隙原子的具体空间构型。此外，也不区分替位杂质和硅间隙原子形成的复合体(如 B_s 与 I 的复合体形式为 BI)与处于间隙位置的杂质原子(如 B_i)之间的区别，因此 $BI = B_i$。

3. 缺陷俘获距离

当具有迁移能力的缺陷 A 通过随机跳跃运动至另一缺陷 B 附近时，若二者的距离小于临界值，则认为缺陷 A 被 B 俘获，该临界值被称为俘获距离，用 r_c 表示。参考 Jaraiz 等假设俘获距离和粒子随机跳跃的距离 λ 均等于 Si 晶格的次近邻距离(2nn = 3.84Å)[16-18]。

4. 界面

由于器件尺寸远远大于 KMC 模拟体系的尺寸，为减小边界效应的影响，在

KMC 模拟中采用周期性边界条件。当缺陷从体系内穿越边界时，它能够从镜像面重新进入模拟体系。因此，不考虑表面/界面对缺陷演化的影响。

5. 缺陷演化行为

模拟中考虑的与这些缺陷相关的事件大致分为三类：迁移、I 和 V 与杂质原子反应及缺陷团簇的生长和缩小，下面对缺陷的迁移行为、缺陷间的反应及相关的参数进行说明。

1) 缺陷迁移

Jaraiz 等[16]的研究表明，点缺陷的迁移能远小于缺陷团簇的迁移能，因而点缺陷的运动速率远远大于缺陷团簇。这里设定单间隙原子、单空位及与一个间隙原子或一个空位结合的杂质形成的杂质-缺陷复合体具有迁移能力，缺陷团不能移动[39]。可移动的缺陷沿 x 轴、y 轴和 z 轴三个方向随机跳跃，单次迁移的距离为 λ[39]。缺陷迁移频率采用式(3-13)计算：

$$v = v_0 \exp(-E_m / k_B T) \tag{3-13}$$

式中，v_0 为指前因子，又称尝试频率，Hz，与原子振动频率有关，约为 10^{13}Hz 量级；E_m 为扩散激活能，eV，表示热平衡条件下粒子迁移的难易程度。

粒子的随机扩散过程类似于宏观扩散过程，它们的本质是相同的。宏观扩散方程如式(3-14)所示：

$$D = D_0 \exp(-E_m / k_B T) \tag{3-14}$$

式中，D 为扩散系数，$cm^2 \cdot s^{-1}$；D_0 为扩散常数，$cm^2 \cdot s^{-1}$。

对于三维体系，式(3-13)中的 v_0 与式(3-14)的 D_0 与之间的转换关系为[40] $D_0 = \lambda^2 \cdot v_0 / 6$。

模拟中间隙原子和空位的迁移能 E_m 和扩散常数 D_0 来源于 Myers 等对大量实验和模拟数据进行统计总结的参数[41]，见表 3-7。

表 3-7　间隙原子和空位的相关参数[41]

缺陷类型	$D_0/(cm^2 \cdot s^{-1})$	E_m/eV	E_f/eV	e_0/eV
I^{2-}	1×10^{-3}	0.33	—	$E_c-0.11$
I^-	1×10^{-3}	0.29	—	$E_c-0.26$
I^0	1×10^{-3}	0.17	3.8	$E_c-0.62$
I^+	1×10^{-3}	0.50	—	$E_c-0.47$
I^{2+}	1×10^{-3}	1.17	—	$E_v+0.65$
V^{2-}	1.5×10^{-2}	0.18	—	$E_c-0.09$
V^-	1.3×10^{-3}	0.45	—	$E_c-0.40$
V^0	1.3×10^{-3}	0.45	3.7	$E_c-1.07$

续表

缺陷类型	$D_0/(\mathrm{cm}^2\cdot\mathrm{s}^{-1})$	E_m/eV	E_f/eV	e_0/eV
V^+	9.6×10^{-5}	0.32	—	$E_c-0.99$
V^{2+}	9.6×10^{-5}	0.32	—	$E_v+0.13$

注：E_f为形成能；e_0为缺陷能级。

2) 杂质-缺陷复合体的形成与分解

当间隙原子或空位迁移至某杂质原子的捕获距离以内时，能够与杂质原子发生反应形成杂质-缺陷复合体。例如，间隙原子运动至 C_s 的俘获半径内，形成 C_i 缺陷，反应率用 $K_{I,C_s}=4\pi(D_I+D_{C_s})$计算；反过来，杂质-间隙原子复合体或杂质-空位复合体也可发生分解反应。考虑的与杂质相关的反应如下：

$$B_s+I\rightleftharpoons B_i \tag{3-15}$$

$$B_i+V\longrightarrow B_s \tag{3-16}$$

$$O_i+V\longrightarrow VO_i \tag{3-17}$$

$$C_s+I\rightleftharpoons C_i \tag{3-18}$$

$$C_i+V\longrightarrow C_s \tag{3-19}$$

$$C_s+C_i\longrightarrow C_sC_i \tag{3-20}$$

$$C_i+O_i\longrightarrow C_iO_i \tag{3-21}$$

其中，式(3-15)、式(3-18)中的逆反应表示杂质-缺陷复合体的解离过程，其反应频率采用式(3-22)计算[39]：

$$v=v_0\exp(-E_{bk}/k_BT) \tag{3-22}$$

式中，E_{bk} 为解离激活能，eV，采用 $E_{bk}=E_b+E_m$ 计算，E_b 为结合能，eV，E_m 为间隙原子或空位的迁移能，eV。

表 3-8 给出了杂质-缺陷复合体的扩散系数表达式及结合能参数。表中，C_sC_i 及 C_iO_i 的扩散系数为 $0\mathrm{cm}^2\cdot\mathrm{s}^{-1}$ 表示这两种缺陷不发生迁移。

表 3-8　杂质-缺陷复合体的扩散系数表达式及结合能参数

缺陷类型	$D/(\mathrm{cm}^2\cdot\mathrm{s}^{-1})$	E_b/eV
B_i	$2.3\times10^{-5}\exp(-0.53/k_BT)$[41]	0.2[42]
VO_i	$0.15\exp(-1.79/k_BT)$[43]	1.7[44]
C_i	$4.4\times10^{-3}\exp(-0.38/k_BT)$[45]	2.0[46]
C_sC_i	0	0.8[46]
C_iO_i	0	1.6[46]

如图3-22所示，光电二极管的耗尽层偏向P型掺杂区一侧，P型一侧的耗尽区体积远远高于N型一侧的耗尽区体积，因此这里的KMC模拟中只对P型硅中的缺陷演化进行研究。P型区域中B原子的掺杂浓度为10^{15}～$10^{17}cm^{-3}$量级，假设B掺杂原子是均匀分布的，浓度设置为$10^{16}cm^{-3}$。已有研究表明[47]，当B掺杂浓度达到$10^{18}cm^{-3}$时，B_s俘获一个间隙原子形成B_i缺陷后，可进一步与B和间隙原子反应，形成B_2I和BI_2，甚至规模更大的杂质-缺陷复合体。由于这里光电二极管中P型区域B掺杂浓度远低于$10^{18}cm^{-3}$，难以形成复杂的杂质-缺陷复合体,因此未考虑与B相关的成团反应。B_s和V反应势垒较高,几乎不会形成BV[41]，因此没有考虑B和V的反应。

这里模拟的CIS是基于Czochralski(Cz)工艺制作的。典型的Cz-Si中的O_i和C_s的浓度分别为$10^{18}cm^{-3}$和$10^{17}cm^{-3}$[48,49]。O_i的扩散系数为$0.23\exp(-2.561/k_BT)$[37]，室温条件下难以发生迁移。它的含量较高，能够俘获自由空位形成VO_i缺陷。VO_i缺陷是辐照条件下常见的缺陷类型之一，具有电活性，在禁带中的能级为$E_c-0.17eV$[50]。已有研究表明，VO_i能够进一步与V和O发生反应形成V_2O和VO_2，甚至规模更大的杂质-缺陷复合体，但这类反应往往发生在300°C以上[51,52]。室温条件下VO_i是稳定存在的，因此这里未考虑VO_i复合体的分解。

对于C相关的俘获反应，考虑C_s俘获I形成C_i的反应，如式(3-18)所示。C_i的迁移能为0.38eV[45]，在室温下可移动。在C_s和O_i浓度较高的条件下，C_i运动至C_s和O_i的俘获距离内，能够进一步形成C_sC_i和C_iO_i缺陷，如式(3-20)和式(3-21)所示。这两种缺陷的能级分别为$E_c-0.169eV$和$E_c-0.354eV$[53]。C_sC_i和C_iO_i缺陷在室温条件下是非常稳定的[46]，因此这里未考虑它们的解离反应。尽管国际上对CV已经有许多研究[44,54]，但对于CV缺陷的存在仍然没有统一的定论[52]。并且，过去对辐照引起的位移损伤缺陷长时间演化行为的研究中未见CV演化行为研究的相关报道。因此，这里忽略C_s对V的俘获反应。

3) 缺陷复合、成团、缺陷团的生长与缩小

缺陷退火中最重要的一个机制就是间隙原子与空位通过$I+V\longrightarrow 0$反应发生复合而退火，反应率为$K_{I,V}=4\pi(D_I+D_V)$[55,56]；对于既包含了间隙原子又包含了空位的缺陷团，它们的退火主要通过缺陷团内部的间隙原子和空位发生复合实现，而非发射间隙原子或空位导致[20,32]。缺陷团具有多种多样复杂的构型且团簇内部存在电荷交换现象，导致目前的缺陷测试技术无法精确测量缺陷团的含量及其电荷态。但大量的辐照实验研究表明，间隙原子团[34,35]、空位团[33,57]及尚未确定类型的缺陷团[35]确实存在。为了研究缺陷团在位移损伤演化过程中的作用，这里假设这些缺陷团呈电中性，不能迁移，但能俘获和发射点缺陷，从而导致缺陷团生长和缩小。缺陷团涉及的反应包括：

$$\mathrm{I}_n\mathrm{V}_m \longrightarrow \mathrm{I}_{n-1}\mathrm{V}_{m-1} \tag{3-23}$$

$$\mathrm{I}_n + \mathrm{I} \rightleftharpoons \mathrm{I}_{n+1} \tag{3-24}$$

$$\mathrm{V}_n + \mathrm{V} \rightleftharpoons \mathrm{V}_{n+1} \tag{3-25}$$

$$\mathrm{I}_n\mathrm{V}_m + \mathrm{V} \longrightarrow \mathrm{I}_{n-1}\mathrm{V}_m \tag{3-26}$$

$$\mathrm{I}_n\mathrm{V}_m + \mathrm{I} \longrightarrow \mathrm{I}_n\mathrm{V}_{m-1} \tag{3-27}$$

式中，下标 n、m 为缺陷团中间隙原子、空位的数目。

对于式(3-24)～式(3-27)中的正向反应，以式(3-24)为例，缺陷团俘获间隙原子或空位的反应率为 $K_{\mathrm{I},\mathrm{I}_n} = 4\pi r_{\mathrm{c}} n^{1/3}(D_{\mathrm{I}} + D_{\mathrm{I}_n})$。

Mok 等对缺陷团的分子动力学研究结果表明，缺陷团内部的间隙原子与空位发生复合反应的频率与缺陷团的规模有关[58-60]。规模为 s 的缺陷团经历一次内部复合而转变为尺寸为 $s-1$ 的缺陷团，这一事件的频率[60]为 $\alpha s^{\beta}\exp[-E_{\mathrm{act}}(s)/k_{\mathrm{B}}T]$。其中，$\alpha = 1\times10^{-5}\mathrm{cm}^2\mathrm{s}^{-1}$，$\beta = 0.85$，$E_{\mathrm{act}}(s) = 0.674 + 0.0208s$，$s = (n+m)/2$。当 $\mathrm{I}_n\mathrm{V}_m$ 缺陷团中 $n \neq m$ 且均不为 0 时，通过缺陷团内部的复合反应，IV 缺陷团最终变成小间隙原子团和小空位团簇。仅含有一种缺陷类型的缺陷团(I_n，V_m)与 IV 缺陷团的退火机制不同，它们主要是通过发射间隙原子或空位实现退火[20]。一个规模为 s 的间隙原子团(空位团)发射一个间隙原子(空位)的频率计算表达式为[61-63] $v_{\mathrm{emit}} = v_{0,\mathrm{emit}}\exp[-E_{\mathrm{emit}}(s)/k_{\mathrm{B}}T]$。其中，$E_{\mathrm{emit}}(s)$ 表示发射一个点缺陷所需的激活能，计算表达式为 $E_{\mathrm{emit}}(s) = E_{\mathrm{b}} + E_{\mathrm{m}}$，$E_{\mathrm{b}}$ 表示规模为 s 的缺陷团的结合能，E_{m} 表示被发射的点缺陷的迁移能。对间隙原子团：$E_{\mathrm{b,I}}(s) = 3.09 - 0.85[s^{3/4} - (s-1)^{3/4}]$；对空位团：$E_{\mathrm{b,V}}(s) = 3.09 - 3.72[s^{2/3} - (s-1)^{2/3}]$[32]。

6. KMC 模拟体系设置

由 3.1.2 小节中对 0.4～10keV PKA 在硅中的级联碰撞分子动力学模拟结果可知，当 PKA 能量为 2keV 时，级联碰撞引起的位移损伤呈现树枝状松散结构，高能 PKA 入射引起的离位级联可视为若干个由低能 PKA 引起的级联碰撞。Nordlund 等[15]的研究结果表明，在 Si 中发生子级联现象的 PKA 能量阈值约为 1keV；当 PKA 能量达到 5keV 时，级联碰撞已经完全分裂为若干个子级联。当 PKA 能量远远高于子级联形成的阈值能量时，可基于低能 PKA 的离位级联模拟结果来模拟高能 PKA 产生的离位级联，在模拟中进一步提高 PKA 的能量也仅仅是对基本相似的位移损伤结构进行重复模拟[64]。此外，Hou 等[65]对 10～200keV PKA 在 Fe 中引起的位移损伤进行 MD 和 KMC 耦合模拟结果，以及 Souidi 等[66]对 5～200keV PKA 在 Fe 中引起的位移损伤 BCA 和 KMC 耦合模拟结果表明，PKA 能量的变化对缺陷的长时间演化行为没有明显影响；当位移损伤分为若干个子团簇时，子团簇中的间隙原子和空位的尺寸分布遵循相似的变化规律。此外，3.1.2 小节中，在硅中级联碰撞的 MD 模拟结果显示，能量为 5keV 和 10keV 的 PKA 产生的缺陷成团份额与 2keV 的相近，在空间上可划分为若干个与 2keV PKA 产生缺陷相当的位移损伤区域。因此，参考 Guo 等[40]的处理方法，将 3.2.1 小节中计算的平均能量为 241.9～503.72keV 的 PKA 产生的位移损伤线性地分解为若干个由 10keV PKA 引起的离位级联损伤。由于 10keV PKA 在 Si 中的位移损伤能量为 7.5keV，因此分解的子级联数目为 $N_{cas}=E_{dam}/7.5keV$。由于不同能量的 PKA 在硅中的射程不同，因此设置三个不同尺寸的 KMC 模拟体系。表 3-9 为 KMC 模拟体系尺寸及初始状态下间隙原子和空位的数目。后续将以 16.26MeV 中子辐照条件下的缺陷演化结果为例，分析中子引起的位移损伤缺陷演化过程。

表 3-9　KMC 模拟体系尺寸及初始状态下间隙原子和空位的数目

PKA 能量/keV	体系尺寸/(μm×μm×μm)	I、V 的数目/个
241.90	0.33×0.33×0.33	2051
496.72	0.66×0.66×0.66	2988
386.68	0.52×0.52×0.52	2811

3.2.3　位移损伤缺陷的长时间演化机理

基于 3.2.2 小节介绍的模型与参数，模拟 300K 下 6MeV 中子辐照产生的 241.90keV PKA 在 P 型硅中引起的位移损伤缺陷的长时间演化结果如图 3-23～图 3-25 所示。

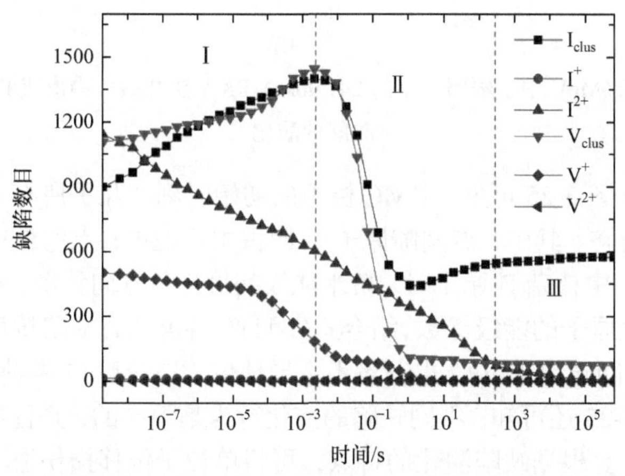

图 3-23　300K 下 6MeV 中子辐照产生的 241.90keV PKA 在 P 型硅中形成的间隙原子和空位随时间的演化

I_{clus}-缺陷团内的间隙原子数；V_{clus}-缺陷团内的空位数

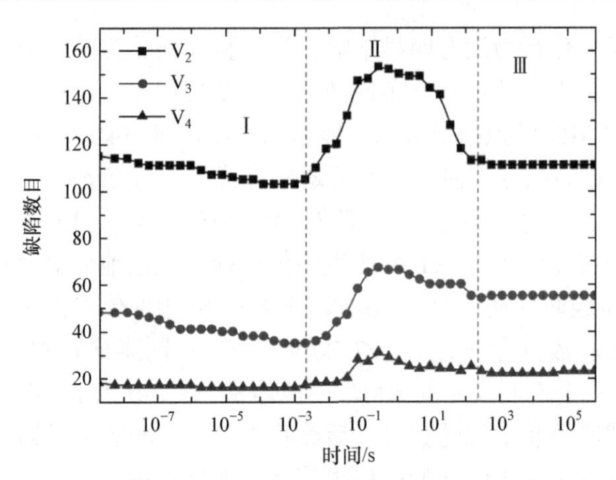

图 3-24　300K 下 6MeV 中子辐照产生的 241.90keV PKA 在 P 型硅中形成的 V_2、V_3 及 V_4 随时间的演化

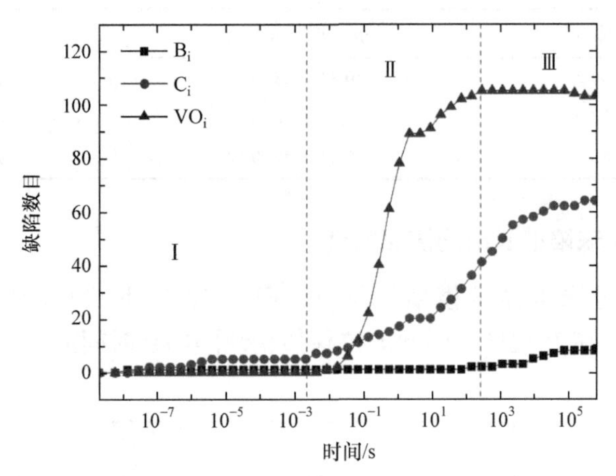

图 3-25　300K 下 6MeV 中子辐照产生的 241.90keV PKA 在 P 型硅中形成的杂质相关缺陷随时间的演化

由图 3-23～图 3-25 可见，KMC 模拟的初始时刻，几乎所有点间隙原子和点空位均呈正电荷态。其中，点间隙原子中 I^{2+} 占主导地位；点空位中，V^{+} 占主导地位。这是由于 Si 中掺杂 B 原子时，费米能级朝价带顶方向移动，根据表 3-7 中的不同电荷态间隙原子的能级参数，结合式(3-11)对各电荷态缺陷浓度之比进行计算可知，P 型硅中间隙原子以+2 电荷态占主导地位，空位以+1 电荷态占主导地位。由图 3-23～图 3-25 还可知，不同缺陷的演化行为是不同的，并且不同缺陷间的演化过程相互影响。根据缺陷演化的特点，可将单粒子位移损伤退火过程划分为三个阶段。下面将对这三个阶段分别进行分析。

阶段 I 主要发生在 1×10^{-11}～2×10^{-3}s，这个阶段的主要特点是自由缺陷成团，缺陷团生长。在这一阶段中，间隙原子和空位的总数目几乎不变，但点缺陷的数目减少，而缺陷团中的缺陷数目增加。由图 3-23 可知，I^{2+}持续减少，而缺陷团中的间隙原子的数目持续增加。类似地，V^{+}持续减少，缺陷团中的空位的数目持续增加。I^{0}、I^{+}和 I^{2+}的迁移能分别为 0.17eV、0.50eV 和 1.17eV[41]，这意味着 I^{2+}的迁移能力远远低于 I^{0}。尽管 I^{2+}迁移速度慢，但 I^{2+}和 I^{0}之间可以相互发生转换。I^{2+}可能直接转换为 I^{0}，也可能以 $I^{2+}\rightarrow I^{+}\rightarrow I^{0}$ 的方式进行转换。由于 I^{0}迁移能非常低，能够立即发生随机跳跃，进而被其他缺陷或杂质原子俘获，形成相对稳定的结构。因此，I^{2+}与 I^{0} 的相互转换过程由 $I^{2+}\rightarrow I^{0}$ 主导，而 $I^{0}\rightarrow I^{2+}$的转换较少。这一阶段中，I^{2+}持续减少主要是 I^{2+}转换为 I^{0} 进而被其他缺陷俘获造成的，而不是由 I^{2+}随机跃迁并直接被其他缺陷俘获造成的。由图 3-23 可知，阶段Ⅰ中 I^{2+}减少的幅度与在缺陷团内的间隙原子(I_{clus})数目增加的幅度相当，而与杂质原子相关的缺陷数目变化不明显，说明 I^{2+}主要被缺陷团俘获。图 3-24 中，V_2、V_3 和 V_4 的数目有不同程度轻微减小的趋势，这是由于部分 I^{2+}转换为 I^{0} 后被 V_2、V_3 和 V_4 俘获，形成更大规模的缺陷团；图 3-25 中，C_i 和 B_i 有极少量的增加，说明有极少部分的间隙原子被 C_s 和 B_s 俘获形成杂质-间隙原子复合体。在这一阶段中，空位的演化过程与间隙原子的演化过程类似，这一阶段在缺陷团中的空位数目增加，VO_i 缺陷的数目没有变化，说明 V^{+}的持续减少也是 V^{+}转换为 V^{0} 后被缺陷团俘获引起的。

阶段Ⅱ主要发生在 $2\times10^{-3}\sim2\times10^{2}$s，这一阶段的特点是缺陷团的生长与内部复合的竞争机制及缺陷团的分解。如图 3-23 所示，在阶段Ⅱ中自由间隙原子和空位仍然在持续减少，成团缺陷的数目发生急剧下降，而后逐渐趋于稳定。这一阶段中，自由间隙原子和空位减少的原因与阶段Ⅰ相同。缺陷团中间隙原子和空位的数目持续减少，这是缺陷团内部的间隙原子和空位发生复合反应引起的。因此，阶段Ⅱ存在一个竞争过程。一方面，点间隙原子和点空位发生迁移，被缺陷团俘获后引起缺陷团的生长；另一方面，缺陷团内部的间隙原子和空位发生复合，引起缺陷团的缩小。在这一阶段，发生复合反应的缺陷数目大于被缺陷团俘获的点缺陷数目，导致缺陷团内间隙原子和空位的总数目减小。从图 3-23 可知，缺陷团中空位减少的速度大于间隙原子减少的速度。这主要是因为自由间隙原子始终多于自由空位，与点空位转换为缺陷团中的空位数目相比，在这一阶段有更多的点间隙原子转换为缺陷团中的间隙原子，从而减缓了缺陷团中间隙原子数目的减少。IV 缺陷团中大部分间隙原子和空位发生复合的过程结束后，剩余的 I^{2+}继续转变为 I^{0}，其中一部分 I^{0} 被小的间隙原子团俘获。因此，在这一阶段的末尾出现了缺陷团内间隙原子数目增加的现象。

由图 3-24 可见，在这一阶段，V_2、V_3 和 V_4 都经历先增加后下降的趋势。它们的增加是由于 IV 缺陷团内部的间隙原子和空位发生复合后，部分较大尺寸的缺陷团转变成了小缺陷团。例如，$IV_5 \rightarrow V_4$这一过程中有一个间隙原子和一个空位发生了复合，使缺陷团转变成了包含四个空位的缺陷团。而后，V_2、V_3和V_4的数目出现了一定程度的下降，这是因为所有 IV 缺陷团经过内部复合而消失或转变为小的间隙原子团和空位团后，仍然有I^{2+}转变为I^0，且部分I^0被这些小的空位团俘获后发生了 I-V 复合反应，例如$V_2+I \rightarrow IV_2 \rightarrow V$，$V+I \rightarrow 0$，这些反应最终导致小空位团的数目减少。

由图 3-25 可见，在这一阶段，VO_i和C_i缺陷都有不同程度的增加。VO_i增加的速度大于C_i增加的速度。这有两方面原因：一方面，O_i的含量比C_s的含量高一个量级，因此 V 每次跃迁时与O_i相遇的概率比 I 每次跃迁时与C_s相遇的概率更大；另一方面，尽管VO_i的结合能为 1.7eV，与C_i的结合能(2.0eV)接近，但C_i的迁移能 0.38eV，远低于VO_i的迁移能(1.79eV)，C_s通过 Watkin 替位机制形成C_i后，C_i在随机跳跃过程中能够与 V 相遇并通过$C_i+V \rightarrow C_s$反应而消失，而VO_i在室温下是稳定的，不会发生分解。综上，VO_i增加的速度比C_i增加的速度快。由图 3-25 还可知，B_i缺陷的数目没有明显变化，这是B_s的含量过低导致的。

阶段Ⅲ主要发生在2×10^2s 及以后，这一阶段的特点是间隙原子团和空位团发射点间隙原子和点空位。由图 3-23～图 3-25 可见，这一阶段中，仍有少量I^{2+}在缓慢减少，导致C_i的持续增加，且B_i略有增加，其他缺陷数目均趋于稳定。这一阶段中，由于 IV 缺陷团几乎全部转变成了小间隙原子团和空位团，室温条件下它们的结构较为稳定，发射出单个间隙原子和空位的速度较慢，因此该阶段内自由缺陷的数目较少。最终，除辐射前已经存在的杂质原子外，最终在体系内剩余的缺陷包括小间隙原子团，小空位团(包括V_2、V_3和V_4及其他规模的小空位团)，VO_i、C_i及B_i缺陷。由于间隙原子团和空位团的结合能较高，室温下它们缓慢地发射点间隙原子和点空位，因此这一阶段缺陷数目和结构与前两个阶段相比较为稳定。

在这三个阶段中，只在阶段Ⅲ形成了数个C_iO_i缺陷，没有形成C_sC_i缺陷。这是因为中子辐照引起的缺陷除了点缺陷以外，大部分是缺陷团，而且C_s含量不高，能够被C_s俘获的自由间隙原子较少；此外，C_i形成后，通过式(3-19)～式(3-21)这三个反应，以及式(3-18)中的逆反应使C_i数目减少。这几方面的原因使C_i数目较少。在式(3-19)和式(3-20)中，C_i和C_s的数目都较少，导致C_i被C_s俘获形成C_sC_i的概率很小；O_i的浓度比C_s高，C_i与O_i的反应概率稍大，因此形成了极少量的C_iO_i。

图 3-26 展示了 6MeV 中子辐照产生的 241.9keV PKA 引起的缺陷在 6ns、1ms、0.27s 及 1099 s 在 KMC 模拟体系内的三维分布结果，图中不同灰度的点代表不同类型的缺陷(由于 C 和 O 这两种杂质原子含量较高，为了更清晰地展示间

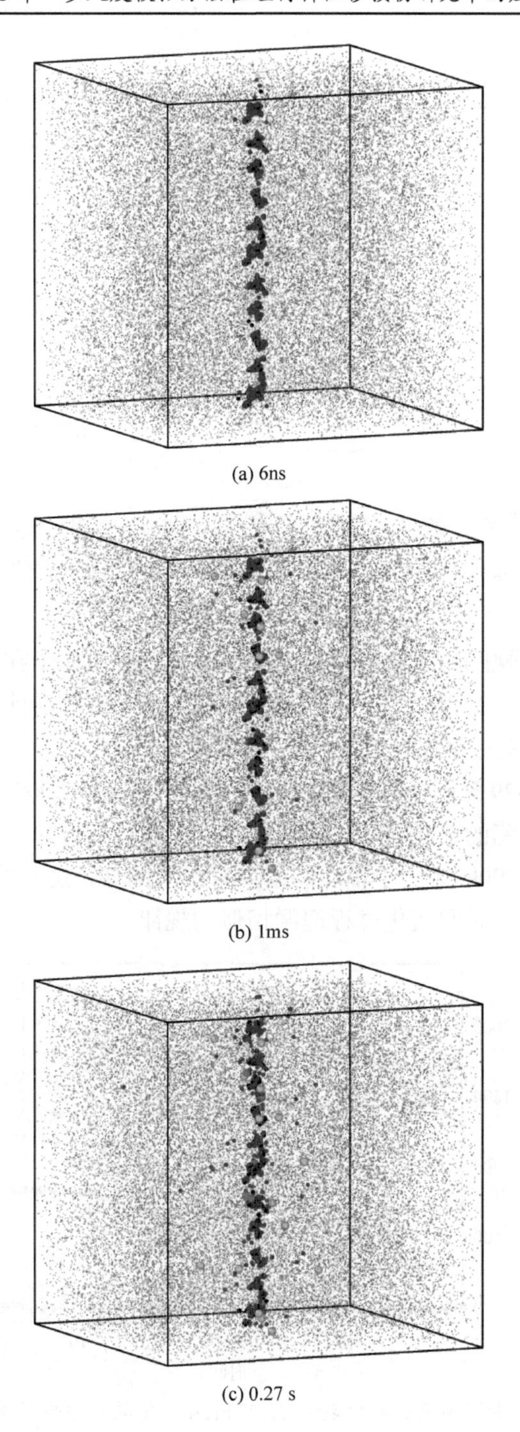

(a) 6ns

(b) 1ms

(c) 0.27 s

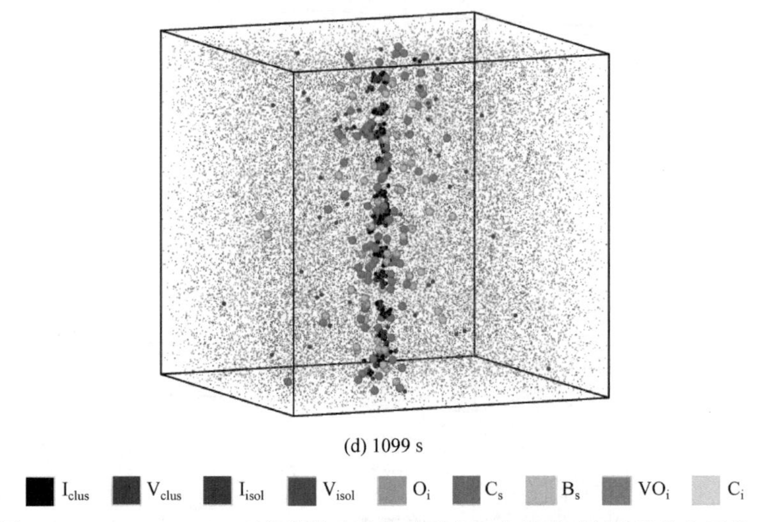

图 3-26　241.9keV PKA 引起的缺陷演化过程中四个典型时刻的缺陷空间分布

I_{isol}-孤立间隙原子缺陷；V_{isol}-孤立空位缺陷

隙原子和空位相关缺陷的演化过程，C 和 O 这两种杂质原子在图中的显示尺寸为间隙原子和空位的 0.1 倍)。图 3-26 展示的缺陷演化过程与前文所述的三个阶段内缺陷的演化过程是一致的。

图 3-27～图 3-29 和图 3-30～图 3-32 分别展示了 496.72keV 和 386.68keV PKA 引起的位移损伤缺陷的长时间演化模拟结果。由图可知，除了幅度上与图 3-23～图 3-25 展示的 241.90keV 中子辐照的结果有所不同外，这三种能量的 PKA 引起的位移损伤缺陷的长时间演化过程遵循相似的规律。

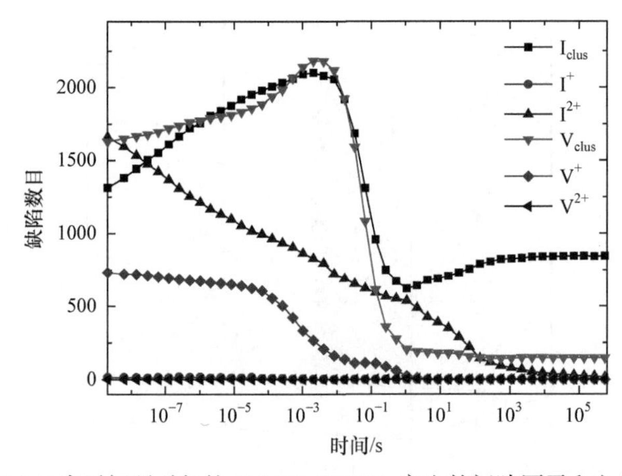

图 3-27　16.26MeV 中子辐照引起的 496.72keV PKA 产生的间隙原子和空位随时间的演化

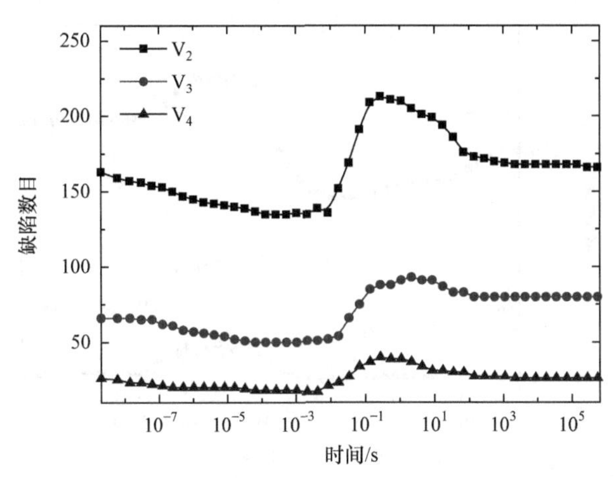

图 3-28 16.26MeV 中子辐照引起的 496.72keV PKA 产生的 V_2、V_3 及 V_4 随时间的演化

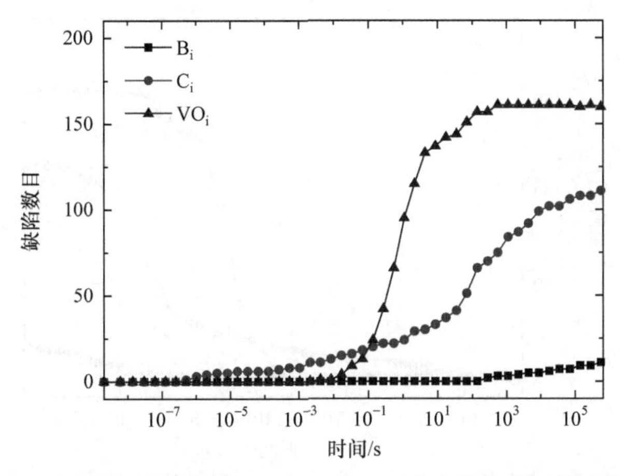

图 3-29 16.26MeV 中子辐照引起的 496.72keV PKA 产生的杂质相关缺陷随时间的演化

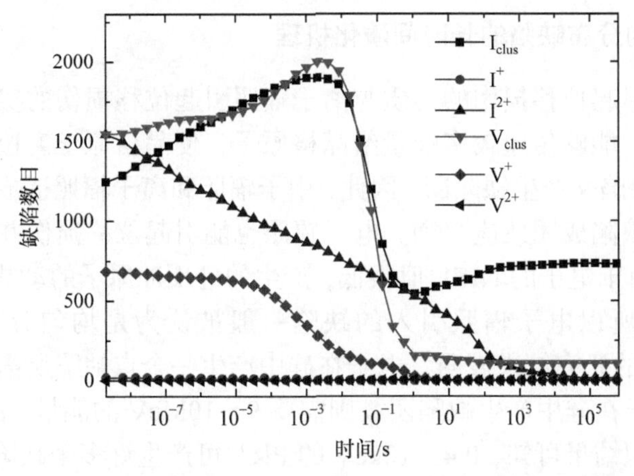

图 3-30 20.07MeV 中子辐照引起的 386.68keV PKA 产生的间隙原子和空位随时间的演化

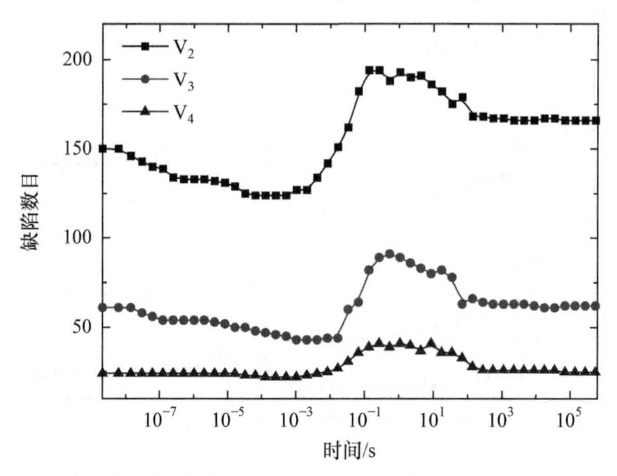

图 3-31 20.07MeV 中子辐照引起的 386.68keV PKA 产生的 V_2、V_3 及 V_4 随时间的演化

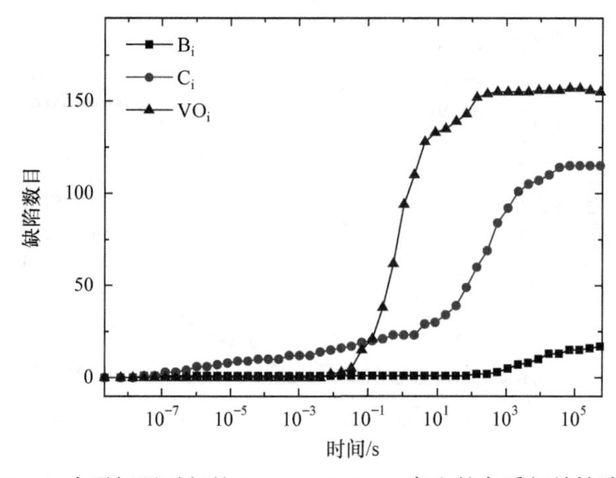

图 3-32 20.07MeV 中子辐照引起的 386.68keV PKA 产生的杂质相关缺陷随时间的演化

3.2.4 空间均匀分布缺陷的长时间演化机理

中子辐照引起位移损伤的实质与离子辐照引起位移损伤的实质相同。中子和离子入射后，能够传递较多能量给晶格原子，使晶格原子离位并形成级联碰撞，既产生点缺陷又产生缺陷团。因此，中子辐照和离子辐照造成的位移损伤的显著特点就是缺陷成团效应[67,68]。电子辐照也能引起位移损伤并在禁带中引入缺陷能级，但由于电子的 NIEL 值很低，产生的硅反冲原子的动能很低，难以引起级联碰撞，所以电子辐照引入的缺陷一般被认为是均匀分布的点缺陷。Yeritsyan 等[69]的研究结果表明，电子在硅中产生一个点缺陷所需的最低能量为 145keV，而电子在硅中产生缺陷团簇则需要 9～10MeV 的能量。由 3.1.2 小节的分子动力学模拟结果可知，0.4～10keV 的 PKA 可产生许多个缺陷，且缺陷的成

团比例可达 60%。这说明离子和中子辐照后的缺陷形态与电子辐照后的缺陷形态有所不同。

为了与 3.2.3 小节中子引起的单粒子位移损伤缺陷的长时间演化的模拟结果进行对比，在 KMC 模拟体系中引入空间均匀分布的间隙原子和空位缺陷，定性地模拟电子辐照引入的位移损伤缺陷的长时间演化过程。图 3-33 给出了 300K 温度下空间均匀分布的缺陷长时间演化过程，即 2051 个间隙原子和 2051 个空位(引入的缺陷数目与 3.2.2 小节 6MeV 中子辐照条件下产生的 241.90keV PKA 引起的缺陷数目相同)在 10^7s 内的演化过程。

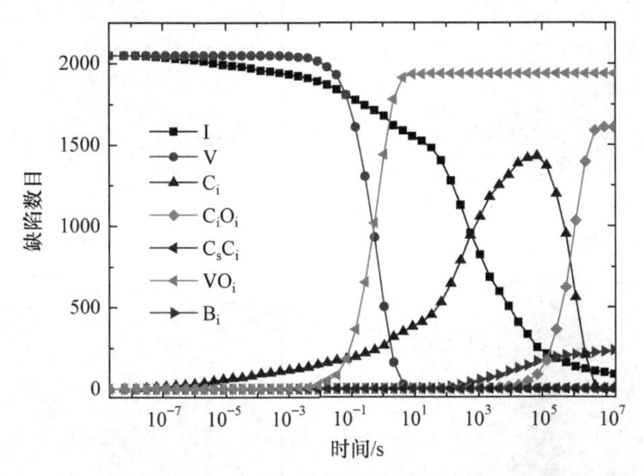

图 3-33　300K 温度下空间均匀分布的缺陷长时间演化过程

由图 3-33 可知，均匀分布的缺陷演化行为与 241.90keV PKA 产生的缺陷演化行为具有较大的差别。均匀分布的缺陷为点缺陷，它们能够自由移动，在 B 掺杂条件下，几乎所有间隙原子均为 I^{2+}，几乎所有空位均为 V^{+}。O_i 含量很高，绝大部分点空位被 O_i 俘获，形成 VO_i，该过程主要发生在 10^{-2}～10 s。C_i 经历了先增加后减少的过程：7×10^4s 之前，I^{2+}转换为 I^0 后发生迁移，被 C_s 俘获，导致 C_i 持续增加；7×10^4s 后，I^{2+}含量已经很低，C_i 的增加难以为继；与此同时，C_i 的迁移导致 O_i 大量地俘获 C_i，C_i 的数目不断下降，而 C_iO_i 的数目不断增加。最终，大量 C_i 转换为 C_iO_i 缺陷。由于 C_s 含量较低，C_sC_i 的数目远远低于 C_iO_i 的数目；B_i 的数目与 C_iO_i 相比也较少，这是 B_s 的含量较低导致的。O_i 的数目远远多于间隙原子的数目。因此，空位主要是与 O_i 结合形成 VO_i 缺陷，而与间隙原子相遇并发生复合的概率很小。最终，94.5%的空位被 O_i 俘获形成 VO_i，77.5%的间隙原子转换成 C_iO_i，5.5%的间隙原子与空位发生复合反应而消失，其他间隙原子转换为 B_i 和 C_sC_i。该结果与 Sgourou 等采用 2MeV 电子辐照 Cz-Si 的傅里叶变换红外光谱(FTIR)缺陷测试结果相符[70]。

图 3-34 展示了 2051 个间隙原子和 2051 个空位均匀分布的条件下，各种缺陷在 4 个典型时刻的空间分布图。图中展示的结果与图 3-33 展示的各种缺陷随时间的变化过程一致。

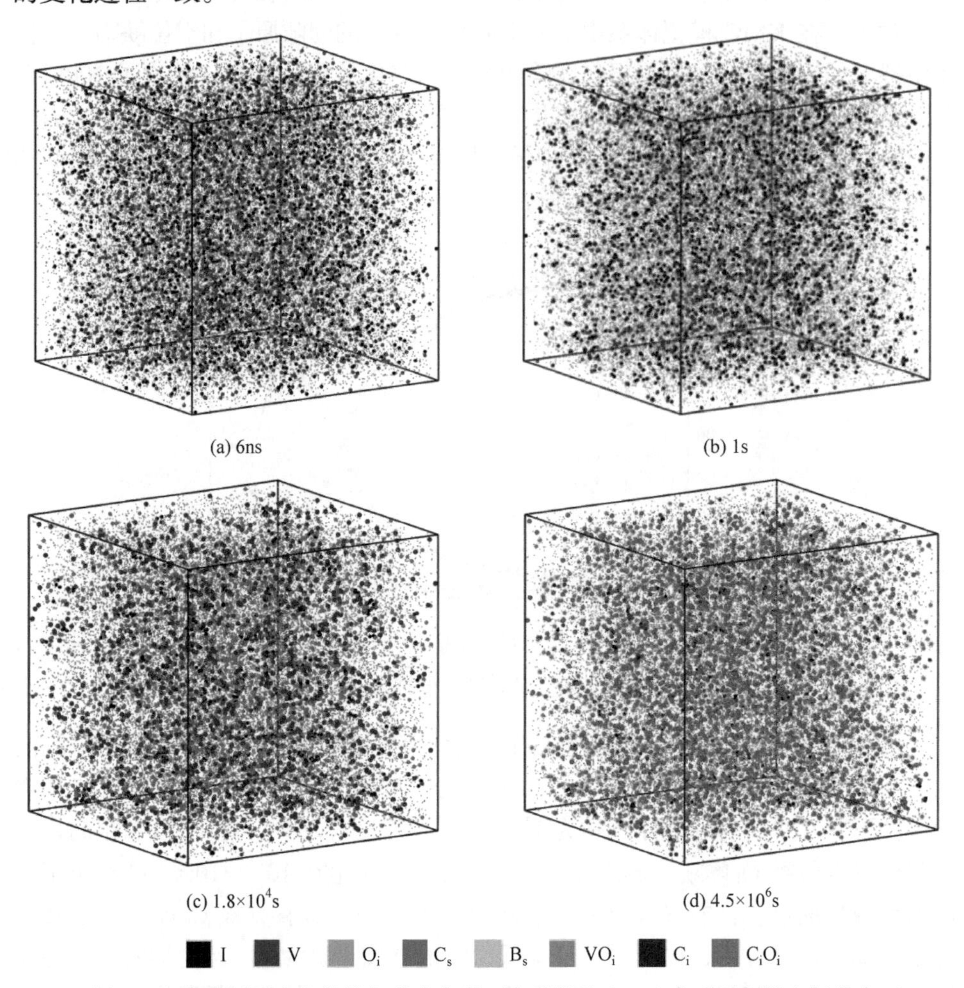

图 3-34　间隙原子和空位均匀分布条件下各种缺陷在 4 个典型时刻的空间分布

3.2.5　位移损伤电流退火因子

3.2.3 小节分析了中子辐照引起的单粒子位移损伤缺陷随时间的演化机理，本小节将基于 KMC 模拟的缺陷演化结果计算和分析单粒子位移损伤电流的退火因子。

单粒子位移损伤缺陷对电流的贡献可采用 Shockley-Read-Hall 复合理论进行计算。二极管的反向电流包括耗尽区中的产生电流和中性区的扩散电流。当 PN 结处于反偏状态时，扩散电流成分远低于产生电流成分，因此往往忽略扩散电流对反向电流的贡献[36,71]。

根据 Shockley-Read-Hall 复合理论，在光电二极管中发生单粒子位移损伤事件后，由粒子入射引起的位移损伤缺陷导致的暗电流增加定义为单粒子位移损伤电流，用I_{SPDD}表示。I_{SPDD}为单粒子位移损伤事件发生前后的反向电流之差，结合第 2 章中的式(2-31)～式(2-33)，I_{SPDD}可用式(3-28)计算[71]：

$$I_{\mathrm{SPDD}}=\Delta I_{\mathrm{R}}=qn_iAx_{\mathrm{d}}\left[\frac{1}{\tau_{\mathrm{g}}'(\xi)}-\frac{1}{\tau_{\mathrm{g}}(\xi)}\right] \tag{3-28}$$

式中，τ_{g}'、τ_{g}为粒子入射后和入射前载流子产生寿命，s。

载流子产生寿命τ_{g}与少数载流子寿命十分相关，它反映了缺陷能级发射载流子的速度[71]。载流子产生寿命的计算表达式见式(2-31)。少数载流子寿命的计算表达式为

$$\tau_{\mathrm{n0,p0}}=(v_{\mathrm{th}}\sigma_{\mathrm{n,p}}N_{\mathrm{t}})^{-1} \tag{3-29}$$

式中，v_{th}为载流子热运动速度，$\mathrm{cm\cdot s^{-1}}$；$\sigma_{\mathrm{n,p}}$为缺陷对电子和空穴的俘获截面，$\mathrm{cm^2}$；N_{t}为缺陷密度，$\mathrm{cm^3}$。

式(2-32)～式(2-33)及式(3-28)～式(3-29)只考虑了一种缺陷存在于耗尽区时对 SPDD 电流的贡献。由 KMC 模拟的结果可知，位移损伤缺陷在长时间尺度内会发生复杂的变化，能够产生多种类型的缺陷。在 Shockley-Read-Hall 复合理论的基础上进一步推导公式，考虑多种缺陷对少数载流子(简称“少子”)寿命的影响，少子寿命的计算公式为

$$\tau_{\mathrm{n,p}}=\frac{Ax_{\mathrm{d}}}{v_{\mathrm{th}}}\left\{\sum_{j=1}^{k}\left[\sigma_{\mathrm{n,p},j}(N_{j0}+N_j)\right]\right\}^{-1} \tag{3-30}$$

式中，N_{j0}为辐照前耗尽区内的缺陷数目；N_j为由辐照引起的缺陷数目，下标j为某种缺陷类型。

考虑多种缺陷时，二极管中辐射前和辐射后的载流子产生寿命采用式(3-31)和式(3-32)计算：

$$\tau_{\mathrm{g0}}=\left\{\sum_{j=1}^{k}\left[\tau_{\mathrm{n0}}\exp\left(\frac{E_{\mathrm{i}}-E_{\mathrm{t},j}}{k_{\mathrm{B}}T}\right)+\tau_{\mathrm{p0}}\exp\left(\frac{E_{\mathrm{t},j}-E_{\mathrm{i}}}{k_{\mathrm{B}}T}\right)\right]^{-1}\right\}^{-1} \tag{3-31}$$

$$\tau_{\mathrm{g}}=\left\{\sum_{j=1}^{k}\left[\tau_{\mathrm{n}}\exp\left(\frac{E_{\mathrm{i}}-E_{\mathrm{t},j}}{k_{\mathrm{B}}T}\right)+\tau_{\mathrm{p}}\exp\left(\frac{E_{\mathrm{t},j}-E_{\mathrm{i}}}{k_{\mathrm{B}}T}\right)\right]^{-1}\right\}^{-1} \tag{3-32}$$

式中，E_i 为本征能级，eV；$E_{t,j}$ 为缺陷 j 在禁带中的能级，eV。

式(3-28)～式(3-32)中涉及计算 SPDD 电流的硅的基本参数见表 3-10[72]。需要注意的是，由于 CIS 的光电二极管受辐照前的暗电流水平很低，这里假设各种缺陷在辐照前的密度为 $10^{10}cm^{-3}$。此外，研究的 180nm CIS 的光电二极管中不存在载流子发射电场增强效应[27]，尽管耗尽区中的电场是非均匀电场，但在不同位置处产生的相同类型缺陷对 SPDD 电流的贡献是相同的。

表 3-10 计算 SPDD 电流的硅的基本参数[72]

基本参数	参数值
ε_r	11.9
ε_0	$8.85 \times 10^{-14} F \cdot cm^{-1}$
q	$1.6 \times 10^{-19} C$
k_B	$1.38 \times 10^{-23} J \cdot K^{-1}$
v_{th}	$1 \times 10^{7} cm \cdot s^{-1}$
n_i	$1.45 \times 10^{-10} cm^{-3}$

除了表 3-10 的参数以外，SPDD 电流还与缺陷对电子和空穴的俘获截面有关。这里参考 Myers 等报道的辐照实验中测量的缺陷俘获截面结果进行统计的参数[41]，选择了三个典型值来代表缺陷对电子和空穴的俘获截面：若缺陷与电荷之间是静电排斥的，则俘获截面为 $3 \times 10^{-16} cm^2$；若缺陷与电荷之间是静电吸引的，则俘获截面为 $3 \times 10^{-14} cm^2$；若缺陷是中性的，则俘获截面为 $3 \times 10^{-15} cm^2$。尽管选取的俘获截面存在一定的不确定性，但它们与通过实验手段获取的俘获截面典型值在同一个量级。

对于一个体积为 $100\mu m^3$ 的耗尽区，采用 Myers 等总结的缺陷相关参数，计算了在中子辐照 CIS 的光电二极管中产生的重要缺陷对暗电流的贡献，见表 3-11。结果表明，处于禁带中心附近的深能级缺陷对暗电流的贡献最大，而远离禁带中心的深能级缺陷贡献最小。

表 3-11 中子辐照 CIS 的光电二极管中产生的重要缺陷对暗电流的贡献[36,41]

缺陷类型	缺陷能级/eV	$\Delta I_{dark}/(A \cdot cm^{-3})$
I^{2+}	$E_v + 0.65$ [41]	4.72×10^{-9}
I^0	$E_c - 0.62$ [41]	1.73×10^{-7}
V^+	$E_c - 0.99$ [41]	1.15×10^{-12}
V^0	$E_c - 1.07$ [41]	5.32×10^{-15}

续表

缺陷类型	缺陷能级/eV	$\Delta I_{dark}/(A \cdot cm^{-3})$
V_2	$E_c - 0.422$ [36]	6.91×10^{-9}
V_3	$E_c - 0.46$ [36]	3.21×10^{-8}
V_4	$E_c - 0.395$ [36]	2.64×10^{-9}
B_i	$E_c - 0.13$ [41]	1.01×10^{-10}
C_i	$E_c - 0.84$ [41]	3.70×10^{-11}
VO_i	$E_c - 0.17$ [41]	4.61×10^{-12}

注：ΔI_{dark}为单个缺陷对暗电流的贡献值。

基于 KMC 模拟的缺陷随时间的演化结果及式(3-28)～式(3-32)，对于 6MeV、16.26MeV 及 20.07MeV 中子辐照产生的 PKA(平均能量)引起的暗电流演化过程进行计算。类似于 MC 方法，KMC 模拟可通过设置“随机数种子”对结果进行多次模拟。为确保模拟结果是可重复的，对每种条件下缺陷的演化过程模拟 10 次。基于 KMC 模拟的缺陷数目结果计算了暗电流的变化，图 3-35 为由 241.90keV、386.68keV 及 496.72keV PKA 产生的暗电流的演化。

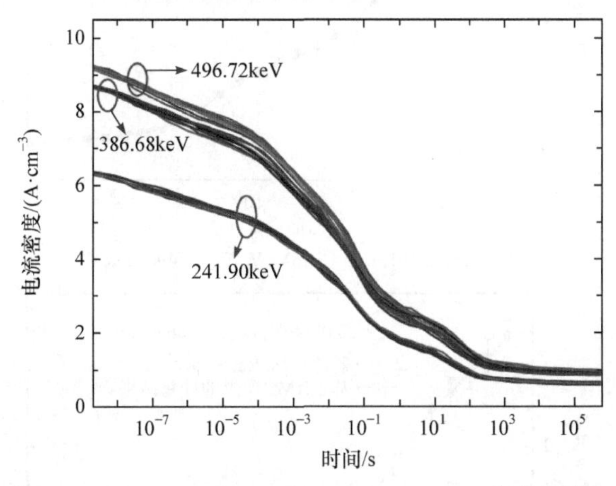

图 3-35　由 241.90keV、386.68keV 及 496.72keV PKA 产生的暗电流的演化

设 $Ax_d = 100\mu m^3$

Raine 等[25]在分析 SPDD 电流退火行为时，定义归一化退火因子为

$$AF(t) = \frac{I_{dark}(t) - I_{dark}(0)}{I_{dark}(100) - I_{dark}(0)} = \frac{\Delta I_{dark}(t)}{\Delta I_{dark}(100)} \tag{3-33}$$

式中，括号中的 100 表示将 SPDD 电流归一化到 100s 时刻。将 SPDD 电流归一化到某一个时刻，可以分析 SPDD 电流的退火行为。将图 3-35 中的电流密度代入式(3-33)，即可计算归一化至 100s 时刻的 SPDD 电流的退火因子，图 3-36 给出了

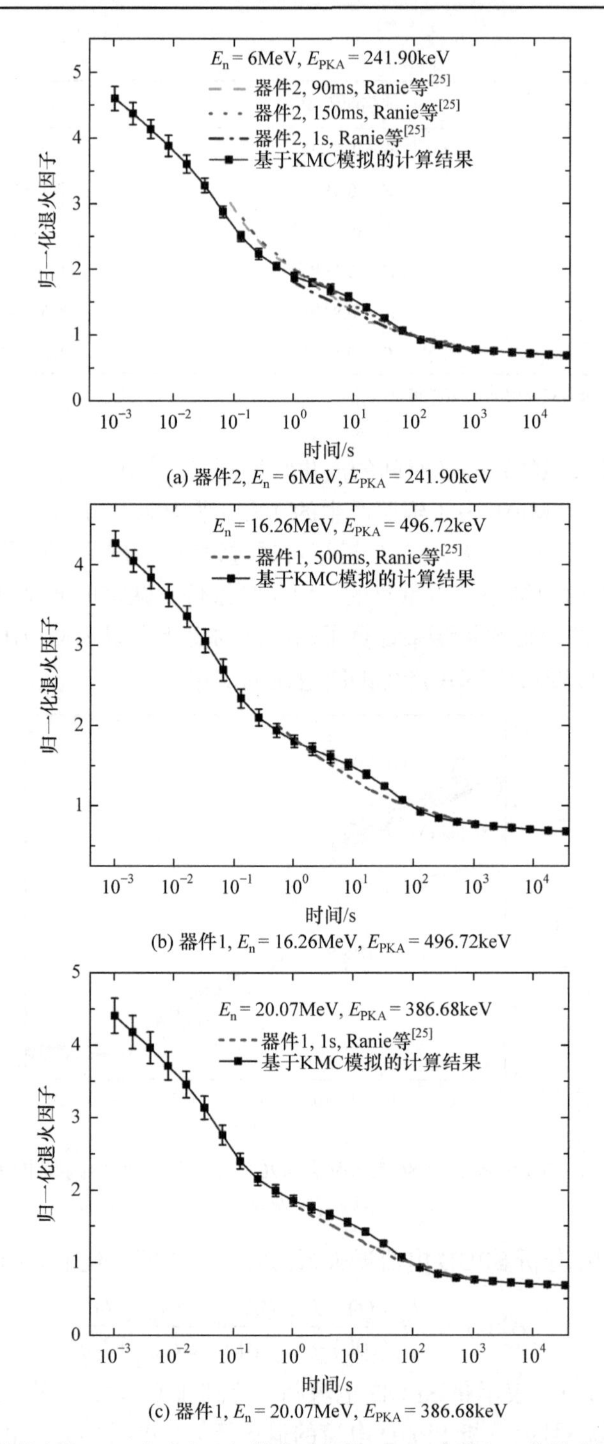

(a) 器件2, $E_n = 6MeV$, $E_{PKA} = 241.90keV$

(b) 器件1, $E_n = 16.26MeV$, $E_{PKA} = 496.72keV$

(c) 器件1, $E_n = 20.07MeV$, $E_{PKA} = 386.68keV$

图 3-36　中子入射产生的 PKA 在光电二极管中引起的 SPDD 电流归一化退火因子随时间的变化

不同能量中子入射产生的 PKA(平均能量)在光电二极管中引起的 SPDD 电流归一化退火因子随时间的变化。图中，误差棒表示多次计算的退火因子的标准误差。

由图 3-36 可知，基于 KMC 模拟结果计算的 SPDD 电流的退火因子与 Raine 等[25]基于实验测量结果计算的退火因子一致，表明本节提出的多尺度模拟方法可用于分析中子辐照光电二极管引起的单粒子位移损伤电流的退火机理。计算结果与实验结果之间存在一定的差异，这可能是缺陷对载流子俘获截面的不确定度造成的。

3.3　重离子引起的单粒子位移损伤电流计算

在 3.2 节中提出了一种多尺度模拟方法，用于模拟中子在 CIS 光电二极管耗尽区中引起的位移损伤缺陷的长时间演化行为，同时建立了单粒子位移损伤电流演化行为与多种缺陷演化行为之间的联系。本节拟提出一种计算重离子在硅器件中引起的单粒子位移损伤电流的方法，通过考虑多种因素，建立 SPDD 电流与重离子种类、能量、器件偏置电压、器件工艺参数和缺陷参数之间的联系；为验证该方法的正确性，采用该方法计算 ^{252}Cf 辐照条件下 6 个超低泄漏电流二极管的单粒子位移损伤电流台阶值、位移损伤累积电流值及载流子产生率，并与实验结果进行比较。

3.3.1　单粒子位移损伤电流计算方法

计算单粒子位移损伤电流时，需要考虑的问题包括：如何建立单粒子位移损伤电流与缺陷参数的关系？是否需要考虑电场增强载流子发射效应？当器件中存在电场增强载流子发射效应时，缺陷产生的位置对载流子的产生率有什么影响？缺陷数目、种类与器件工艺参数(掺杂浓度、掺杂原子类型、C 及 O 杂质浓度)之间有什么关系？缺陷数目与重离子产生的 PKA 非电离能量损失之间有什么关系？PKA 的非电离能量与 PKA 的能量之间有什么关系？

本节在建立位移损伤导致的 SPDD 电流增加与缺陷参数的关系时，对经典的 Shockley-Read-Hall 复合理论公式作进一步推导，以考虑多种缺陷对载流子产生率的影响；在考虑电场增强效应时，采用 Srour 等提出的电场增强载流子发射势垒降低计算模型，在此基础上引入空间变量，将缺陷对载流子的贡献与缺陷所处的位置联系起来；基于 MD 方法和 KMC 方法，在考虑器件工艺参数条件下(N 型区和 P 型区掺杂的原子类型及掺杂浓度、硅片工艺)，对缺陷的演化过程进行模拟，获得多种缺陷在不同时刻的数目与 PKA 非电离能量损失的关系式；采用 ARL 能量配分函数描述 PKA 的非电离能量损失与 PKA 能量之间的关系；PKA 的能量及空间分布信息通过 BCA 模拟获取。将这些计算环节衔接起来，就可以实现单粒子位移损伤电流的计算。下面对影响单粒子位移损伤效应的因素进行分析，并推导相关的计算公式。

1. 泄漏电流增量与缺陷参数的关系

如第 2 章所述，根据 Shockley-Read-Hall 复合理论，当体区存在某种缺陷时，这些缺陷通过电子俘获、空穴俘获、电子发射和空穴发射这四种过程影响少数载流子的产生和复合。体区的载流子复合率采用式(2-29)进行计算。当 PN 结处于反向偏置时，由于耗尽层中 $p \ll n_i$ ，$n \ll n_i$ ，载流子的产生占主导地位，扩散电流对二极管产生电流的贡献可忽略。由新引入的缺陷引起的反向电流增加量可采用式(3-34)计算：

$$\Delta I_R = qAx_d\Delta G = \frac{qAx_d\sigma_p\sigma_n v_{th} n_i \Delta N_t}{\sigma_n \exp\left(\dfrac{E_t - E_i}{k_B T}\right) + \sigma_p \exp\left(\dfrac{E_i - E_t}{k_B T}\right)} \tag{3-34}$$

式中，ΔG 为由于离子入射引入的缺陷导致的载流子产生率的增量，$cm^{-3} \cdot s^{-1}$；n_i 为本征载流子浓度，cm^{-3}；σ_n、σ_p 为缺陷对电子和空穴的俘获截面，cm^{-2}；v_{th} 为载流子热运动速度，$cm \cdot s^{-1}$；E_t 为缺陷能级，eV；E_i 为本征费米能级，eV；k_B 为玻尔兹曼常量，$J \cdot K^{-1}$；T 为热力学温度，K；ΔN_t 为由于离子入射在耗尽区中引入的缺陷的密度，cm^{-3}。

式(3-34)中，反向偏置条件下 PN 结的耗尽区宽度 x_d 采用式(3-35)进行计算[72]：

$$x_d = x_n + x_p = \sqrt{\frac{2\varepsilon_0\varepsilon_r(N_A + N_D)(V_{bi} + V_r)}{qN_A N_D}} \tag{3-35}$$

式中，x_n 为 N 型区一侧的耗尽区宽度，μm；x_p 为 P 型区一侧的耗尽区宽度，μm；ε_0 为真空介电常数，$F \cdot m^{-1}$；ε_r 为相对介电常数；V_{bi} 表示内建电势，V；V_r 为反向偏置电压，V；N_A 为 P 型区一侧的掺杂浓度，cm^{-3}；N_D 为 N 型区一侧的掺杂浓度，cm^{-3}；q 为基本电荷，C。

式(3-35)中，内建电势 V_{bi} 采用式(3-36)计算：

$$V_{bi} = \frac{k_B T}{q} \ln \frac{N_A N_D}{n_i^2} \tag{3-36}$$

式(3-34)描述了单个缺陷能级对载流子产生率的贡献。当耗尽区中存在多个缺陷能级时，新引入的缺陷对载流子产生率的贡献为

$$\Delta G = \Delta G_1 + \Delta G_2 + \Delta G_3 + \cdots + \Delta G_J = \sum_{j=1}^{J} \Delta G_j \tag{3-37}$$

式中，J 为耗尽区中存在的缺陷种类总数；ΔG_j 为第 j 种缺陷引起的载流子产生率的增量，$cm^{-3} \cdot s^{-1}$。

将多种类型的缺陷对载流子产生率的贡献求和，可建立载流子产生率增量与缺陷参数之间的关系。

2. 电场增强载流子发射效应

在不考虑电场增强载流子发射效应的情况下，载流子的产生率基于式(3-34)和式(3-37)进行计算。实际应用中，半导体器件往往工作在一定的偏置条件下，耗尽区中存在的电场能够导致缺陷能级发射载流子所需的能量下降，使载流子更容易从缺陷能级发射到价带或导带。图 3-37 给出了电场增强载流子发射示意图。这种电场引起载流子发射增强的现象称为电场增强载流子发射效应，又称 Poole-Frenkel 效应[73]。

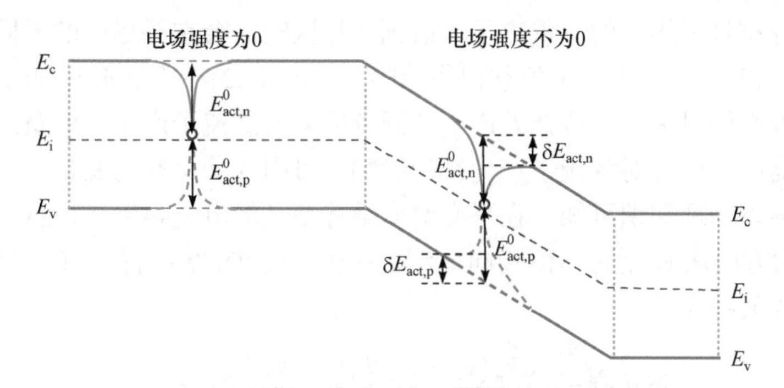

图 3-37　电场增强载流子发射示意图

电场强度为 0 时，电子从缺陷能级发射到导带需跨越的势垒为

$$E^0_{act,n} = E_c - E_t \tag{3-38}$$

类似地，电场强度为 0 时，空穴从缺陷能级发射到价带需跨越的势垒为

$$E^0_{act,p} = E_t - E_v \tag{3-39}$$

当电场强度为 ξ 时，电子从缺陷能级发射到导带的势垒 $E_{act,n}(\xi)$ 和空穴从缺陷能级发射到价带的势垒 $E_{act,p}(\xi)$ 将降低，载流子发射势垒的计算表达式为

$$E_{act,n}(\xi) = E_c - \left[E_t - \delta E_{act,n}(\xi)\right] \tag{3-40}$$

$$E_{act,p}(\xi) = \left[E_t - \delta E_{act,p}(\xi)\right] - E_v \tag{3-41}$$

式中，ξ 为电场强度，$\mathrm{V\cdot cm^{-1}}$；$\delta E_{\mathrm{act,n}}(\xi)$ 为电子从缺陷能级发射到导带的势垒降低量，eV；$\delta E_{\mathrm{act,p}}(\xi)$ 为空穴从缺陷能级发射到价带的势垒降低量，eV。

Srour 等[74]指出，载流子发射势垒降低量 $\delta E_{\mathrm{act,n,p}}(\xi)$ 可采用式(3-42)进行计算：

$$\delta E_{\mathrm{act,n,p}}(\xi)=\sqrt{\frac{q\xi}{\pi\varepsilon_{\mathrm{Si}}}} \tag{3-42}$$

式中，$\varepsilon_{\mathrm{Si}}$ 为硅的介电常数，$\mathrm{F\cdot cm^{-1}}$，$\varepsilon_{\mathrm{Si}}=\varepsilon_0\varepsilon_{\mathrm{r}}$。

在考虑电场增强载流子发射效应的情况下，式(3-34)中的 ΔG 可改写为

$$\Delta G=\frac{\sigma_{\mathrm{n}}\sigma_{\mathrm{p}}v_{\mathrm{th}}n_{\mathrm{i}}\Delta N_{\mathrm{t}}}{\sigma_{\mathrm{n}}\exp\left\{\dfrac{\left[E_{\mathrm{t}}-\delta E_{\mathrm{act,p}}(\xi)\right]-E_{\mathrm{i}}}{k_{\mathrm{B}}T}\right\}+\sigma_{\mathrm{p}}\exp\left\{\dfrac{E_{\mathrm{i}}-\left[E_{\mathrm{t}}+\delta E_{\mathrm{act,p}}(\xi)\right]}{k_{\mathrm{B}}T}\right\}} \tag{3-43}$$

3. 缺陷产生的位置对载流子产生率的影响

前文已讨论了考虑电场增强效应时缺陷对载流子产生率的影响。然而，耗尽区的电场分布是不均匀的。重离子入射到耗尽区时，会在耗尽区的不同位置产生多个 PKA，PKA 进一步产生位移损伤缺陷。由式(3-42)～式(3-43)可知，非均匀电场分布导致在耗尽区不同位置处产生的同种缺陷对载流子产生率的贡献不同。为了考虑缺陷产生位置对载流子产生率的影响，可引入一个空间变量。

由半导体物理知识可知，在平衡突变结势垒区的电场强度是位置 x 的线性函数，电场的方向从 N 型区一侧指向 P 型区一侧。设 PN 结位置 $x=0$，耗尽区中的电场与 x 的关系为[72]

$$\left|\xi_{\mathrm{n}}(x)\right|=-\frac{\mathrm{d}V_{\mathrm{n}}(x)}{\mathrm{d}x}=-\frac{qN_{\mathrm{D}}'\left(x-x_{\mathrm{n}}\right)}{\varepsilon_{\mathrm{r}}\varepsilon_0},0<x<x_{\mathrm{n}} \tag{3-44}$$

$$\left|\xi_{\mathrm{p}}(x)\right|=-\frac{\mathrm{d}V_{\mathrm{p}}(x)}{\mathrm{d}x}=-\frac{qN_{\mathrm{A}}'\left(x+x_{\mathrm{p}}\right)}{\varepsilon_{\mathrm{r}}\varepsilon_0},-x_{\mathrm{p}}<x<0 \tag{3-45}$$

式中，$V_{\mathrm{n}}(x)$、$V_{\mathrm{p}}(x)$分别为 N 型区一侧、P 型区一侧 x 位置处的电势，V。

结合式(3-42)～式(3-45)可知，在结构较为简单的二极管中，耗尽区中的缺陷对载流子产生率的贡献是其空间位置 x 的函数，x 的方向为电场变化的方向。由 3.1.1 小节 SRIM 计算离子的 PKA 能量分布结果可知，离子入射引起的 PKA 中，低能 PKA 占绝对优势，因此绝大部分 PKA 产生的缺陷位置应处于 PKA 产生位置的附近。尽管部分缺陷，如点间隙原子、点空位等能够迁移，但由 3.1.2 小节中对 keV 量级 PKA 的缺陷演化模拟结果可知，最终耗尽区中剩余的稳定缺陷主要以缺陷团簇的形式存在，而缺陷团簇的迁移速度很慢，因此这里假定稳定缺陷就

处于 PKA 产生的位置。

设重离子在耗尽区中产生的 PKA 总数目为 i，每一个 PKA 可能产生 j 种类型的缺陷，每种缺陷的数目用 $\Delta N_{t,j}$ 表示。由于 $\delta E_{act,n,p}$ 是电场的函数，而电场强度又与缺陷所处的位置 x 有关，因此 $\delta E_{act,n,p}$ 也是 x 的函数，用 $\delta E_{act,n,p}[\xi(x)]$ 表示。基于上述分析，结合式(3-40)～式(3-45)，在考虑电场增强效应的情况下，耗尽区内产生的位置为 x_i 的第 i 个 PKA 引起的第 j 种缺陷对载流子产生率的贡献采用式(3-46)计算：

$$\Delta G_j(i,x_i) = \frac{\sigma_{n,j}\sigma_{p,j}v_{th}n_i\Delta N_{t,j}(i)}{\sigma_{n,j}\exp\left(\dfrac{\{E_{t,j}-\delta E_{act,p}[\xi(x_i)]\}-E_i}{k_B T}\right)+\sigma_{p,j}\exp\left(\dfrac{E_i-\{E_{t,j}+\delta E_{act,p}[\xi(x_i)]\}}{k_B T}\right)} \tag{3-46}$$

第 i 个 PKA 引起的 J 种缺陷对载流子产生率的贡献为

$$\Delta G(i,x_i)=\sum_{j=1}^{J}\Delta G_j(i,x_i) \tag{3-47}$$

一个重离子入射在耗尽区中产生的 I 个 PKA 引起的缺陷对载流子产生率的贡献为

$$\Delta G_{tot}=\sum_{i=1}^{I}\sum_{j=1}^{J}\Delta G_j(i,x_i) \tag{3-48}$$

因此，一个重离子在耗尽区中产生的 I 个 PKA 引起的反向电流增加量为

$$\Delta I_R = qAx_d\Delta G_{tot} \tag{3-49}$$

与式(2-29)～式(2-33)中单粒子位移损伤电流的计算公式相比，采用式(3-46)～式(3-49)的优势在于不需要确定粒子入射前耗尽区中各种缺陷的密度就可以计算由入射粒子引起的反向电流增量。

由上述推导可知，在已知 PN 结偏置条件、耗尽区面积、耗尽区宽度、缺陷能级、缺陷对载流子的俘获截面、缺陷位置及缺陷密度的情况下，可以计算单个粒子入射引起的载流子产生率增量及单粒子位移损伤电流。由于单个粒子入射产生的缺陷密度太低而无法通过实验手段获取，可基于 MD 模拟方法和 KMC 模拟方法，在考虑耗尽区掺杂参数的条件下，对缺陷的演化过程进行模拟，从而确定各种缺陷在不同时刻的数目与 PKA 非电离能量损失之间的关系。

建立了缺陷数目与 PKA 非电离能量损失之间的关系后，还需要确定 PKA 的非电离能量损失与 PKA 能量之间的关系。这两个参数的关系可基于 3.1.1 小节提

及的 ARL 能量配分函数进行描述。PKA 的能量及空间分布信息可以通过 BCA 模拟获取。

基于式(3-34)～式(3-49)，结合 BCA 模拟、MD 模拟、KMC 模拟、ARL 能量配分函数、电场增强效应理论及 Shockley-Read-Hall 复合理论，提出了重离子辐照半导体器件产生的单粒子位移损伤电流计算方法，其计算流程见图 3-38。

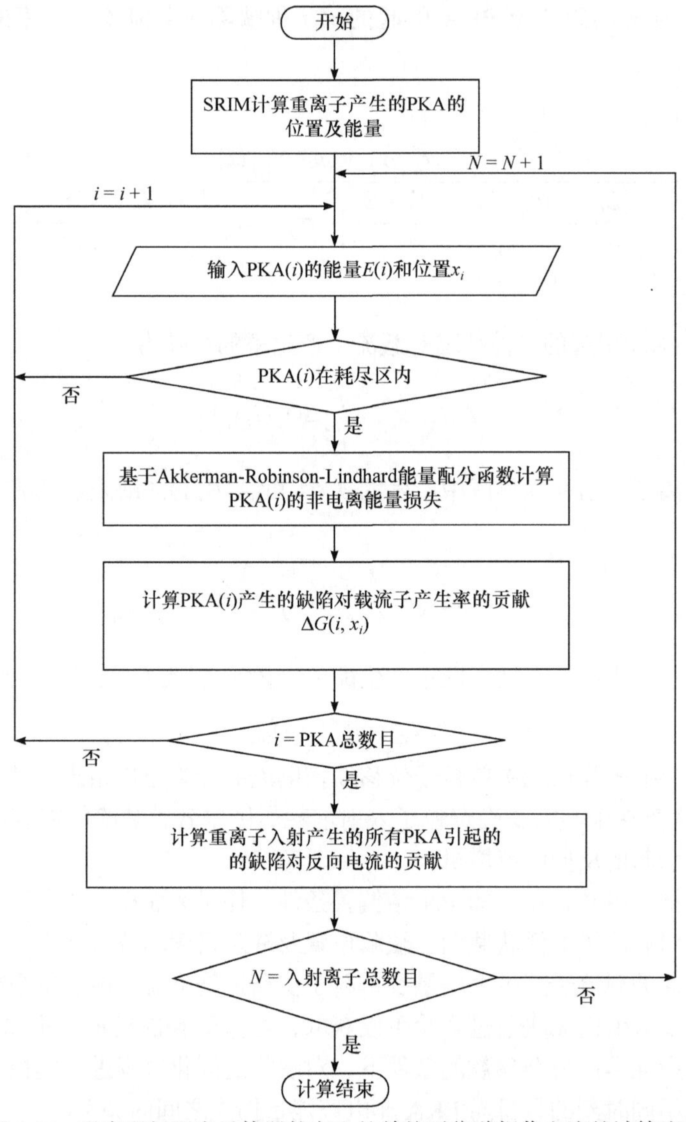

图 3-38　重离子辐照半导体器件产生的单粒子位移损伤电流的计算流程

根据图 3-38 展示的计算流程，采用 MATLAB 编程实现单粒子位移损伤电流的计算，计算的具体步骤如下：

(1) 启动计算，采用 SRIM 计算重离子入射产生的 PKA 的空间位置及其能量；将这些信息输入计算单粒子位移损伤电流的 MATLAB 程序中。

(2) 采用 MATLAB 程序判断 PKA(i) ($i=1,\cdots,I$) 是否处于耗尽区。如果 PKA 处于耗尽区，则进入第 3 步；如果 PKA 位于耗尽区以外的位置，则不考虑其对单粒子位移损伤电流的贡献，执行 $i=i+1$，重复第 2 步。

(3) 若 PKA(i)处于耗尽区，采用 Akkerman-Robinson-Lindhard 能量配分函数计算 PKA(i)的非电离能量损失。

(4) 根据 PKA 的非电离能量及 PKA 所处的区域(N 型区还是 P 型区)确定由 PKA 产生的缺陷数目，并结合 PKA(i)在耗尽区中的具体位置 x_i，计算 PKA(i)产生的缺陷对载流子产生率的贡献总和 $\Delta G(i,x_i)$。

(5) 判断 i 与 I 的关系。若 $i<I$，则重复第 2～4 步，若 $i=I$，则计算本次重离子入射产生的所有 PKA 引起的缺陷对载流子产生率的贡献，计算 ΔG_{tot} 及反向电流增量。

(6) 判断是否达到要计算的重离子的总数目。如果未达到，则重离子数目 $N=N+1$，重复第 1～5 步；如果已达到，计算过程结束。

3.3.2　^{252}Cf 辐照超低泄漏电流二极管的单粒子位移损伤电流计算

1. 计算设置

为了验证上述方法的正确性，选取了 Auden 等[71,75,76]采用 ^{252}Cf 源辐照二极管的单粒子位移损伤实验进行验证。Auden 等在室温及真空条件下采用 ^{252}Cf 源辐照超低泄漏电流二极管，辐照的器件为 n 沟道结型场效应晶体管(JFET)型 PAD1 超低泄漏电流二极管。辐照源为 0.9μCi*^{252}Cf，活性区面积为 0.25cm^2。辐照源与器件的表面距离为 2cm，入射到二极管表面的离子注量率为 160cm$^2\cdot$s^{-1}，辐照持续时间为 5～7d。二极管在辐照时采用两种偏置模式。第一种模式为漏端悬空(DF)模式，这种情况下源极接地、漏极悬空、栅极和衬底连接并施加−12V 电压。这种模式下，源极为二极管的阴极，栅极和衬底为二极管的阳极，二极管的耗尽区面积约为 2100μm^2。第二种模式是漏端接地(DG)模式，这种情况下源极接地、漏极接地、栅极和衬底连接并施加−12V 电压。这种模式下，源极和漏极为二极管的阴极，栅极和衬底为二极管的阳极，二极管的耗尽区面积约为 3700μm^2。图 3-39 展示了 DG 模式下各个端口的电学连接状态及耗尽区的位置。实验中采用电流-电压转换器实现对二极管反向电流的实时监测。

---

* Ci 为放射性活度单位，1Ci = 3.7×10^{10}Bq，1μCi = 3.7×10^{4}Bq。

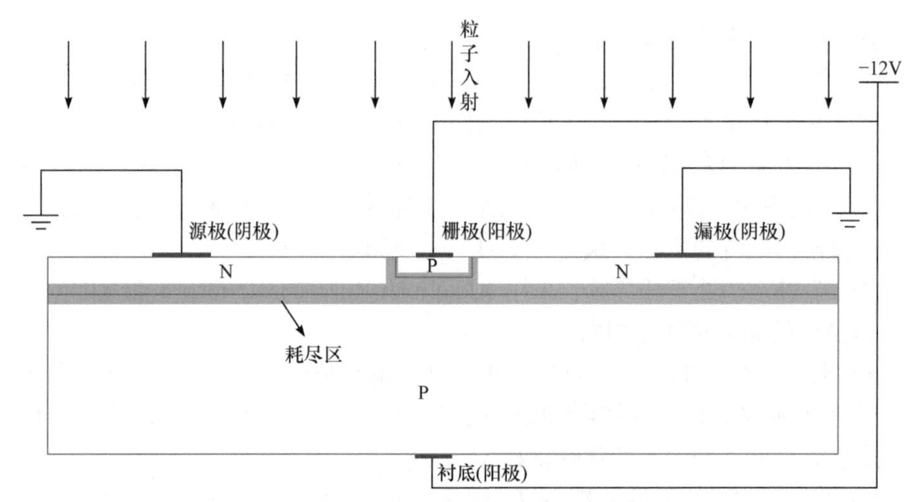

图 3-39　DG 模式下各个端口的电学连接状态及耗尽区的位置

实验中测量到的单个粒子入射引起的二极管反向电流信号包含快信号和慢信号。其中，快信号是电离过程引起的，慢信号是位移损伤过程引起的。入射粒子在二极管中以电离能量沉积和非电离能量沉积两种方式损失能量。其中，电离能量沉积将产生电子-空穴对，这些电荷将在电场作用下很快被分离并分别被阴极和阳极收集，引起一个瞬时电流脉冲，脉冲持续时间约数百皮秒。这个脉冲信号属于辐照实验中的快信号。入射粒子以非电离能量沉积方式损失的那部分能量产生位移损伤缺陷，导致二极管反向电流增加。由 3.2 节中缺陷长时间演化的 KMC 模拟结果可知，入射粒子产生了间隙原子和空位后，这些缺陷会发生各种形态的变化，经历成团、复合和分解等过程，而这个长时间的演化过程能够持续数百秒甚至更长的时间。因此，由辐射引起的体区位移损伤缺陷导致反向电流增加，形成实验中测量到的慢信号。分析实验数据时通过判断电流脉冲信号的持续时间及幅度来提取单粒子位移损伤电流的信息。Auden 等判断发生单粒子位移损伤的依据为慢信号的持续时间大于 75s，且 75s 时刻反向电流比脉冲产生前的电流高出 1.5fA 以上。满足该条件的信号在 75s 时刻的电流值为单粒子位移损伤产生的电流台阶值，如图 1-3 所示。

针对上述的实验，以 PAD1 二极管为研究对象，采用 3.3.1 小节提出的方法，计算 6 个 PAD1 在两种偏置模式下的单粒子位移损伤电流台阶值、单粒子位移损伤累积电流值及载流子产生率。计算之前需确定耗尽区体积、缺陷类型和数目与入射粒子种类和能量的关系，下面分别对这些参数的设定进行描述。

1) 耗尽区

二极管的几何结构和工艺参数如图 3-40 所示(为了与上述电场沿 x 方向变化的定义统一，将图中衬底与外延层之间的耗尽区内电场变化的方向设定为 x 方向，另外两个维度方向为 y 方向和 z 方向)。该二极管制作在尺寸约为 70μm×50μm 的 P 型衬底上，衬底的硼掺杂浓度为 $10^{16}cm^{-3}$；衬底上方生长一层 4μm 厚的 N 型外延层，砷掺杂浓度为 $10^{16}cm^{-3}$，外延层为 JFET 源区和漏区；外延层中间区域为深 2μm、宽 6μm 的 P+掺杂区，硼掺杂浓度为 $10^{17}cm^{-3}$，该区域为 JFET 栅区。器件的工作区上方覆盖厚度为 0.5μm 的 Si_3N_4 和厚度为 1μm 的 SiO_2。

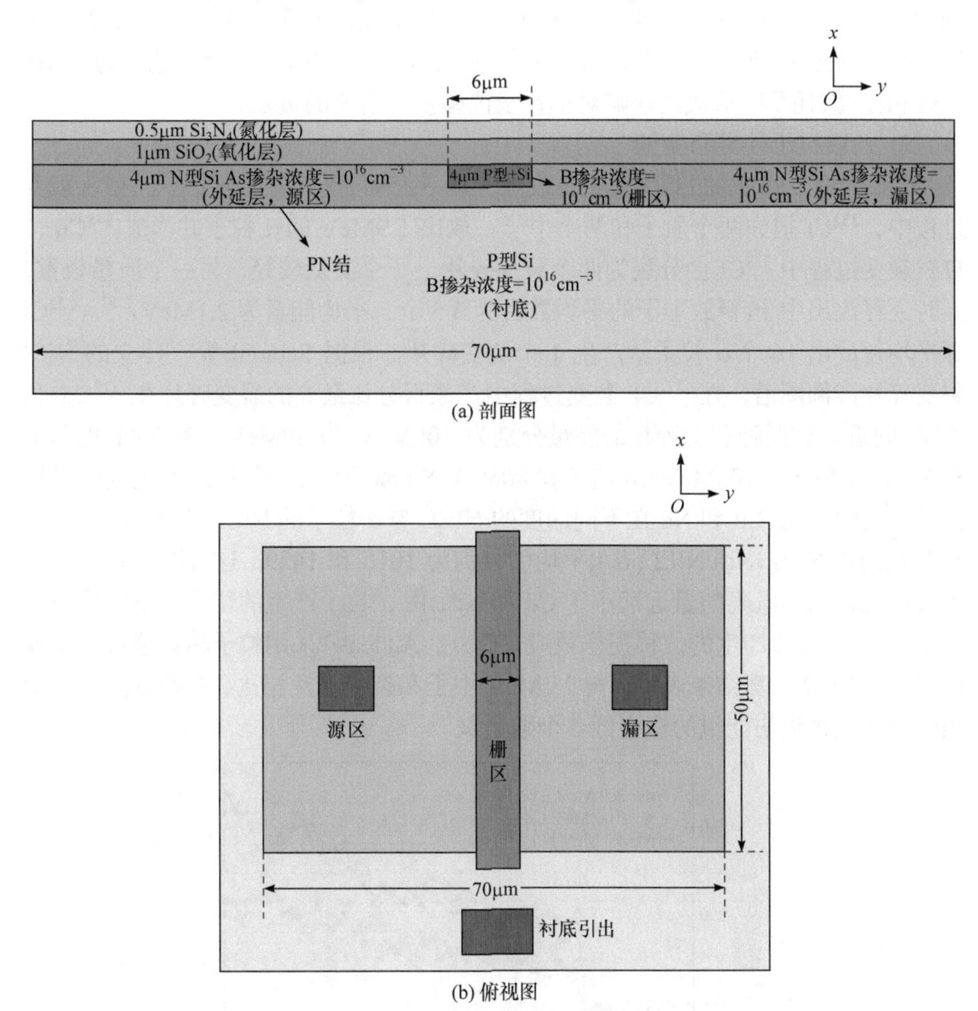

图 3-40　二极管的几何结构和工艺参数

DG 偏置模式下，由衬底和外延层之间形成的耗尽区面积约为 $3700μm^2$。将掺杂信息代入式(3-35)计算可知，由栅区和源区之间、栅区和漏区之间形成的耗尽层宽度约为 1.36μm，栅区掺杂浓度是源区和漏区的 10 倍，因此栅区一侧耗尽区的宽度为 0.1238μm，源区和漏区一侧的耗尽区宽度均为 1.238μm，z 方向上的宽度为 50μm，因此栅-源耗尽区和栅-漏耗尽区俯视面积之和为(1.36 + 1.36)μm × 50μm = 136μm^2。^{252}Cf 裂变放出的粒子从上方入射到二极管中时，入射到栅-源耗尽区和栅-漏耗尽区的概率与入射到外延层-衬底耗尽区的概率之比为 136μm^2/3700μm^2 = 0.0368。同理，DF 偏置模式下，入射到栅-源耗尽区的概率与入射到外延层-衬底耗尽区的概率之比为 1.36 × 50μm^2/2100μm^2 = 0.0324。当 ^{252}Cf 源发生衰变和裂变时，放出的粒子入射到二极管，入射粒子穿过外延层-衬底耗尽层的概率远远高于穿过栅-源耗尽区和栅-漏耗尽区的概率。为简化计算模型，忽略栅-源耗尽区和栅-漏耗尽区形成的缺陷对单粒子位移损伤电流的贡献。

2) 入射粒子种类和能量

^{252}Cf 源以 96.9%的概率发生 α 衰变，以 3.1%的概率自发裂变[77]。在 α 衰变过程中，^{252}Cf 损失两个质子和两个中子，放出 5.9MeV 的 α 粒子并形成 ^{248}Cm；自发裂变过程中 ^{252}Cf 会分裂为两个裂变碎片，一个质量较轻，另一个质量较重，同时还释放出中子(释放中子的平均数目为 3.5 个，平均能量为 2.1MeV)[78]。^{252}Cf 源平均每放出 16 个 α 粒子就产生 1 个裂变碎片。根据 Schmitt 等[79]建立的 ^{252}Cf 裂变碎片产额图谱，在 ^{252}Cf 裂变过程中产额百分比最高的裂变碎片在 ^{112}Cd 和 ^{144}Nd 附近，这两种裂变碎片的能量分别为 106MeV 和 80MeV。图 3-41 展示了 5.9MeV α 粒子、106MeV Cd 离子和 80MeV Nd 离子在二极管中的非电离能量损失随深度的变化。Cd 和 Nd 在不同深度的 NIEL 与 α 粒子的 NIEL 比值[NIEL(Cd)/NIEL(α)和 NIEL(Nd)/NIEL(α)]平均值分别为 1016 和 1429，这说明 α 粒子在二极管中沉积的非电离能量远远小于 Cd 和 Nd，由 α 粒子产生的位移损伤效应也远远小于 Cd 和 Nd 产生的位移损伤效应。此外，Auden[75]采用粒子输运蒙特卡罗模拟程序 MRED 计算结果表明，与 2.1MeV 中子和裂变碎片相比，在耗尽区中沉积相同量的位移损伤能量的概率低 6 个数量级。

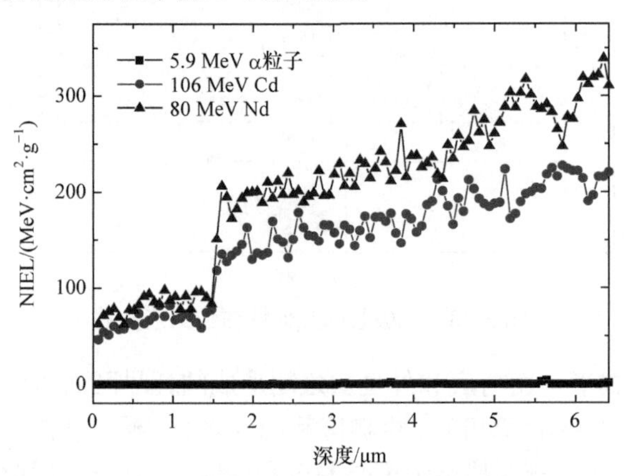

图 3-41 5.9MeV α 粒子、106MeV Cd 离子和 80MeV Nd 离子在二极管中的非电离能量损失随深度的变化

基于以上原因，在计算单粒子位移损伤电流台阶时，认为它们主要是由 ^{252}Cf 源放出的裂片碎片 106MeV Cd 和 80MeV Nd 引起的。因此，主要选取了这两种典型的裂变碎片进行计算。^{252}Cf 源自发裂变时，由于动量守恒，产生的两个裂变碎片向相反方向运动[80]。因此，^{252}Cf 裂变碎片引起的一个单粒子位移损伤电流台阶应由一个 Nd 离子或者一个 Cd 离子引起，而不能由二者同时入射引起。此外，由于放出的裂变碎片存在各向同性的特点，较轻的粒子和较重的粒子引起的单粒子位移损伤电流台阶的概率各为 50%。

3) 缺陷类型和数目

基于 3.2 节的内容可知，在 B 掺杂浓度为 $10^{16}cm^{-3}$ 时，室温下位移损伤缺陷经过长时间的演化，最终剩余的缺陷种类包括 I^{2+}、V_2、V_3、V_4、B_i、C_i 和 VO_i，以及其他处于缺陷团内的间隙原子和空位，其中，I^{2+}的能级和俘获截面参考了 Myers 等的参数[41,64]。

对于掺杂 As 的 N 型一侧耗尽区中缺陷的演化行为，除了 3.2 节介绍的间隙原子和空位，以及 C 和 O 相关的迁移行为及反应外，还包括间隙原子和空位与 As 相关的反应及参数。由于二极管中 N 型一侧 As 的掺杂浓度为 $10^{16}cm^{-3}$，远低于掺杂原子相关缺陷成团的典型浓度 $10^{18}cm^{-3}$，因此这里不考虑与 As 相关的缺陷成团行为，仅考虑间隙原子和空位与 As 发生的一次反应，相关反应式如下：

$$As_s + I \rightleftharpoons As_i \tag{3-50}$$

$$As_s + V \rightleftharpoons AsV \tag{3-51}$$

$$As_i + V \rightleftharpoons As_s \tag{3-52}$$

$$AsV + I \rightleftharpoons As_s \tag{3-53}$$

表 3-12 列出了与 As 相关缺陷的 KMC 模拟参数。其中，AsV 的相关参数参考了 Pinacho 等[81]的结果，AsI 的相关参数参考了 Harrison[82]的结果。表 3-12 中，E_v 表示价带能级。

表 3-12　与 As 相关的缺陷的 KMC 模拟参数[81,82]

缺陷类型	E_t/eV	E_b/eV	E_m/eV	$D_0/(cm^2 \cdot s^{-1})$
AsV^0	$E_v + 0.30$	1.3	1.3	2.1×10^{-3}
AsV^-	$E_v + 0.77$	1.6	1.6	2.1×10^{-4}
AsI^0	$E_v + 0.10$	0.59	0.15	4.0×10^{-3}
AsI^-	$E_v + 0.49$	0.72	0.42	4.0×10^{-3}

为了获得多种缺陷的数目与非电离能量损失之间的关系，采用 3.2 节提出的

多尺度模拟方法，对 300K 温度下非电离能量为 0.35keV、1.6keV、3.8keV、7.5keV、87.81keV、113.08keV 及 127.02keV PKA 产生的间隙原子和空位在 N 型 Cz-Si 和 P 型 Cz-Si 中的演化行为进行了模拟。在 KMC 模拟结果中取 75s 时刻的缺陷数目和种类用来计算 SPDD 电流台阶值。图 3-42 和图 3-43 分别示出了在 P 型 Si 和 N 型 Si 中 75s 时刻剩余缺陷的数目(数据点)。由图可见，这些缺陷与 PKA 的非电离能量呈线性关系。对缺陷数目进行线性拟合，获得 $N_t = a \times E_{dam} + b$ 中的拟合参数 a 和 b，从而确定 SPDD 电流计算流程第 4 步中位置为 x_i 处产生的非电离能量为 E_{dam} 的 PKA 产生的缺陷在 75s 时刻的数目。

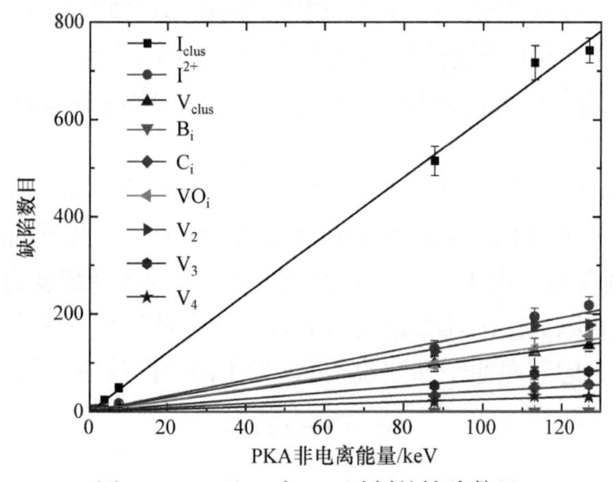

图 3-42 P 型 Si 中 75s 时刻的缺陷数目

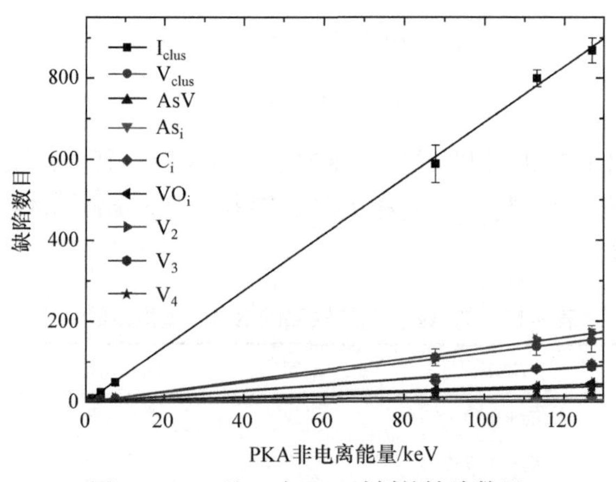

图 3-43 N 型 Si 中 75s 时刻的缺陷数目

类似地，为了计算单粒子位移损伤累积电流，从 P 型硅中缺陷的 KMC 模拟结果中取 6×10^5s 时刻(7d)的缺陷数目做线性拟合，如图 3-44 所示，为 P 型 Si 中 6×10^5s 时刻的缺陷数目与 PKA 非电离能量的关系。

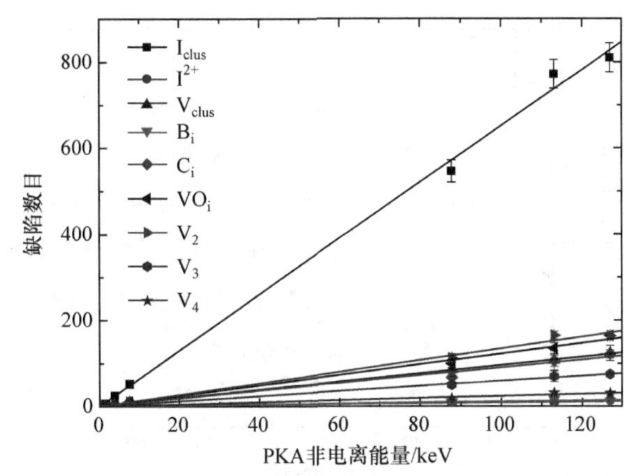

图 3-44　P 型 Si 中 6×10^5s 时刻的缺陷数目与 PKA 非电离能量的关系

由于 N 型硅中的初始点缺陷以 I^0、I^-、I^{2-}、V^0、V^-和 V^{2-}为主，这些点缺陷的迁移能非常低，在极短时间内就已经全部被其他陷阱俘获或者发生复合，75s 后缺陷形态和数目基本不再发生变化。因此，6×10^5s 时刻 N 型硅中的缺陷数目与非电离能量的关系式与 75s 时刻的相同。

2. 结果与讨论

1) 单粒子位移损伤电流台阶

基于 3.3.1 小节提出的计算流程和 3.3.2 小节中确定的计算参数，对典型裂变碎片 106MeV Cd 离子和 80MeV Nd 离子在 DF 偏置模式和 DG 偏置模式下的 6 个二极管中产生的 SPDD 电流台阶值进行了计算。图 3-45 展示了 80MeV Nd 和 106MeV Cd 在 DF#1 器件中引起的 SPDD 电流台阶计算结果。图 3-46 展示了 80MeV Nd 和 106MeV Cd 在 DG#1 器件中引起的 SPDD 电流台阶计算结果。

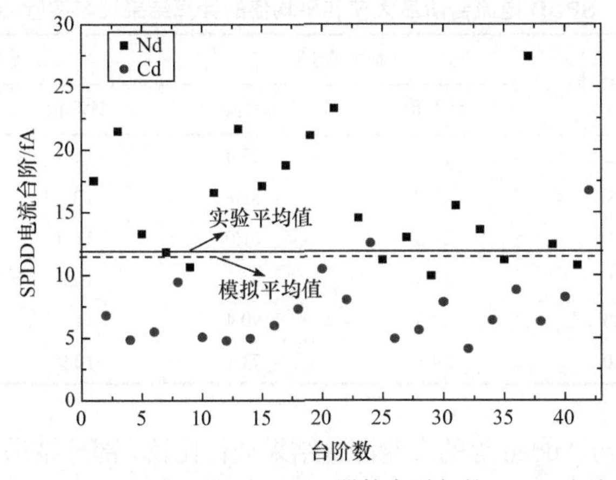

图 3-45　80MeV Nd 和 106MeV Cd 在 DF#1 器件中引起的 SPDD 电流台阶计算结果

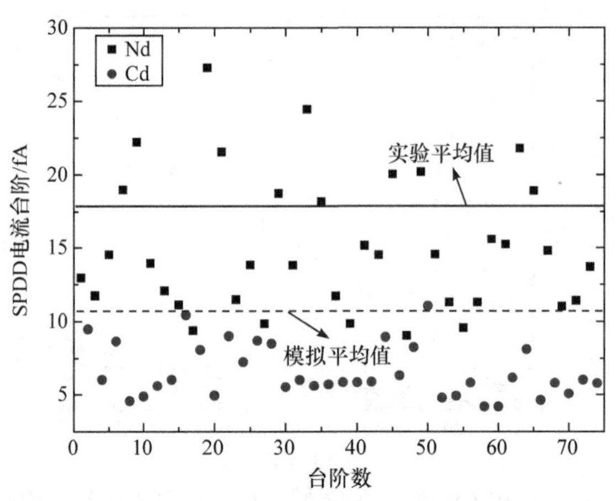

图 3-46 80MeV Nd 和 106MeV Cd 在 DG#1 器件中引起的 SPDD 电流台阶计算结果

结果表明，采用 3.3.1 小节和 3.3.2 小节提出的方法计算的 DF#1 二极管中单粒子位移损伤电流台阶值介于 4.1～27.4fA，模拟平均值为 11.6fA，与实验平均值 12.0fA 接近。在 DG#1 二极管中的单粒子位移损伤电流台阶值介于 4.2～27.3fA，模拟平均值为 10.8fA，比实验平均值 17.8fA 略小。总体上，由 Nd 引起的单粒子位移损伤电流台阶值比由 Cd 引起的大，这是由于 80MeV Nd 离子比 106MeV Cd 离子在耗尽区中沉积的非电离能量更多。

表 3-13 给出了 DF#1、DF#2、DF#3、DG#1、DG#2 和 DG#3 的 SPDD 电流台阶最大值和平均值的计算结果，并与 Auden 等的实验结果进行了比较。计算结果表明，DF 偏置条件下和 DG 偏置条件下 SPDD 电流台阶最大值介于 22.7～27.4fA，SPDD 电流平均值介于 10.7～11.6fA。本章方法计算的单粒子位移损伤电流平均值和最大值计算结果的一致性较好。

表 3-13 SPDD 电流台阶最大值和平均值的计算结果及与实验结果比较

器件编号	电流台阶数	最大值/fA		平均值/fA	
		计算值	实验值[75]	计算值	实验值[75]
DF#1	42	27.4	23.4	11.6	12.0
DF#2	48	22.7	81.8	10.7	19.6
DF#3	44	24.0	61.0	11.0	13.5
DG#1	73	27.3	64.3	10.8	17.8
DG#2	140	27.3	90.4	11.2	22.7
DG#3	100	24.5	73.1	10.9	20.3

将计算结果与 Auden 等的实验测量结果进行比较，部分结果与实验结果比较

符合，部分计算结果小于实验结果。经分析，认为计算结果与实验结果之间的差异可能来源于以下几个方面。首先，除了产额最高的 106MeV Cd 离子和 80MeV Nd 离子以外，^{252}Cf 发生裂变时有一定的概率产生更重的离子，更重的离子可能比 Cd 离子和 Nd 离子在耗尽区中沉积更多的非电离能量，在耗尽区中产生更多数目的缺陷，从而引起更大的 SPDD 电流。计算假定 ^{252}Cf 辐照过程中产生的 SPDD 电流主要是由 Cd 离子和 Nd 离子产生的，这一假设可能低估了裂变碎片在耗尽区内的非电离能量损失。其次，缺陷团内部的电荷转移机制可能引起载流子产生率的增加，由于目前关于缺陷团簇的内部电荷转移机制尚不明确，未能考虑这一因素引起的 SPDD 电流增加现象。最后，在计算单粒子位移损伤电流时采用的缺陷对载流子的俘获截面参数来源于对大量实验测量结果进行统计后选取的典型值[41,64]，可能是计算中选取的载流子俘获截面具有一定的不确定性，从而导致 SPDD 电流台阶的计算结果低于实验结果。

2) 单粒子位移损伤因子

为了评估辐照停止时二极管内累积的位移损伤效应，计算了各个二极管的单粒子位移损伤累积电流。^{252}Cf 持续辐照二极管 5～7d，在辐照过程中平均约 0.6h 发生一次单粒子位移损伤事件。当停止辐照时，几乎所有单粒子位移损伤电流的退火过程已经完成，缺陷形态趋于稳定。取 300K 温度下退火 6×10^5s 的缺陷数目 KMC 模拟结果，计算每个二极管中的单粒子位移损伤累积电流，见表 3-14。结果发现，DF 偏置条件下 SPDD 累积电流计算结果介于 373～385fA，DG 偏置条件下反向电流总增量计算结果介于 603～1203fA，与实验值差异不大。

表 3-14　SPDD 累积电流及损伤因子计算结果与实验结果比较

器件编号	通量Φ/cm^{-2}	入射离子数目 N_{ion}	SPDD 累积电流ΔI_{Rtot}/fA		损伤因子 DF/fA	
			计算值	实验值[75]	计算值	实验值[75]
DF#1	1.1×10^7	235	382	242	1.6	1.0
DF#2	1.4×10^7	294	385	417	1.3	1.4
DF#3	1.1×10^7	228	373	292	1.6	1.3
DG#1	1.2×10^7	436	603	605	1.4	1.4
DG#2	4.1×10^7	1512	1203	1826	0.79	1.3
DG#3	3.0×10^7	1115	826	1160	0.74	1.0

为了计算平均每个入射离子引起的单粒子位移损伤电流增量，定义裂变碎片的单粒子位移损伤因子(damage factor, DF)的表达式[75]$\mathrm{DF}=\Delta I_{Rtot}/N_{ion}$。其中，$\Delta I_{Rtot}$ 为 SPDD 累积电流，N_{ion} 为入射到二极管灵敏体积的离子总数目(包括裂变碎片和 α 粒子)。表 3-14 为 SPDD 累积电流及损伤因子计算结果与实验结果的比较。结果表明，单粒子位移损伤因子介于 0.74～1.6fA，与实验结果 1.0～1.4fA 基本相符。

3) 载流子产生率增量

为了进一步验证单粒子位移损伤电流计算方法的合理性，基于式(3-48)计算了单位通量离子在耗尽区中引起的载流子产生率的变化，并与实验值进行对比。图 3-47 为 ^{252}Cf 辐照条件下单位通量离子引起的载流子产生率的变化与 NIEL 的关系，计算得到单位通量离子在耗尽区中引起的载流子的变化量为$(4.28\pm1.35)\times10^7\text{cm}^{-3}\cdot\text{s}^{-1}$，与 Auden[75]根据实验计算的结果相符。图中还给出了 Srour 等[83]总结的 42 个硅器件在 300K 辐照条件下获得的单位通量引起的载流子产生率变化的实验结果及其提出的普适暗电流损伤因子模型(直线)，由图可见本小节计算的结果与该模型预估的结果一致。

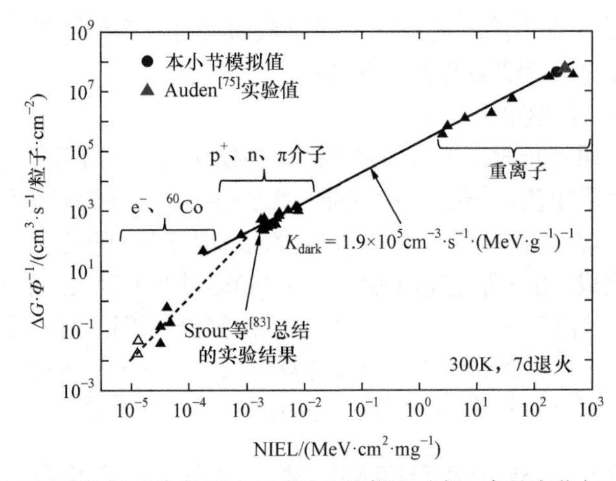

图 3-47 ^{252}Cf 辐照条件下单位通量离子引起的载流子产生率的变化与 NIEL 的关系

4) 高电场对单粒子位移损伤效应的影响

本部分讨论不考虑电场增强效应和考虑电场增强效应的计算结果之间的差异。表 3-15 给出了不考虑电场增强效应时 SPDD 电流台阶值计算结果。表 3-15 中还给出了考虑电场增强效应计算的电流台阶值(I_{SPDD1})与不考虑电场增强效应时计算的电流台阶值(I_{SPDD2})比值的平均值，用$\overline{I_{\text{SPDD1}}/I_{\text{SPDD2}}}$表示。对比表 3-14 与表 3-15 的数据可知，在这 6 个二极管中，I_{SPDD1}均比I_{SPDD2}大，$\overline{I_{\text{SPDD1}}/I_{\text{SPDD2}}}$介于 1.61～1.66，不考虑电场增强效应时将低估 SPDD 电流台阶值，考虑电场增强效应是必要的。

表 3-15　不考虑电场增强效应时 SPDD 电流台阶值计算结果

器件编号	$\overline{I_{SPDD}}$ /fA	$\max(I_{SPDD})$/fA	$\overline{I_{SPDD1}/I_{SPDD2}}$
DF#1	7.22	17.9	1.61
DF#2	6.48	12.6	1.66
DF#3	6.76	14.8	1.63
DG#1	6.55	16.1	1.64
DG#2	6.90	16.2	1.63
DG#3	6.80	15.1	1.63

注：$\overline{I_{SPDD}}$ 表示 I_{SPDD} 的平均值，$\max(I_{SPDD})$表示 I_{SPDD} 的最大值。

单粒子位移损伤事件中一种比较极端的情况是，入射的重离子在耗尽层的高电场区产生一个能量较高的 PKA，产生大量缺陷，该区域的电场增强效应促进了载流子从缺陷能级的发射过程，造成的结果是引起一个大的 SPDD 电流值。电场增强载流子发射效应引起的器件电学响应是 SPDD 电流增加，而微观层面上电场增强效应的本质是使一个缺陷能级变为两个有效的缺陷能级。下面对该现象进行分析。

缺陷能级在禁带中的位置对载流子产生率的影响十分显著。图 3-48 展示了 $\sigma_n = \sigma_p$ 时归一化载流子产生率 G/G_0 与 $(E_t - E_i)/k_BT$ 的关系。由图可知，当 $E_t - E_i = 0$ 时，载流子产生率最高；随着 E_t 远离 E_i，载流子产生率下降。当 $E_t - E_i = 3k_BT$ 时，G/G_0 为 0.099，与载流子产生率峰值相比，载流子产生率下降约 90%；当 $E_t - E_i = 6k_BT$ 时，G/G_0 为 0.005，载流子产生率下降约 99.5%。这说明处于禁带中心位置的缺陷是最有效的载流子热产生中心，而当缺陷能级逐渐远离禁带中心时，缺陷能级对载流子产生率的贡献急剧减小。

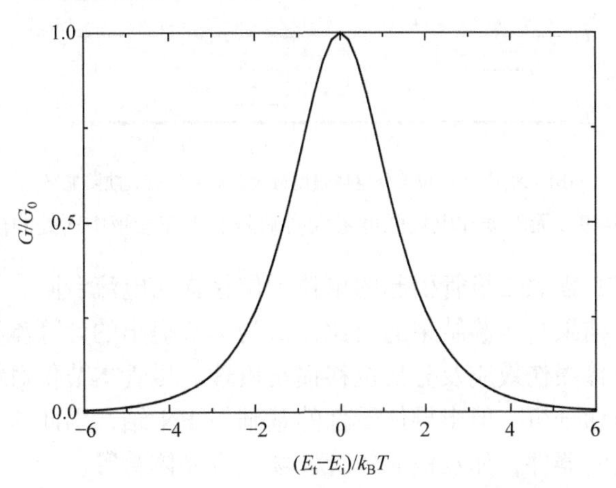

图 3-48　$\sigma_n = \sigma_p$ 时 G/G_0 与 $(E_t - E_i)/k_BT$ 的关系

设 PN 结位置 $x=0$ ，该位置处电场强度达到最大值。因此，PN 结附近的载流子发射势垒降低量最大，采用式(3-42)计算可得势垒降低量最大值 $\delta E_{\mathrm{act}}(\xi_{\mathrm{m}})$ 为 0.0825eV。当电场强度发生变化时，缺陷能级的位置会如何变化呢？以 I、V_2、C_i 和 VO_i 为例，图 3-49 展示了无电场和电场强度最大时缺陷能级在禁带中所处的位置。无电场时，I^0 缺陷能级 $E_t - E_i$ 小于 $3k_BT$ ，而 V_2、C_i 及 VO_i 缺陷能级与 E_i 之差大于 $3k_BT$ 。当缺陷处于电场强度最大的位置时，一个缺陷能级变成了两个有效缺陷能级，发射电子的能级[在图 3-49(b)中用短虚线表示]与导带的距离减小了 $\delta E_{\mathrm{act,n}}(\xi_{\mathrm{m}})$ ，发射空穴的能级[在图 3-49(b)中用长虚线表示]与价带间的距离减小了 $\delta E_{\mathrm{act,p}}(\xi_{\mathrm{m}})$ ，此时有效缺陷能级与 E_i 的差小于 $3k_BT$ 的缺陷包括 I^0 和 V_2，而原本远离禁带中心的 C_i 和 VO_i 变成两个有效缺陷能级后，仍然远离禁带中心，因此它们对产生率的贡献仍然是较小的。但当电场强度更大时，有可能使原本远离禁带中心的缺陷能级更加靠近禁带中心，使其成为有效的载流子产生中心。

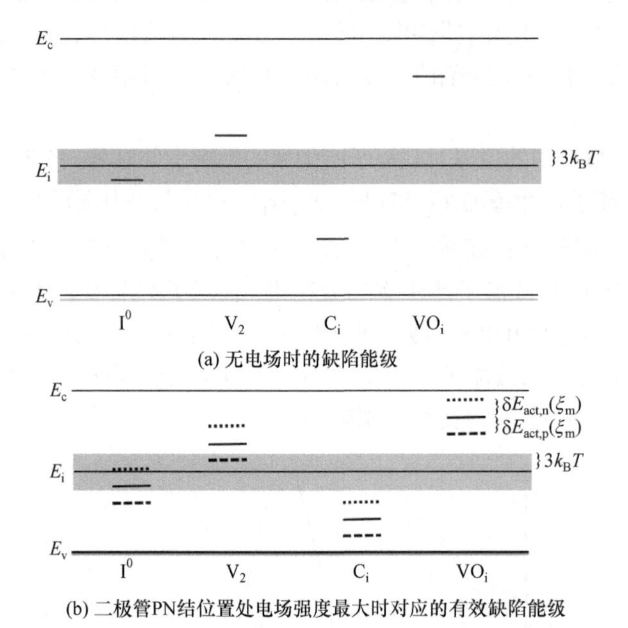

图 3-49　无电场和电场强度最大时缺陷能级在禁带中所处的位置

通过对 ^{252}Cf 辐照二极管引起的单粒子位移损伤电流台阶、累积电流及载流子产生率的计算结果与实验结果的对比，认为本节提出的计算流程可用于模拟硅器件的单粒子位移损伤效应及分析位移损伤机理。尽管本节仅对结构较为简单的二极管进行模拟和分析，但半导体器件的基础是 PN 结，因此这里提出的方法可推广至更为复杂的器件，如双极晶体管、场效应晶体管等。

3.4 本章小结

本章开展了多尺度模拟方法在硅单粒子位移损伤效应研究中的应用，主要结论如下：

(1) 研究了 1keV～1GeV 的 H、He、C、O、Si 及 Kr 入射硅产生的初级撞出原子(primary knock-on atoms，PKA)的能量分布及位移损伤能量份额。结果表明，这几种典型离子在硅中产生的 PKA 的平均能量均在 2keV 以下，96.61%以上的 PKA 能量小于 10keV。此外，采用分子动力学(molecular dynamics，MD)方法研究了 10keV 以下能量的 PKA 在不同温度条件下的离位级联过程。结果表明，由 PKA 产生的缺陷数目与位移损伤能量呈近似线性关系；高温在级联碰撞阶段促进了晶格原子离位，在缺陷的初期演化阶段促进了点缺陷复合，最终导致高温下缺陷成团的比例比低温下的更高。

(2) 提出了一种 MD 和 KMC 结合的多尺度模拟方法，研究了硅中位移损伤缺陷的长时间演化行为。结果表明，由单粒子入射产生的 PKA 引起的位移损伤缺陷演化可分为 3 个阶段：阶段Ⅰ($1\times10^{-11}\text{s} \leqslant t < 2\times10^{-3}\text{s}$)中大量点缺陷迁移并被缺陷团俘获，引起缺陷团的生长；阶段Ⅱ($2\times10^{-3}\text{s} \leqslant t < 2\times10^{2}\text{s}$)中缺陷团内部的大量间隙原子和空位发生复合，缺陷团发生完全退火或分解为小缺陷团；阶段Ⅲ($t \geqslant 2\times10^{2}\text{s}$)中小缺陷团缓慢发射点间隙原子或点空位，缺陷数目整体趋于稳定。此外，推导了多种缺陷在光电二极管中引起的暗电流增长的计算公式，在此基础上计算了单粒子位移损伤电流的退火因子，明确了单粒子位移损伤引起的暗电流变化与缺陷微观参数变化之间的关系。

(3) 提出一种重离子在硅中引起的单粒子位移损伤电流的计算方法，并对 ^{252}Cf 源辐照条件下的超低泄漏电流二极管的单粒子位移损伤效应进行了模拟。结合二体碰撞理论、分子动力学方法、动力学蒙特卡罗方法、Shockley-Read-Hall 复合理论、电场增强载流子发射效应相关理论、Akkerman-Robinson-Lindhard 能量配分函数及已报道的缺陷相关参数，建立了位移损伤引起的电学参数退化量与入射粒子类型、能量、器件工艺参数、器件偏置条件及缺陷参数之间的联系。结果表明，采用本章提出的方法计算的单粒子位移损伤电流台阶值、二极管反向电流总增量及单位通量离子辐照引起的载流子产生率增量与实验结果一致，说明该方法可用于评估硅器件的单粒子位移损伤效应。

本章提出的单粒子位移损伤计算方法可用于研究单粒子位移损伤效应在硅器件中引起的电学性能退化，揭示退火过程与位移损伤缺陷微观参数之间的关系，具有重要的学术意义和应用价值。

参 考 文 献

[1] MILLER L A, BRICE D K, PRINJA A K, et al. Displacement-threshold energies in Si calculated by molecular dynamics[J]. Physical Review B, 1994, 49(24): 16953-16964.

[2] SAYED M, JEFFERSON J H, WALKER A B, et al. Computer simulation of atomic displacements in Si, GaAs, and AlAs[J]. Nuclear Instruments and Methods in Physics Research B: Beam Interactions with Materials and Atoms, 1995, 102(1): 232-235.

[3] SANTOS I, MARQUES L A, PELAZ L. Modeling of damage generation mechanisms in silicon at energies below the displacement threshold[J]. Physical Review B, 2006, 74(17): 174115.

[4] STOLLER R E, TOLOCZKO M B, WAS G S, et al. On the use of SRIM for computing radiation damage exposure[J]. Nuclear Instruments and Methods in Physics Research B: Beam Interactions with Materials and Atoms, 2013, 310(11): 75-80.

[5] NORGETT M J, ROBINSON M T, TORRENS I M. A proposed method of calculating displacement dose rates[J]. Nuclear Engineering & Design, 1975, 33(1): 50-54.

[6] LINDHARD J, NIELSEN V, SCHARFF M, et al. Integral equations governing radiation effects[J]. Matematisk-fysiske Meddelelser, 1963, 33(10): 1-42.

[7] ROBINSON M T. Basic physics of radiation damage production[J]. Journal of Nuclear Materials, 1994, 216(10): 1-28.

[8] AKKERMAN A, BARAK J. New partition factor calculations for evaluating the damage of low energy ions in silicon[J]. IEEE Transactions on Nuclear Science, 2006, 53(6): 3667-3674.

[9] AKKERMAN A, BARAK J. Partitioning to elastic and inelastic processes of the energy deposited by low energy ions in silicon detectors[J]. Nuclear Instruments and Methods in Physics Research B: Beam Interactions with Materials and Atoms, 2007, 260(2): 529-536.

[10] SATTLER A R. Ionization produced by energetic silicon atoms within a silicon lattice[J]. Physical Review, 1965, 138(6A): A1815-A1821.

[11] PLIMPTON S. Fast parallel algorithms for short-range molecular-dynamics[J]. Journal of Computational Physics, 1995, 117(1): 1-19.

[12] TERSOFF J. Empirical interatomic potential for silicon with improved elastic properties[J]. Physical Review B, 1988, 38(14): 9902-9905.

[13] FARRELL D E, Bernstein N, Liu W K. Thermal effects in 10keV Si PKA cascades in 3C-SiC[J]. Journal of Nuclear Materials, 2009, 385(3): 572-581.

[14] STUKOWSKI A. Visualization and analysis of atomistic simulation data with OVITO—The open visualization tool[J]. Modelling & Simulation in Materials Science & Engineering, 2010, 18(1): 1185-1188.

[15] NORDLUND K, GHALY M, AVERBACK R S, et al. Defect production in collision cascades in elemental semiconductors and fcc metals[J]. Physical Review B, 1998, 57(13): 7556-7570.

[16] JARAIZ M, GILMER G H, POATE J M, et al. Atomistic calculations of ion implantation in Si: Point defect and transient enhanced diffusion phenomena[J]. Applied Physics Letters, 1996, 68(3): 409-411.

[17] JARAIZ M, PELAZ L, RUBIO E, et al. Atomistic modeling of point and extended defects in crystalline materials[J]. MRS Proceedings, 1998, 532: 43-53.

[18] RUBIA T D D L, CATURLA M J, ALONSO E A, et al. The primary damage state and its evolution over multiple

length and time scales: Recent atomic-scale computer simulation studies[J]. Radiation Effects and Defects in Solids, 1999, 148(1): 95-126.

[19] CATURLA M J, DÍAZ D L R T, JARAIZ M, et al. Atomic scale simulations of arsenic ion implantation and annealing in silicon[J]. MRS Online Proceeding Library, 1995, 396: 45-50.

[20] RUBIA T D D L, GILMER G H. Structural transformations and defect production in ion implanted silicon: A molecular dynamics simulation study[J]. Physical Review Letters, 1995, 74(13): 2507-2510.

[21] VOSKOBOINIKOV R E, OSETSKY Y N, BACON D J. Computer simulation of primary damage creation in displacement cascades in copper. I. Defect creation and cluster statistics[J]. Journal of Nuclear Materials, 2008, 377(2): 385-395.

[22] GAO F, WEBER W. Atomic-scale simulation of 50 keV Si displacement cascades in beta-SiC[J]. Physical Review B, 2001, 63(5): 811-820.

[23] SROUR J R, PALKO J W. A framework for understanding displacement damage mechanisms in irradiated silicon devices[J]. IEEE Transactions on Nuclear Science, 2006, 53(6): 3610-3620.

[24] PELAZ L, MARQUES L A, BARBOLLA J. Ion-beam-induced amorphization and recrystallization in silicon[J]. Journal of Applied Physics, 2004, 96(11): 5947-5976.

[25] RAINE M, GOIFFON V, PAILLET P, et al. Exploring the kinetics of formation and annealing of single particle displacement damage in microvolumes of silicon[J]. IEEE Transactions on Nuclear Science, 2014, 61(6): 2826-2833.

[26] GOIFFON V, VIRMONTOIS C, MAGNAN P, et al. Radiation damages in CMOS image sensors: Testing and hardening challenges brought by deep sub-micrometer CIS processes[J]. Proceedings of SPIE—The International Society for Optical Engineering, 2010, 7826(2): 78261S.

[27] VIRMONTOIS C, GOIFFON V, MAGNAN P, et al. Similarities between proton and neutron induced dark current distribution in CMOS image sensors[J]. IEEE Transactions on Nuclear Science, 2012, 59(4): 927-936.

[28] AGOSTINELLI S, ALLISON J, AMAKO K, et al. GEANT4: A simulation toolkit[J]. Nuclear Instruments and Methods in Physics Research A: Accelerators Spectrometers Detectors and Associated Equipment, 2003, 506(3): 250-303.

[29] IAEA. International Atomic Energy Agency Nuclear Data Service [Z].

[30] MARTIN-BRAGADO I, PINACHO R, CASTRILLO P, et al. Physical modeling of Fermi-level effects for decanano device process simulations[J]. Materials Science & Engineering B, 2004, 114(49): 284-289.

[31] MARTIN-BRAGADO I, CASTRILLO P, JARAIZ M, et al. Fermi-level effects in semiconductor processing: A modeling scheme for atomistic kinetic Monte Carlo simulators[J]. Journal of Applied Physics, 2005, 98(5): 053709.

[32] Synopsys Sentaurus TCAD [EB/OL]. (2013-03-15). https://www.synopsys.com.

[33] XU Y, LIU C, LI Y, et al. Multivacancy clusters in neutron - irradiated silicon[J]. Journal of Applied Physics, 1995, 78(11): 6458-6460.

[34] LIBERTINO S, COFFA S, BENTON J L, et al. Formation, evolution and annihilation of interstitial clusters in ion implanted Si[J]. Nuclear Instruments and Methods in Physics Research Section B: Beam Interactions with Materials and Atoms, 1999, 148(1-4): 247-251.

[35] MADHU K V, KUMAR R, RAVINDRA M, et al. Investigation of deep level defects in copper irradiated bipolar junction transistor[J]. Solid-State Electronics, 2008, 52: 1237-1243.

[36] JUNKES A. Influence of radiation induced defect clusters on silicon particle detectors[D]. Hamburg: Hamburg University, 2011.

[37] WATKINS G D, CORBETT J W, Mcdonald R S. Diffusion of oxygen in silicon[J]. Journal of Applied Physics, 1982, 53(10): 7097-7098.

[38] NEEDS R J. First-principles calculations of self-interstitial defect structures and diffusion paths in silicon[J]. Journal of Physics: Condensed Matter, 1999, 11(50): 10437-10450.

[39] MARTIN-BRAGADO I, RIVERA A, VALLES G, et al. MMonCa: An object kinetic monte carlo simulator for damage irradiation evolution and defect diffusion[J]. Computer Physics Communications, 2013, 184(12): 2703-2710.

[40] GUO D, MARTIN-BRAGADO I, HE C, et al. Modeling of long-term defect evolution in heavy-ion irradiated 3C-SiC: Mechanism for thermal annealing and influences of spatial correlation[J]. Journal of Applied Physics, 2015, 116(20): 204901.

[41] MYERS S M, COOPER P J, WAMPLER W R. Model of defect reactions and the influence of clustering in pulse-neutron-irradiated Si[J]. Journal of Applied Physics, 2008, 104(4): 044507.

[42] HAKALA M, PUSKA M J, NIEMINEN R M. Theoretical studies of interstitial boron defects in silicon[J]. Physica B: Condensed Matter, 1999, 273(24): 268-270.

[43] VORONKOV V V, FALSTER R, LONDOS C A. The annealing mechanism of the radiation-induced vacancy-oxygen defect in silicon[J]. Journal of Applied Physics, 2012, 111(11): 113530.

[44] LONDOS C A, POTSIDI M S, STAKAKIS E. Carbon-related complexes in neutron-irradiated silicon[J]. Physica B: Condensed Matter, 2003, 340(24): 551-555.

[45] LONDOS C A. Carbon-related radiation damage centres and processes in p-type Si[J]. Semiconductor Science & Technology, 1998, 5(7): 645-648.

[46] MATTONI A, BERNARDINI F, COLOMBO L. Self-interstitial trapping by carbon complexes in crystalline silicon[J]. Physical Review B, 2002, 66(19): 248.

[47] PELAZ L, MARQUÉS L A, ABOY M, et al. Front-end process modeling in silicon[J]. European Physical Journal B, 2009, 72(3): 323-359.

[48] ISHIKAWA T, KOGA K, ITAHASHI T, et al. Photoluminescence from triplet states of isoelectronic bound excitons at interstitial carbon-intersititial oxygen defects in silicon[J]. Physica B: Condensed Matter, 2009, 404(23-24): 4552-4554.

[49] KIM S G, PAIK U, PARK J G. Extended defects and pile-up of interstitial oxygen in silicon wafer due to MeV-level nitrogen ion implantation[J]. Japanese Journal of Applied Physics, 2004, 43(10): 6854-6857.

[50] BOSOMWORTH D R, WATKINS G D. Absorption of oxygen in silicon in the near and the far infrared[J]. Proceedings of the Royal Society A Mathematical Physical & Engineering Sciences, 1970, 317(1528): 133-152.

[51] CHRONEOS A, SGOUROU E N, LONDOS C A, et al. Oxygen defect processes in silicon and silicon germanium[J]. Applied Physics Reviews, 2015, 2(2): 021306.

[52] LONDOS C A, SGOUROU E N, HALL D, et al. Vacancy-oxygen defects in silicon: The impact of isovalent doping[J]. Journal of Materials Science Materials in Electronics, 2014, 25(6): 2395-2410.

[53] MAKARENKO L F, KORSHUNOV F P, LASTOVSKII S B, et al. DLTS studies of carbon related complexes in irradiated n- and p-silicon[J]. Solid State Phenomena, 2009, 156-158: 155-160.

[54] ABDULLIN K A, MUKASHEV B N. Vacancy defects in silicon single crystals bombarded at 77K[J]. Semiconductors, 1995, 29: 169-174.

[55] BUNEAT M M, FASTENKO P, DUNHAM S T. Atomistic simulations of damage evolution in silicon[J]. MRS Proceedings, 1999, 568: 135-140.

[56] CHAN H Y, SRINIVASAN M P, BENISTANT F, et al. Continuum modeling of post-implantation damage and the effective plus factor in crystalline silicon at room temperature[J]. Thin Solid Films, 2006, 504(1): 269-273.

[57] WATTS S J, MATHESON J, HOPKINS-BOND I H, et al. A new model for generation-recombination in silicon depletion regions after neutron irradiation[J]. IEEE Transactions on Nuclear Science, 1997, 43(6): 2587-2594.

[58] MARQUÉS L A, PELAZ L, ABOY M, et al. Microscopic description of the irradiation-induced amorphization in silicon[J]. Physical Review Letters, 2003, 91(13): 135504.

[59] PELAZ L, MARQUES L A, ABOY M, et al. Atomistic modeling of amorphization and recrystallization in silicon[J]. Applied Physics Letters, 2003, 82(13): 2038-2040.

[60] MOK K R C, JARAIZ M, MARTIN-BRAGADO I, et al. Ion-beam amorphization of semiconductors: A physical model based on the amorphous pocket population[J]. Journal of Applied Physics, 2005, 98(4): 046104.

[61] SONEDA N, RUBIA T D D L. Defect production, annealing kinetics and damage evolution in α-Fe: An atomic-scale computer simulation[J]. Philosophical Magazine A, 1998, 78(5): 995-1019.

[62] DOMAIN C, BECQUART C S, MALERBA L. Simulation of radiation damage in Fe alloys: An object kinetic Monte Carlo approach[J]. Journal of Nuclear Materials, 2004, 335(1): 121-145.

[63] XU D, WIRTH B D, LI M, et al. Defect microstructural evolution in ion irradiated metallic nanofoils: Kinetic Monte Carlo simulation versus cluster dynamics modeling and in situ transmission electron microscopy experiments[J]. Applied Physics Letters, 2012, 101: 101905.

[64] HEHR B D. Analysis of radiation effects in silicon using kinetic Monte Carlo methods[J]. IEEE Transactions on Nuclear Science, 2014, 61(6): 2847-2854.

[65] HOU M, SOUIDI A, BECQUART C S, et al. Relevancy of displacement cascades features to the long term point defect cluster growth[J]. Journal of Nuclear Materials, 2008, 382(2-3): 103-111.

[66] SOUIDI A, HOU M, BECQUART C S, et al. On the correlation between primary damage and long-term nanostructural evolution in iron under irradiation[J]. Journal of Nuclear Materials, 2011, 419(1-3): 122-133.

[67] SROUR J R, PALKO J W. Displacement damage effects in irradiated semiconductor devices[J]. IEEE Transactions on Nuclear Science, 2013, 60(3): 1740-1766.

[68] HERMANSSON J, MURIN L I, HALLBERG T, et al. Complexes of the self-interstitial with oxygen in irradiated silicon[J]. Physica B: Condensed Matter, 1990, 37(3): 383-394.

[69] YERITSYAN H N, SAHAKYAN A A, GRIGORYAN N E, et al. Clusters of radiation defects in silicon crystals[J]. Journal of Modern Physics, 2015, 6: 1270-1276.

[70] SGOUROU E N, TIMERKAEVA D, LONDOS C A, et al. Impact of isovalent doping on the trapping of vacancy and interstitial related defects in Si[J]. Journal of Applied Physics, 2013, 113(11): 113506.

[71] AUDEN E C, WELLER R A, SCHRIMPF R D, et al. Effects of high electric fields on the magnitudes of current steps produced by single particle displacement damage[J]. IEEE Transactions on Nuclear Science, 2013, 60(6): 4094-4102.

[72] 刘恩科. 半导体物理学[M]. 北京: 电子工业出版社, 2011.

[73] FRENKEL J. On pre-breakdown phenomena in insulated and electronic semiconductors[J]. Physical Review, 1938, 54(8): 647-648.

[74] SROUR J R, HARTMANN R A. Enhanced displacement damage effectiveness in irradiated silicon devices[J]. IEEE Transactions on Nuclear Science, 1989, 36(6): 1825-1830.

[75] AUDEN E C. Heavy ion-induced single particle displacement damage in silicon[D]. Nashville: Vanderbilt University, 2013.

[76] AUDEN E C, WELLER R A, MENDENHALL M H, et al. Single particle displacement damage in silicon[J]. IEEE Transactions on Nuclear Science, 2012, 59(6): 3054-3061.

[77] ALEKSANDROV B M, BAK M A, BOGDANOV V G, et al. On the spontaneous fission half-life of ^{252}Cf[J]. Atomic Energy, 1970, 28: 462-463.

[78] CRANE W W T, HIGGINS G H, BOWMAN H R. Average number of neutrons per fission for several heavy-element nuclides[J]. Physical Review, 1956, 101(6): 1804-1805.

[79] SCHMITT H W, KIKER W E, WILLIAMS C W. Precision measurements of correlated energies and velocities of ^{252}Cf fission fragments[J]. Physical Review, 1965, 137(4B): 837-847.

[80] 屈丛会, 黎光武, 徐家云, 等. 裂变碎片核发射中子能谱及角分布的模拟计算[J]. 原子能科学技术, 2008, 42(6): 481-484.

[81] PINACHO R, JARAIZ M, CASTRILLO P, et al. Modeling arsenic deactivation through arsenic-vacancy clusters using an atomistic kinetic Monte Carlo approach[J]. Applied Physics Letters, 2005, 86(25): 252103.

[82] HARRISON S A. First principles modeling of arsenic and fluorine behavior in crystalline silicon during ultrashallow junction formation[D]. Austin: The University of Texas at Austin, 2006.

[83] SROUR J R, LO D H. Universal damage factor for radiation-induced dark current in silicon devices[J]. IEEE Transactions on Nuclear Science, 2000, 47(6): 2451-2459.

第 4 章　多尺度模拟方法在砷化镓材料位移损伤研究中的应用

经过半个多世纪发展，GaAs 材料因其高电子迁移率、较宽的禁带宽度和高转换效率等优秀性能在空间环境、粒子加速器等辐射环境中获得广泛应用[1-3]，包括晶体管、串联太阳电池、光电探测器、光调制器、激光器[4]、GaAs 发光二极管(LED)[5]、低噪声放大器(LNA)[6]等。随着 5G 网络天地一体化、无线互联网等新应用发展[6, 7]，结合异质结技术[1]，在 GaAs 金属半导体场效应管(MESFET)的基础上发展出各种不同的 GaAs 基器件：高电子迁移率晶体管(HEMT)、赝配高电子迁移率晶体管(pHEMT)、改变结构的高电子迁移率晶体管(mHEMT)和异质结双极型晶体管(HBT)等[7]。GaAs 基多结太阳电池逐渐成为空间环境中的可靠能源系统，结合多结技术，其太阳能转化效率可达 40%以上[8-10]。然而，空间环境中 GaAs 基太阳电池也因其相较于其他种类器件更大的尺寸遭受更严重的辐照损伤。多项研究[3, 11-18]表明，长时间暴露在高能质子辐照环境下的累积位移损伤效应导致 GaAs 基太阳电池输出性能逐渐下降。

GaAs 材料中位移损伤效应的研究主要集中在微纳米空间尺度和皮秒量级的时间尺度[19, 20]、器件宏观性能与非电离能量损失(non-ionizing energy loss，NIEL)的关系[14]等方面，还未建立起辐照缺陷长时间演化的多尺度模拟工作。本章采用初级离位损伤、离位级联的分子动力学模拟和辐照缺陷的长时间动态蒙特卡罗模拟等方法构成的多尺度模拟路线，模拟分析质子在 GaAs 材料中产生位移损伤的过程，获取辐照缺陷从微观到宏观时间尺度上的演化细节，为更全面深入地理解辐照缺陷对 GaAs 材料相关性质及 GaAs 太阳电池等器件宏观性能的影响提供理论基础。

4.1　质子在 GaAs 中初级离位碰撞模拟

本节采用二体碰撞近似理论模拟质子在 GaAs 中的初级离位碰撞，主要使用 Geant4 软件包进行两部分模拟：质子入射 GaAs 全射程模拟、质子垂直入射太阳电池单元。本节旨在获得质子入射 GaAs 所得 PKA 的种类及能谱。

4.1.1 物理模型

1. 非电离能量损失

对于单粒子效应，常用线性能量转移(LET)来估算，而对于位移损伤效应，一般采用非电离能量损失(NIEL)进行描述。NIEL 表示在给定材料中单位注量的入射粒子通过单位质量厚度时产生原子位移，损失的非电离能量(单位：$\mathrm{MeV \cdot cm^2 \cdot g^{-1}}$)，也是单位质量厚度下靶吸收的能量[21]。

$$\mathrm{NIEL} = \frac{N_{\mathrm{A}}}{A}\sum_i \sigma_i(E) E_{\mathrm{dam}}(T) = \frac{E_{\mathrm{dam}}(T)}{\rho h} \tag{4-1}$$

式中，N_{A} 为阿伏伽德罗常数；A 为靶原子质量数；$\sigma_i(E)$ 为 i 原子的反应截面；$E_{\mathrm{dam}}(T)$ 为能量为 T 的反冲原子对应位移损伤效应的能量；ρ 为靶材料密度；h 为材料厚度。

$E_{\mathrm{dam}}(T)$ 使用 Robinson[22]和 Akkerman 等[23, 24]修正的 Linhard 分离函数计算可得：

$$E_{\mathrm{dam}}(T) = \frac{T}{1 + k_{\mathrm{d}} g(\varepsilon_{\mathrm{d}})} \tag{4-2}$$

$$k_{\mathrm{d}} = \frac{0.0793 Z_1^{2/3} Z_2^{1/2} (A_1 + A_2)^{3/2}}{(Z_1^{2/3} + Z_2^{2/3})^{3/4} A_1^{3/2} A_2^{1/2}} \tag{4-3}$$

$$\varepsilon_{\mathrm{d}} = \frac{T}{30.724 Z_1 Z_2 \sqrt{Z_1^{2/3} + Z_2^{2/3}} (1 + A_1 / A_2)} \tag{4-4}$$

$$g(\varepsilon_{\mathrm{d}}) = \begin{cases} \varepsilon_{\mathrm{d}} + 0.40244 \varepsilon_{\mathrm{d}}^{3/4} + 3.4008 \varepsilon_{\mathrm{d}}^{1/6} & (T > 200\mathrm{keV}) \\ 0.742 \varepsilon_{\mathrm{d}} + 1.6812 \varepsilon_{\mathrm{d}}^{3/4} + 0.90565 \varepsilon_{\mathrm{d}}^{1/6} & (T \leqslant 200\mathrm{keV}) \end{cases} \tag{4-5}$$

式中，Z_1 和 A_1 为 PKA 的原子序数及质量数；Z_2 和 A_2 为靶原子的原子序数及质量数。对于化合物而言，原子序数和质量数取化合物组成元素的加权平均数，即

$$Z_{2,\mathrm{average}} = \frac{\sum_i n_i Z_i}{\sum_i n_i} \tag{4-6}$$

$$A_{2,\mathrm{average}} = \frac{\sum_i n_i A_i}{\sum_i n_i} \tag{4-7}$$

式中，n_i 为元素 i 在化合物中的原子密度。

2. 验证物理模型

采用 Geant4 软件包中的 QGSP_BIC 标准物理列表(PhysicalList)和库仑屏蔽模

型描述质子与 GaAs 材料之间相互作用的过程[25]。其中，QGSP_BIC 标准物理列表主要包括纯强子部分(弹性散射、非弹性散射及俘获)、电磁相互作用和衰变等，每个部分采用一系列截面集合及相互作用模型构建。QGSP_BIC 标准物理模型能够较好地描述能量在 100TeV 以下质子与材料之间的相互作用。但 QGSP_BIC 标准物理模型对于低能弹性碰撞的描述精确度较差，因此通过添加修正 G4EmStandardPhysics_ option4 物理列表进行更好的描述。

上述修正物理列表通过继承 Marcus 等开发的 G4ScreenedNuclearRecoil 基类描述质子与靶原子之间的库仑相互作用[26]。Weller 等[27]的工作验证了上述模型计算质子入射 GaAs 等材料的 NIEL 准确性和可靠性。因此，在进行相关模拟工作前，本节采用薄靶近似法[28]验证模拟所用物理模型以及相关程序的可靠性。该方法采用入射质子最大射程的十分之一作为质子入射方向上的厚度构建材料为 GaAs 的薄靶，薄靶的长宽尺寸为该厚度的 10 倍，计算不同能量质子在相应薄靶内的 NIEL。该方法可以有效避免入射粒子在材料中的慢化对单能粒子 NIEL 计算的影响，同时可以获得足够多的数据以获得统计性良好的结果。表 4-1 给出由 SRIM 软件[29]计算所得不同能量质子在 GaAs 材料中的射程。

表 4-1　不同能量质子在 GaAs 材料中的射程

能量/MeV	1	10	20	50	100	200	300
射程/mm	0.01168	0.42308	1.38	6.79	22.78	74.87	146.85

图 4-1 比较了本节计算值与 Insoo 等[30]的研究中 1～100 MeV 质子在 GaAs 中的 NIEL。两者结果基本吻合，验证了本节所采用的物理模型能够很好地描述该能

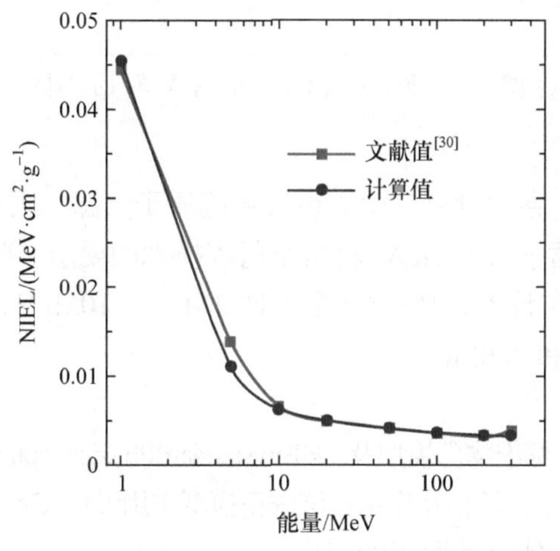

图 4-1　1～100MeV 质子在 GaAs 中的 NIEL 计算值与文献值

量范围内的质子与 GaAs 材料之间的相互作用。NIEL 随入射质子能量增加呈指数型下降趋势，表明低能质子产生位移损伤的能力大于高能质子。这与低能质子的弹性散射截面比高能质子大的规律一致。

4.1.2　质子入射 GaAs 材料全射程模拟

1. 建模及模拟方案

本小节主要通过以下模块设置进行相关模拟研究，包括系统的几何结构及相应材料的构建、粒子源的建立、涉及的粒子与材料发生的相互作用即物理列表(PhysicsList)和抽取关键信息过程等。

1) 几何结构及材料

图 4-2 为质子入射 GaAs 全射程模拟示意图。定义 GaAs 块体材料的厚度，即图 4-2 中较小长方体在 z 轴方向的长度，稍大于表 4-1 中不同能量质子在 GaAs 材料中的射程。该设置保证不同能量的质子将全部能量沉积在 GaAs 块体材料中以完成全射程模拟。GaAs 块体材料在 xOy 面上的尺寸为 50mm× 50mm。将所构建的 GaAs 块体材料放置于真空“世界”中。

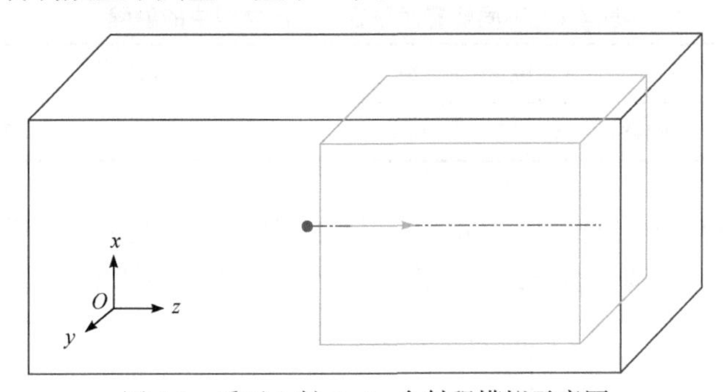

图 4-2　质子入射 GaAs 全射程模拟示意图

2) 粒子源

如图 4-2 所示，在“世界”中心设置单能质子点源，入射方向以 z 轴为正方向。点源即可达到质子入射 GaAs 材料全射程模拟的要求。模拟粒子数为 10^7 个，确保结果具有良好统计性，质子能量选取 1MeV、10MeV、20MeV、50MeV、100MeV、200MeV 和 300MeV。

3) 物理列表

采用 QGSP_BIC 标准物理模型及 G4EmStandardPhysics_option4 修正物理列表模拟不同能量的质子与 GaAs 的相互作用；该修正模型采用继承 G4ScreenedNuclearRecoil 类的对象精细描述低能反冲原子的产生。

4) 抽取关键信息

在每次模拟(Run)的每个粒子入射事件(Event)输运过程中的每一步进行统计，通过式(4-1)可以获得非电离能量损失(NIEL)。记录每个 Step 中产生的 PKA 种类、位置、动能，以及非电离能量损失等信息。通过进一步的处理获得更深入的信息。

2. 结果与讨论

1) PKA 种类与占比

图 4-3 给出了不同能量质子入射 GaAs 产生的 PKA 数量及主要种类 PKA 的占比。随入射质子能量的增加，PKA 数量呈快速上升趋势，反应道逐渐打开。在低能阶段，质子入射 GaAs 材料主要发生弹性碰撞，产生的 PKA 主要是 Ga 和 As 原子；当能量增加时，开始出现其他反应产物，PKA 种类快速增加。当能量增大到 100MeV 时，Ga-PKA 及 As-PKA 仍然占据主导地位。但此时核反应产物达到上千种，主要为中子、质子及 α 粒子。此时，除上述五种 PKA，其他种类 PKA 不超过 4%。当质子能量达到 300MeV 时，中子、质子和 α 粒子的总和已经占据 50%以上，同时核反应产生的其他种类 PKA 达到约 13%。在质子能量较低阶段占据主导地位的 Ga-PKA/As-PKA 数量显著下降。

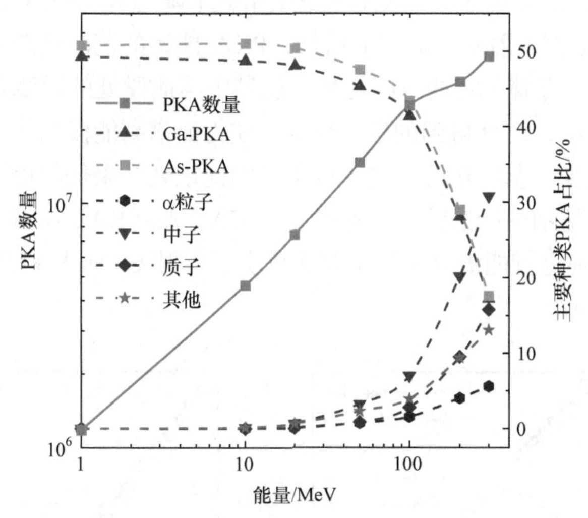

图 4-3　不同能量质子入射 GaAs 产生的 PKA 数量及主要种类 PKA 占比

2) PKA 能谱分析

由于 BCA 理论限制[25]，本节中的 PKA 能谱分析均仅考虑能量大于 1keV 以上的 PKA。图 4-4 为不同能量质子入射 GaAs 全射程模拟所得 PKA 能谱。

该能谱为分别除以 PKA 数量及能量间隔归一化所得，即能谱内区间间隔对应的 PKA 占比除以区间长度所得，故纵轴单位为 keV^{-1}。本节中所有能谱的区间

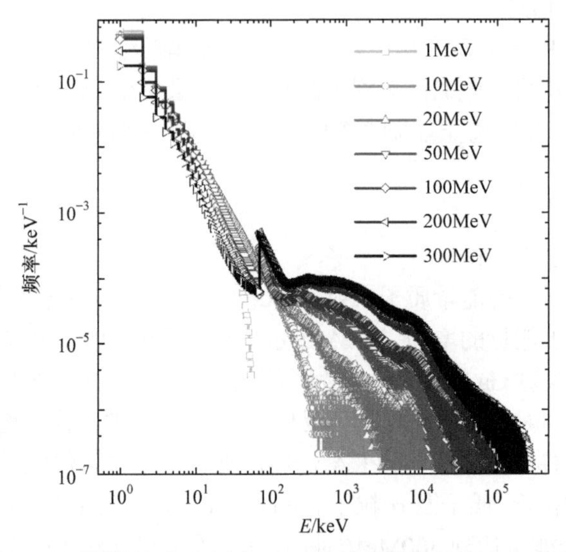

图 4-4　不同能量质子入射 GaAs 全射程模拟所得 PKA 能谱
E-能量

间隔均为 1keV。图 4-4 表明 PKA 能谱呈指数下降趋势，PKA 能量主要集中在 200keV 以下。随着入射质子能量的增加，PKA 能谱的范围逐渐延伸，同时低能段能谱(< 200keV)有着一定的下降趋势。能谱中高能段处的谱线跳变主要是发生该类反应截面较小，统计得到的事件较少，使得能谱高能段的统计性变差。但该处所占的份额较少，基本在万分之一以下，因此该处结果仍然可以定性分析相关结果。为给出更精细的能谱信息，选取 Ga-PKA、As-PKA、α 粒子、中子及质子等主要 PKA 分别进行能谱分析。不同能量质子入射 GaAs 材料产生的主要 PKA 能谱如图 4-5 所示。

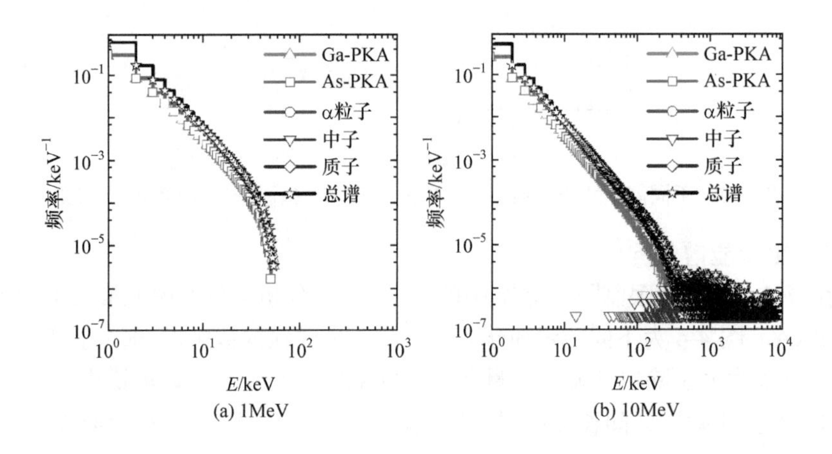

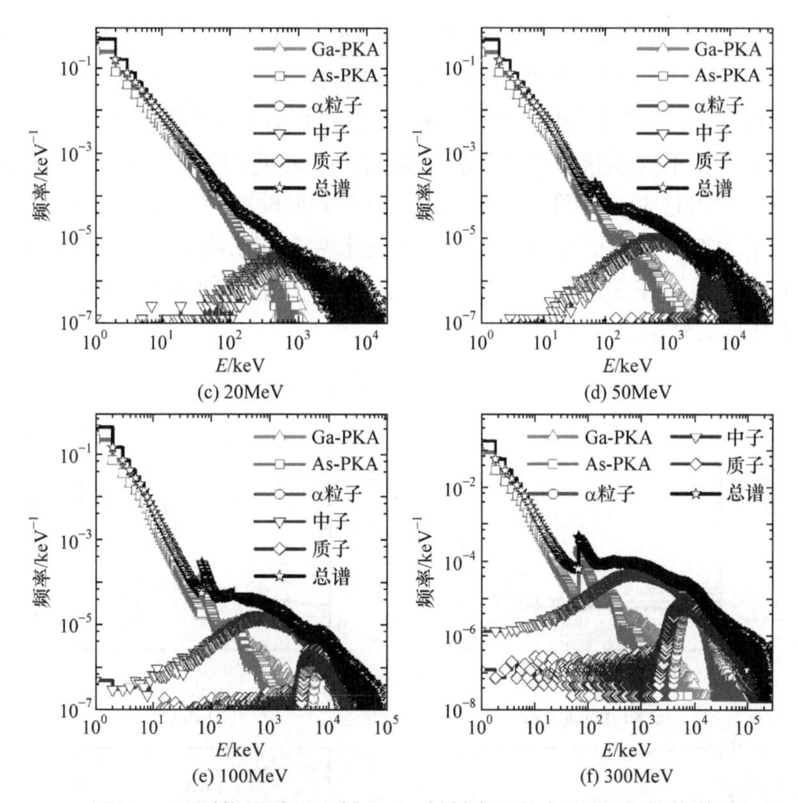

(c) 20MeV　(d) 50MeV　(e) 100MeV　(f) 300MeV

图 4-5　不同能量质子入射 GaAs 材料产生的主要 PKA 的能谱

Ga-PKA 和 As-PKA 的能谱基本一致，在总 PKA 能谱低能段占据主导地位。当质子能量增加，PKA 中中子所占份额逐渐增加，基本出现在全能量范围，并与仅在高能段出现的质子和 α 粒子对高能段 PKA 能谱贡献主要影响。入射质子能量在 20MeV 以下时，PKA 能谱由 Ga-PKA 和 As-PKA 贡献主要影响，当入射质子能量大于 20MeV 时，中子和质子的贡献逐渐增大。随着入射质子能量增加，Ga-PKA 的最大能量不断增加直到 3MeV 左右，可以在统计意义上认为基本没有 3MeV 以上 Ga-PKA；对于 As-PKA，该上限在 1MeV 左右。中子能谱的峰值在 0.75MeV 左右；质子能谱主要在 3MeV 以上，峰值大约在 6MeV；α 粒子能谱与质子能谱类似，峰值在 8MeV 左右，同时半高宽比质子 PKA 能谱稍小。

3) PKA 数目及 NIEL 深度分布分析

图 4-6 为不同能量质子入射 GaAs 材料的 NIEL 及 PKA 数量在入射方向上的深度分布。图 4-6(a)给出了 NIEL 在质子入射方向随深度变化的趋势，在不同能量质子的射程末端 NIEL 均存在布拉格(Bragg)峰现象，与带电粒子在材料发生相互作用时能量损失理论相符合。同时，随着质子能量的增加，NIEL 整体呈下降趋

势。这与图 4-1 中所得结论一致。图 4-6(b)～(d)分别为 1MeV、10MeV 和 100MeV 质子入射 GaAs 材料产生的 PKA 数量及 NIEL 在质子入射方向随深度变化趋势。图 4-6 中 PKA 数量在投影射程上的分布采用统计区间的长度进行归一化，因此其单位为 μm^{-1}。在不同能量质子的射程末端均产生大量 PKA，与非电离能量损失的布拉格峰现象相对应。从图 4-6(b)～(d)可以看到两峰的位置基本一致。但随着入射质子能量增加，射程前端 NIEL 值与射程末端布拉格峰处 NIEL 峰值之间的差距逐渐变小；甚至在 300MeV 能量下，高能质子在射程前端的 NIEL 已经超过射程末端 NIEL 的峰值。

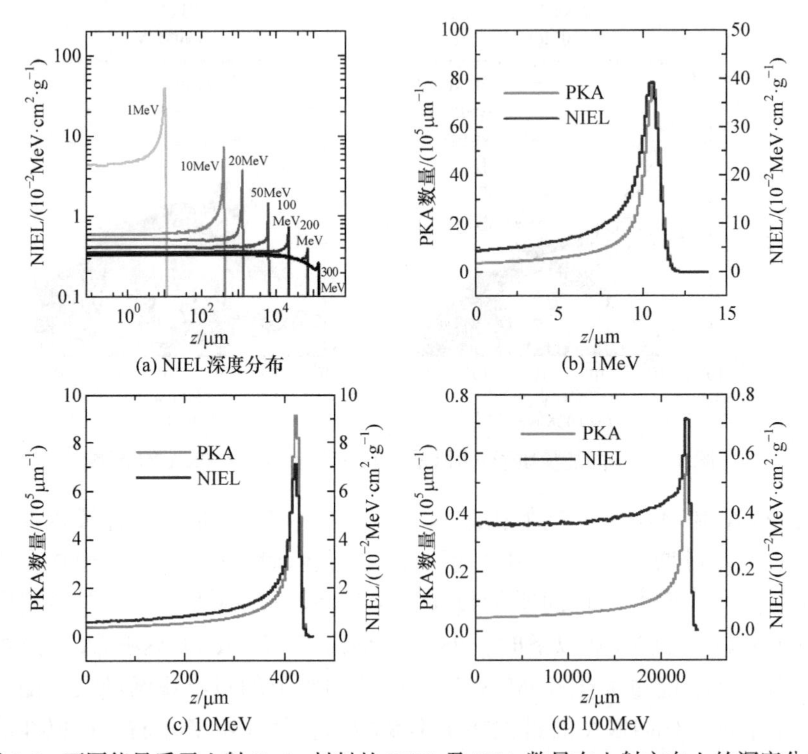

图 4-6　不同能量质子入射 GaAs 材料的 NIEL 及 PKA 数量在入射方向上的深度分布

4.1.3　质子垂直入射 GaAs 太阳电池模拟

1. 建模及模拟方案

1) 几何模型

图 4-7 为质子入射 GaAs 太阳电池单元模拟体系示意图及单结 GaAs 太阳电池剖面结构。图 4-7(a)为质子入射 GaAs 太阳电池单元模拟体系示意图，根据颜媛媛等的砷化镓太阳能结构构建单结 GaAs 太阳电池单元模型[13]如图 4-7(b)所示，

图 4-7(b)中给出了模型的相关材料及厚度信息，电池单元的尺寸为 1.0cm× 1.0cm。将所建 GaAs 太阳电池单元放置于“世界”中，使得 z 轴垂直穿过电池各层结构。由于衬底中的位移损伤对器件的性能影响较小，同时考虑衬底与上层结构的界面区域，因此本节设置电池单元上部 6.31μm 的区域为敏感区域，其中包括电极(前)、窗口层、发射极、基极、缓冲层(BSF)、隧穿层及衬底层上部 3μm 区域。本节的结果均基于该敏感区域进行分析。

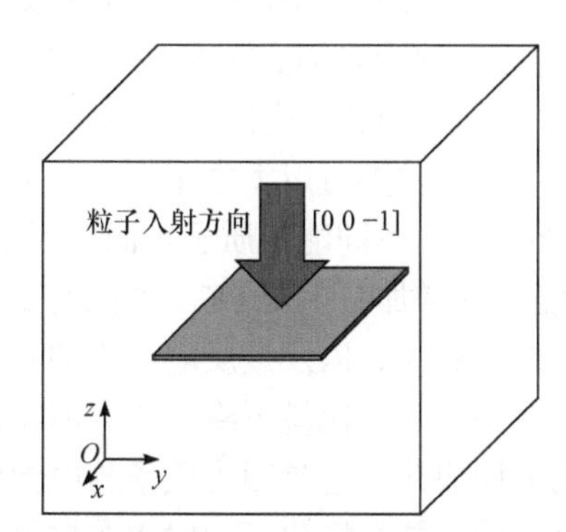

(a) 质子入射GaAs太阳电池单元模拟体系示意图

200nm

Au	电极(前)	
P-AlInP	窗口层	50nm
P-GaAs	发射极	100nm
N-GaAs	基极	3μm
$Al_{0.4}GaAs$	BSF	100nm
GaAs	隧穿层	60nm
GaAs	衬底	300μm
Au	电极(背)	200nm

(b) 单结GaAs太阳电池剖面结构

图 4-7　模拟体系示意图及单结 GaAs 太阳电池剖面结构[13]

2) 粒子源

如图 4-7(a)所示，在“世界”中的 xOy 面上设置单能质子均匀面源，入射方向为 z 轴，面源尺寸为(x, y) = 1.0cm× 1.0cm。模拟粒子数为 10^9 个，等效注量为 $1.0\times 10^9\text{cm}^{-2}$。入射质子能量从 1～300MeV 选取。由于 GaAs 太阳电池单元的厚度相较于其表面尺寸小几个量级，因此可以简化模型，仅模拟质子垂直于电池单元表面入射。调整面源在 z 轴方向上的位置及对应入射方向，使得质子分别从电池正面和背面垂直入射电池单元。

2. 结果与讨论

1) PKA 种类及占比

根据 4.1.2 中模拟所得，器件敏感区域的厚度大约为 1MeV 质子在 GaAs 材料中射程的一半，器件的总厚度接近 10MeV 质子的射程，因此对于空间中的太阳电池，正反两个方向入射的高能质子位移损伤敏感性必然不同。图 4-8(a)给出不同能量质子通过电池单元正面和背面垂直入射时在敏感区内产生的 PKA 数量。与全射程模拟相反，质子入射太阳电池单元产生的 PKA 数量随质子能量增加呈指数下降趋势。同时，对于敏感区而言，在质子正面入射时，1MeV 的质子产生的 PKA 数量最多；因为质子正面入射电池时发生的相互作用类似全射程模拟中的射程最前端，所以随质子能量增加，所沉积的能量如 4.1.2 小节所述相应减小，从而使得产生的 PKA 数量呈指数趋势下降。当质子从电池背面入射时，带电粒子在材料中的射程歧离使得质子在射程末端的布拉格峰与敏感区部分相交或将敏感区全部纳入布拉格峰。因此，如图 4-8(a)所示，当质子能量小于 7MeV 时，敏感区内几乎没有 PKA 产生；8～20MeV 能量的质子在敏感区产生的 PKA 比对应正面入射情况下最高多 4 倍以上；当质子能量大于 20MeV 时，质子入射方向对 PKA 数量的影响已经可以忽略不计。图 4-8(b)为不同能量质子正面入射在 GaAs 太阳电池敏感区内产生的主要 PKA 种类及占比。由于电池中除 Ga 和 As 之外的其他元素在敏感区内的比例很小，因此与全射程模拟相比，两者产生的主要 PKA 种类基本相同。由于从电池背面入射的质子产生的 PKA 种类可以类推正面入射下较低能量质子产生的PKA种类和占比，仅在图4-8(b)给出不同能量质子正面入射GaAs太阳电池产生的主要 PKA 占比。随着质子能量的增加，主要 PKA 占比的变化趋势与 4.1.2 中模拟结果基本一致，中子、质子、α 粒子，以及核反应产生的其他种类 PKA 占比呈增加趋势，Ga/As/Al/In/P/Au 的 PKA 占比呈下降趋势。但相对全射程模拟，上述趋势随质子能量的增加变化更加快速。这是因为质子与电池的相互作用主要为全射程模拟中射程前端的部分，质子能量慢化不到发生布拉格现象的阶段。

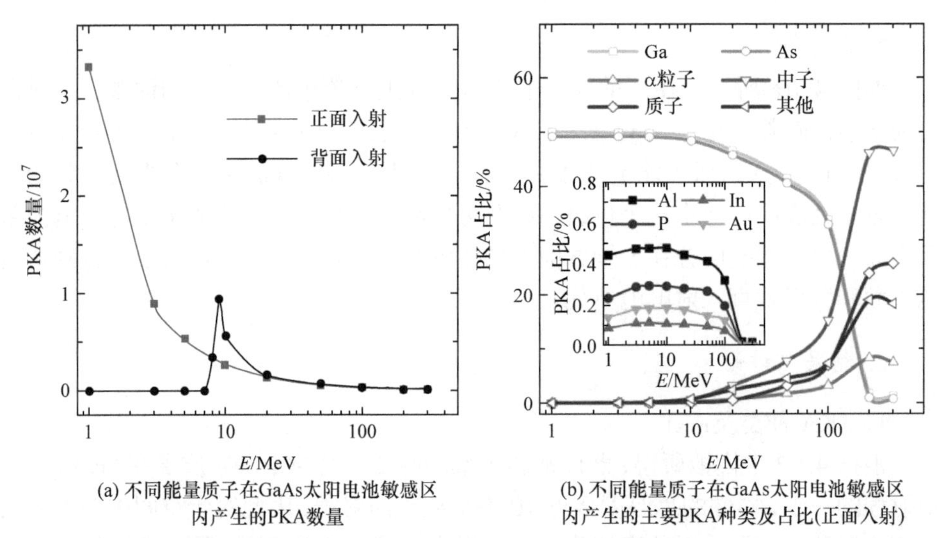

(a) 不同能量质子在GaAs太阳电池敏感区内产生的PKA数量

(b) 不同能量质子在GaAs太阳电池敏感区内产生的主要PKA种类及占比(正面入射)

图 4-8 不同能量质子在 GaAs 太阳电池敏感区内产生的 PKA 数量及主要 PKA 种类占比

2) PKA 能谱分析

图 4-9(a)给出不同能量质子正面入射 GaAs 太阳电池单元所得总 PKA 能谱。质子能量在 100MeV 以下时，大部分 PKA 能量小于 70keV，PKA 占比在该低能

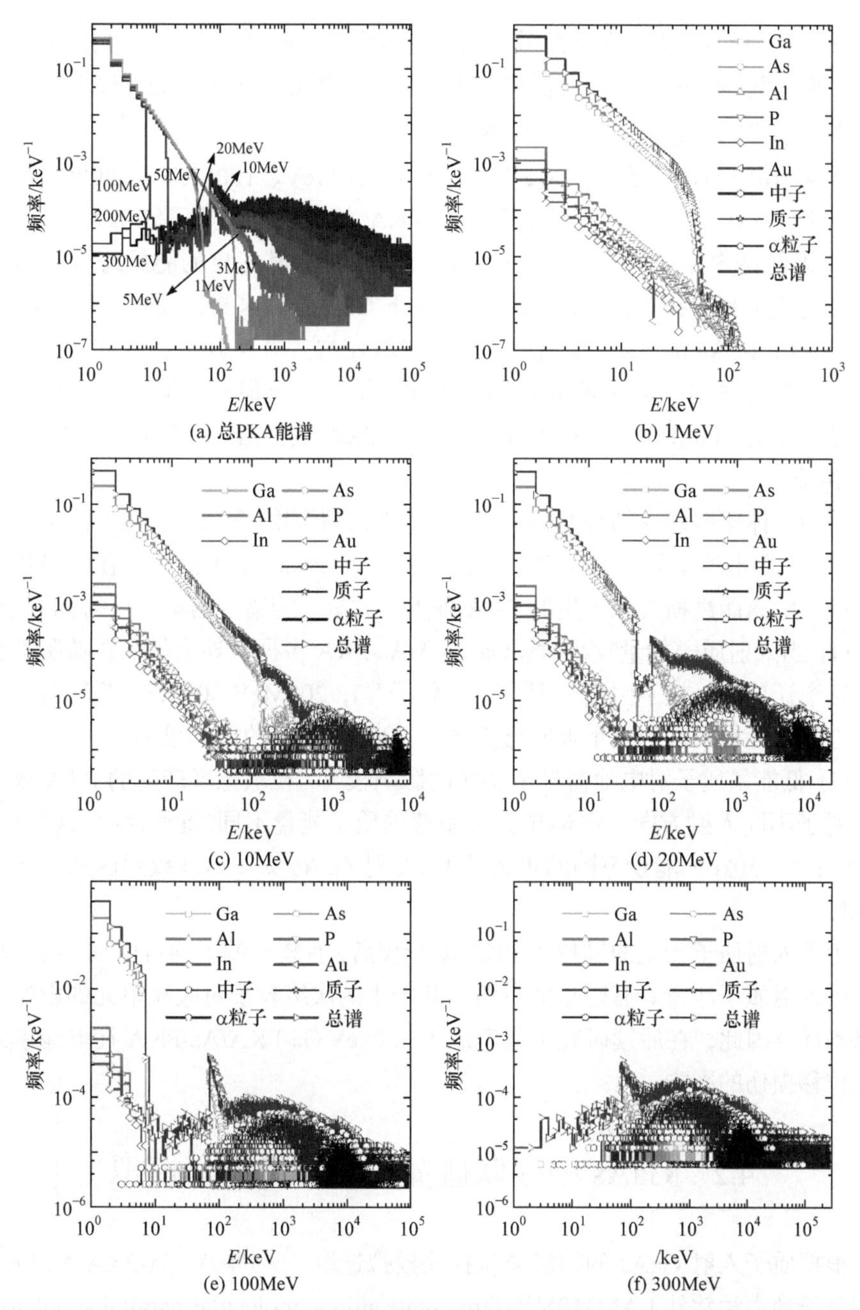

图 4-9　不同能量质子在 GaAs 太阳电池单元敏感区内产生的 PKA 能谱(正面入射)

量区域呈指数下降趋势。当质子能量大于 200MeV 时，70keV 以上由核反应产生的 PKA 占据主导地位。随着质子能量的增加，能谱的最大范围相应延伸；同时，约从 20MeV 开始，质子在器件敏感区内发生弹性碰撞等反应产生的 PKA 逐渐减少，表现为随能量增加不断向低能量方向推移，并最终在 200MeV 以上入射质子时，频率下降到万分之一 keV^{-1} 以下。

图 4-9(b)～(f)分别给出 1MeV、10MeV、20MeV、100MeV 和 300MeV 质子正面入射 GaAs 太阳电池所得主要种类 PKA 的能谱。当质子能量大于 10MeV 时，PKA 能谱中存在中子、质子及 α 粒子的贡献，其各自的能量跨度及相应的峰值区与全射程模拟类似。不同质子能量下 Ga-PKA/As-PKA 的能谱基本一致，同时比 Al/P/In/Au 的 PKA 能谱均大两个量级左右。当入射质子能量增加，由弹性碰撞等相互作用产生的低能量PKA占比逐渐减少至很小的量级(约 10^{-5} 量级)。在质子能量为 300MeV 时，所产生的重粒子 PKA 主要由核反应产生的较高能量 PKA 组成。

采用二体碰撞理论结合蒙特卡罗方法研究了不同能量的质子在 GaAs 体材料及 GaAs 太阳电池单元中的碰撞过程，获得了 1～300MeV 单能质子在材料及电池单元中非电离能量损失和产生的 PKA 种类、数量、能谱等信息。可得如下结论：

(1) 当入射质子能量较小时，Ga-PKA/As-PKA 占据主导地位，并随质子能量增加逐渐让位于轻粒子(中子、质子、α 粒子等)；200MeV/300MeV 等高能质子在太阳电池单元敏感区内发生弹性碰撞产生重离子 PKA 的概率很小。

(2) 低能量质子对电池器件敏感区的影响较大，在敏感区产生的 PKA 数量较多，对于不同入射方向，电池单元最敏感的质子能量不同(质子背面入射时约为 9MeV)；1～50keV 能量范围的重离子 PKA 对 GaAs 太阳电池敏感区的影响占主导地位。

由于入射质子产生的轻粒子 PKA 动能较高，有较大的平均自由程，或其数量相对于入射质子注量具有较小的量级，其产生的次级粒子对电池单元的影响可以忽略不计。因此，在后续研究中仅考虑 1～50keV Ga-PKA/As-PKA 在电池单元中产生位移损伤的影响。

4.2 GaAs 中级联碰撞的分子动力学模拟

根据质子入射 GaAs 的初级离位损伤模拟选取 1～50keV Ga-PKA/As-PKA，采用分子动力学软件 LAMMPS[31](large scale atomic/molecular parallel simulator)进行 PKA 在 GaAs 材料内产生离位级联的分子动力学模拟以获取皮秒及纳秒量级下的位移损伤缺陷结构，并分析在该时间尺度下辐照缺陷的演化信息。

4.2.1 计算方法

1. 建模与模拟方案

采用 GaAs 材料的常见结构闪锌矿结构，通过扩建原胞的方式建立模拟体系，原胞由 4 个 Ga 原子和 4 个 As 原子组成，由 Materials Studio 软件建立，经 VESTA 和 OVITO 软件转换为 Lammps 可以读取的格式。GaAs 晶格常数采用 5.653Å(常温下)。图 4-10 为级联碰撞分子动力学模拟示意图。选取模拟体系顶层中心以下约 10 个晶格单位处的原子作为 PKA 并赋予指定动能(即给予一定速度)。PKA 的入射方向按照与[00$\bar{1}$] 方向夹角为 7°随机选取，如图 4-10(a)所示，从而避免沟道效应[32]。根据质子入射 GaAs 的初级离位损伤模拟，选取 Ga-PKA 和 As-PKA 进行分子动力学模拟，PKA 能量范围定为 1～50keV。当能量在 15keV 及以下时，分别对 Ga-PKA 和 As-PKA 进行模拟，而当能量大于 15keV，由于计算资源限制，仅对 Ga-PKA 进行模拟。为确保级联区域不超出模拟体系，为不同能量 PKA 设置不同大小体系，具体设置见表 4-2。对每个能量下的不同 PKA 选取 10 个随机入射方向以获得具有良好统计性的结果。图 4-10(b)为模拟体系示意图，体系的空白边缘区域中原子被隐藏，该区域在模拟过程中与内层区域采用不同的模拟系综；箭头指向的位置为 PKA 的初始位置。

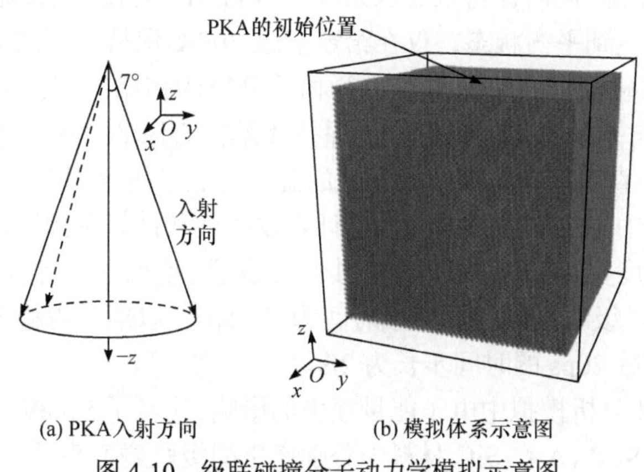

(a) PKA入射方向　　(b) 模拟体系示意图

图 4-10　级联碰撞分子动力学模拟示意图

表 4-2　模拟体系设置

PKA 能量(E_{PKA})/keV	模拟体系大小(晶格参数 a_0 = 5.653Å)
1、5	36 a_0 × 36 a_0 × 36 a_0 (373238 原子)
9	51 a_0 × 51 a_0 × 51 a_0 (1061208 原子)
15	60 a_0 × 60 a_0 × 60 a_0 (1728000 原子)
20	81 a_0 × 81 a_0 × 66 a_0 (3464208 原子)

续表

PKA 能量(E_{PKA})/keV	模拟体系大小(晶格参数 a_0 = 5.653Å)
30	81 a_0 × 81 a_0 × 81 a_0 (4251528 原子)
50	120 a_0 × 120 a_0 × 120 a_0 (13824000 原子)

分子动力学模拟采用 Murdick 开发的键序分析势函数[33](analytic bond-order potential，ABOP)描述 GaAs 材料中 Ga-Ga、Ga-As、As-As 之间的长程作用力；同时耦合 ZBL 库仑排斥势函数[29](Ziegler-Biersack-Littmark repulsive potential，ZBL)描述载能 PKA 与 GaAs 体材料中原子之间的激烈碰撞。因此，这种杂化势函数可以更准确地描述固体材料中的离位级联事件。同时，在体系的三个方向上均采用周期性边界条件，将体系最外层 3 个晶格单位厚度的区域设置为保温层，在模拟初始阶段采用 Berendsen 恒温器基于给定的晶格温度(室温 300K)设置系统内原子速度。

在开始级联碰撞的模拟前，需要进行一系列设置使得体系进入稳定的平衡状态。首先使用共轭梯度法(conjugate gradient method)最小化体系能量；其次对整个体系采用 NVE 系综和 Berendsen 恒温器平衡，时间持续 4ps；最后将外层保温层系综改为 NVT 系综，同时保持核心区系综为 NVE 不变，在 300K 温度下运行 4ps。此时，整个体系达到平衡状态，仅在给定室温 300K 保持微弱波动。该平衡状态将作为引入级联碰撞前，以及后续进行相关分析的初始状态。通过赋予选定的 PKA 特定动能向体系引入级联碰撞，保持体系核心区的 NVE 系综及保温区的 NVT 系综不变，直至模拟结束，保温区的温度仍然采用室温 300 K。在整个级联碰撞的模拟过程中采用变步长方法平衡计算收敛性和计算资源限制。随着级联碰撞过程的剧烈程度变小，逐渐增大模拟步长的设置。模拟中所有步长范围从 0.01fs 逐渐增加到 2fs。级联碰撞的总模拟时间为 32.5ps，以期获得稳定状态的缺陷结构。模拟过程最后 20ps 的时间步长为 2fs。

同时，为定性分析模拟中电子能量损失的影响，比较了 50keV Ga-PKA 在 GaAs 材料中和 20keV Si-PKA 在 SiC 材料中分别产生的级联碰撞事件。在两类事件中，Ga-PKA 和 Si-PKA 的单位相对原子质量动能(the kinetic energy per atomic mass unit, E/W)[34]基本相同，然而 SiC 材料中的 20keV Si-PKA 的 S_e/S_n 是 GaAs 材料中 50keV Ga-PKA 的 4 倍以上(S_e 和 S_n 分别表示粒子的电子阻止能力和核阻止能力)。这意味着 50keV Ga-PKA 在 GaAs 材料中的电子能量损失对级联碰撞的影响要远小于 20keV Si-PKA 在 SiC 材料中的电子能量损失对级联碰撞的影响。同时，根据文献[35]，在考虑电子能量损失影响的情况下，20keV Si-PKA 在 SiC 材料中所产生的缺陷数量与未考虑电子能量损失影响的情况下差异很小。因此，能量在 50keV

以下的 As-PKA/Ga-PKA 在 GaAs 材料的电子能量损失效应对级联碰撞的影响可以忽略不计，本节不再考虑电子能量损失的影响。

2. 分析方法

本节采用开源软件 OVITO[36]进行缺陷分析及相关可视化工作，并提出一种修正 Wigner-Seitz[37](W-S)缺陷分析方法进行缺陷的鉴别。对于二元材料，如 GaAs，W-S 缺陷分析方法可以给出三种不同的缺陷定义：空位、间隙原子、反位缺陷。OVITO 软件中的传统 W-S 缺陷分析方法有两种模式：①“Sites”模式(reference config)；②“Atoms”模式(displaced config)。然而，当 W-S 胞体中包含两个以上原子时，可能存在不止一个间隙原子，“Sites”模式只能给出一个间隙原子位置信息(“完美”晶格位置)；“Atoms”模式会给出这个胞体内所有原子的位置信息，但并不能分辨出正常原子和其他原子。事实上，这两种模式都不能给出除空位缺陷以外两种缺陷精确的实时位置，而这样的精确信息对后续缺陷团簇分析等，以及采用 MD 输出的缺陷位置信息作为输入参数的辐照缺陷长时间演化模拟影响很大。因此，本节仅采用“Sites”模式鉴别空位缺陷，通过向“Atoms”模式引入一定准则鉴别级联碰撞过程中产生的间隙原子与反位缺陷。图 4-11 给出了向 OVITO 中 Wigner-Seitz 缺陷分析方法的“Atoms”模式引入准则的实例。具体如下：①首先考虑至少包含一个与胞体类型相同的原子情况[如图 4-11(a)所示]，此时在这些与胞体类型相同的原子中选择距离“完美”晶格位置最近的原子当作正常晶格位点处的原子，图中箭头所指向的原子，其他原子则被认为是间隙原子；②当胞体内的所有原子的类型均与胞体类型不同时，此时选取所有原子中距离“完美”晶格位置最近的原子当作反位原子的位置，胞体中其他原子则被定义为间隙原子。类似胞体中含有三个原子的情况可以根据规则相应给出，同时这种简单准则可以推广至单元素材料或其他多元素材料。

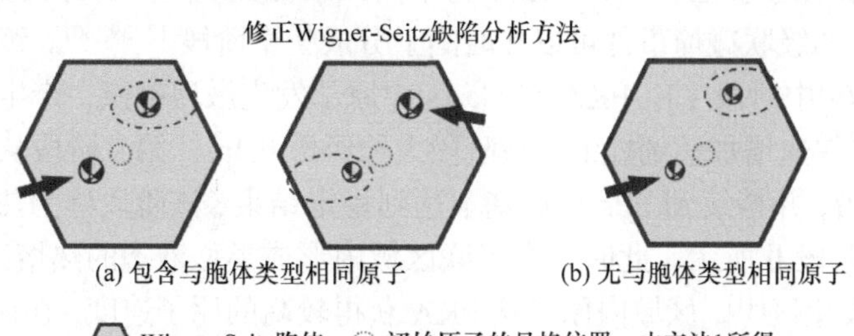

图 4-11　向 OVITO 中 Wigner-Seitz 缺陷分析方法的“Atoms”模式引入准则的实例

基于上述方法，首先分析点缺陷(包括空位、间隙原子和反位原子)的产生和演化。GaAs 是二元材料，因此对于三种不同点缺陷均含有两种不同类型，如镓空位和砷空位等。需要区分级联碰撞过程中不同元素种类缺陷间的行为。鉴于缺陷团簇对于 GaAs 材料甚至器件的宏观性能有着更大的影响，本节同时对于每次模拟中缺陷团簇的演化行为进行分析。在截断距离(cut-off distance)之内的缺陷被认为属于同一缺陷团簇，对间隙原子和空位分别进行缺陷团簇分析。对于空位团簇的截断距离采用 GaAs 晶体内第一紧邻距离(the first-neighbor distance，1nn，2.5Å)；间隙原子团簇的截断距离采用第二紧邻距离(the second-neighbor distance，2nn，4.0Å)。同时，由于间隙原子和空位原子成团性质不同，对两者的团簇尺寸采用不同的划分方式。缺陷团簇可以分成三种主要类型[38]：①小团簇，包含 2～10 个点缺陷；②中等团簇，包含 11～30 个点缺陷；③大团簇，包含多于 30 个点缺陷。分别统计空位团簇尺寸为 1、2～5、6～10、11～30、⩾31 五组中的总空位数目和间隙原子团簇尺寸为 1、2～10、11～30、31～50、⩾51 五组中的总间隙原子数目，并给出它们在整个级联碰撞过程的演化行为。缺陷团簇分析通过 OVITO 中“Cluster Analysis”模块进行。

4.2.2 结果与讨论

1. 点缺陷产生与演化

为探究点缺陷的产生与演化，本小节分析了 GaAs 中级联碰撞过程中点缺陷数目的变化。图 4-12 给出 9keV Ga-PKA 在 GaAs 中产生的级联碰撞过程中点缺陷数目随模拟时间的变化。因为 Wigner-Seitz 缺陷分析方法所得到的空位和间隙原子的数量总是相等，所以采用弗仑克尔缺陷对(FPs)的数目来描述级联碰撞过程中空位和间隙原子的数量。图 4-12(a)为 10 次级联碰撞所得平均结果，图中阴影部分为所得结果的标准差。图 4-12(b)为不同元素种类缺陷间的比较。

GaAs 中的级联碰撞事件可以在时间上分成三个阶段[19, 39, 40]。级联碰撞开始阶段[图 4-12(a)中阶段Ⅰ]，PKA 与 GaAs 中原子发生激烈碰撞，产生大量离位原子。FPs 数目快速增加达到峰值，该阶段大约经历 0.4ps。第二阶段从 FPs 数目达到峰值时开始，并持续到 FPs 数目基本达到稳定结束，该阶段称为热峰阶段，如图 4-12(a)中阶段Ⅱ所示。此时，在级联区域内形成类似液态的热熔区-多体原子碰撞的密集发生区[41]，区域内原子从 PKA 获得较高的原子速度。在该过程中，位于一定距离内的间隙原子或空位相互复合或汇聚，如同种间隙原子与空位湮灭，留下正常晶格位点；不同种类间隙原子与空位复合生成反位原子；不同种类的间隙原子形成团簇等等。间隙原子与空位的复合使得 FPs 的数目在该阶段随时间变化逐渐降低，同时在该阶段的前期，间隙原子与空位复合产生反位缺陷进一步增

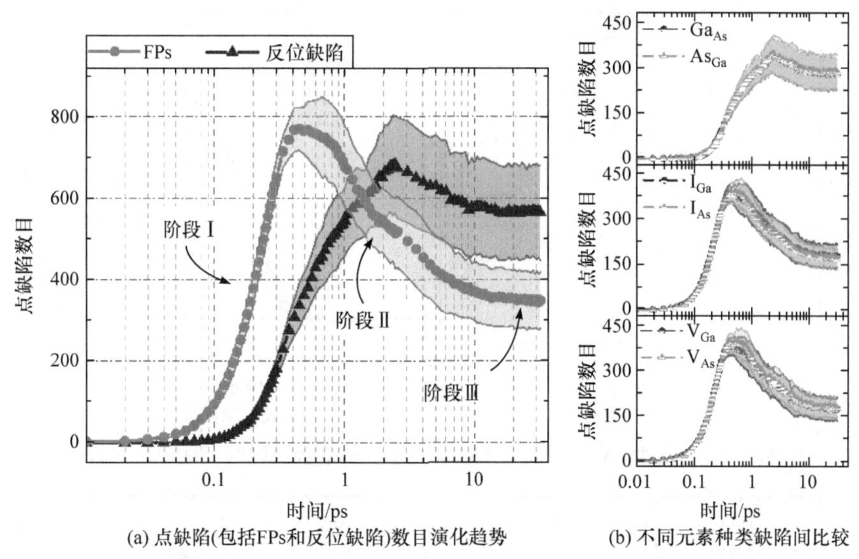

(a) 点缺陷(包括FPs和反位缺陷)数目演化趋势　(b) 不同元素种类缺陷间比较

图 4-12　9keV Ga-PKA 在 GaAs 中产生的级联碰撞过程中点缺陷数目随模拟时间的变化

加反位缺陷(Ga 反位缺陷 Ga_{As} 和 As 反位缺陷 As_{Ga})数目，并在级联碰撞开始后约 2ps 到达峰值。这个时间比 FPs 达到峰值晚很多。在热峰阶段后期，FPs 和反位原子的数目均随着级联碰撞的进一步冷却而缓慢下降到仅具有很小涨落的稳定状态，即级联碰撞的第三阶段(图 4-12(a)中阶段Ⅲ)。

与一元材料不同，对于二元材料 GaAs，有必要分辨不同元素种类缺陷的演化行为。图 4-12(b)分别给出每种缺陷中的不同元素种类缺陷(如 Ga 空位 V_{Ga} 和 As 空位 V_{As} 缺陷)的演化行为。图 4-12(b)第二幅图给出 Ga 间隙原子(I_{Ga})与 As 间隙原子(I_{As})在级联过程中的数目随时间的变化。可以看到，两者在整个级联过程基本保持一致，只存在很小的差异。对于空位和反位缺陷有类似情况。因此，在本节接下来的缺陷分析中将不再区分元素种类。

由不同能量 As-PKA 和 Ga-PKA 引发级联碰撞中产生 FPs 的数目随时间的演化分别在图 4-13(a)和图 4-14(a)给出。其中，由于计算资源限制，对于 As-PKA 仅计算 15keV 及以下能量范围。可以看到不同能量和种类的 PKA 产生的级联碰撞事件均经历上述三个阶段。同时，随 PKA 能量的增加，热峰阶段开始时刻有些许的推迟，最大约 0.2ps，如图 4-13(a)和图 4-14(a)阴影部分的开始边界所示。由于系统能量降低至热平衡过程需要更多的时间，热峰阶段随 PKA 能量增加而延长。

图 4-13(b)和图 4-14(b)给出所有模拟下反位缺陷数目随时间的演化。可以看到反位缺陷与 FPs 数目虽然没有同时达到峰值，但是基本同时进入第三阶段(阶段Ⅲ)。同时，值得注意的是本节所有缺陷数目演化结果均为分别进行 10 次级联模

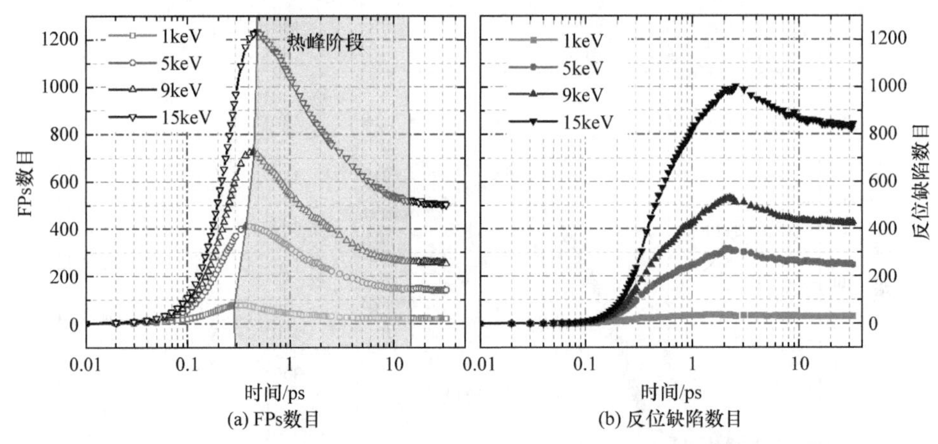

(a) FPs数目　(b) 反位缺陷数目

图 4-13　不同能量 As-PKA 级联事件中点缺陷数目随时间的演化过程

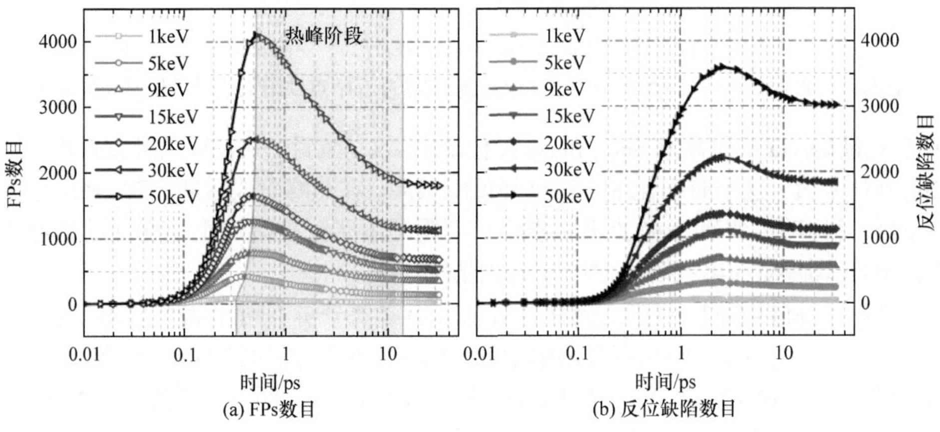

(a) FPs数目　(b) 反位缺陷数目

图 4-14　不同能量 Ga-PKA 级联事件中点缺陷数目随时间的演化过程

拟的平均结果。图 4-15 为不同时刻 50keV Ga-PKA 产生的缺陷空间分布图，由 OVITO 软件得到。

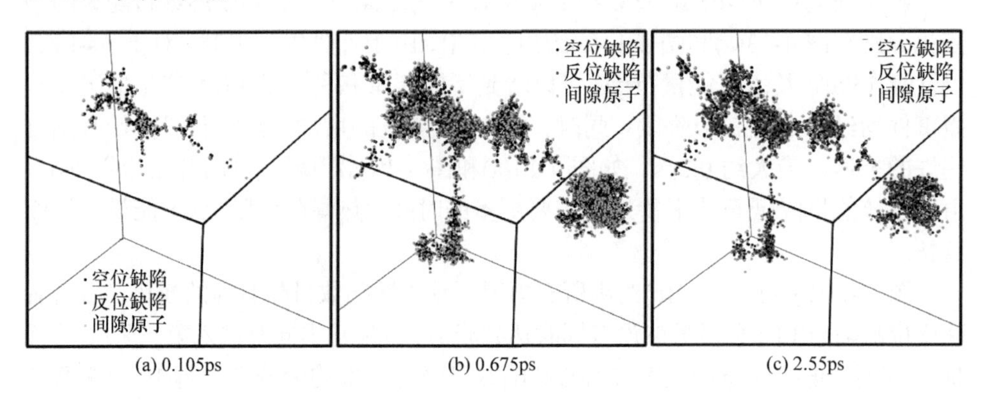

(a) 0.105ps　(b) 0.675ps　(c) 2.55ps

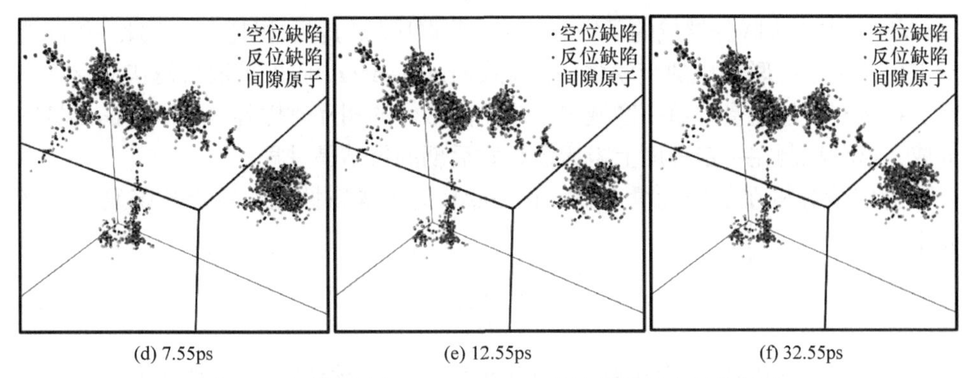

(d) 7.55ps　(e) 12.55ps　(f) 32.55ps

图 4-15　不同时刻 50keV Ga-PKA 产生的缺陷空间分布图

2. 缺陷分布分析

图 4-16 给出了不同能量 Ga-PKA 引发级联碰撞产生的缺陷空间分布情况。图 4-16(a)和(b)分别为热峰阶段开始时刻和级联碰撞末态时的点缺陷空间分布，将不同能量 Ga-PKA 在同一状态的分布放置在同一空间中进行比较。由于不同元素种类缺陷之间差异很小，因此本节仅关注空位缺陷、间隙原子及反位缺陷，不再区分每种缺陷中的不同元素种类缺陷。单次级联碰撞过程中，在热峰阶段开始时，FPs 数目达到峰值并在级联区域内占据主导地位。此时大部分间隙原子分布在区域的外层，而空位缺陷主要集中在级联区域的核心区。随着级联碰撞演化，级联区域的体积由于所谓的再结晶过程[42]而缩小。由于反位缺陷比间隙原子和空位缺陷较低的形成能(< 2.5eV)[33, 43, 44]，在一定距离内，FPs 倾向于复合恢复正常位点或者产生新的反位缺陷。

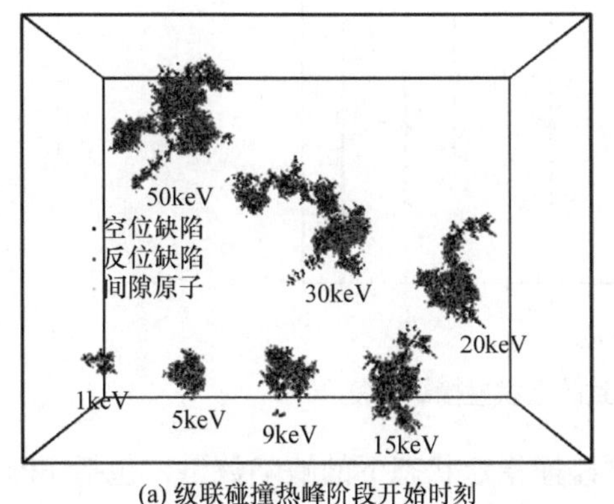

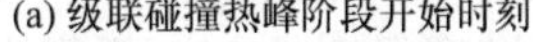
(a) 级联碰撞热峰阶段开始时刻

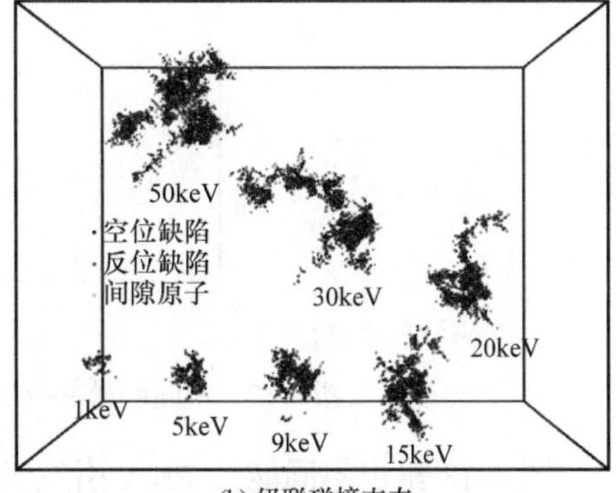

(b) 级联碰撞末态

图 4-16　不同能量 Ga-PKA 引发级联碰撞产生的缺陷空间分布情况

在较小的 E_{PKA} 情况下，PKA 的能量主要传递给单个类球形区域；当 PKA 能量不小于 15keV 时，级联倾向于沿着高能粒子的径迹分裂成几个子级联(subcascade)[39, 45]。级联分裂成的子级联越多，级联区域的表面积越大。因此，相同能量下由几个子级联组成的级联中的热能(thermal energy)向外扩散得越快，反之亦然。在具有大量能量的单一区域内，原子间激烈的相互碰撞容易导致非晶区域的形成，这种机制在一定程度上阻碍了级联后期的再结晶过程。

为定量分析在不同能量 PKA 下 GaAs 的抗辐射性能，定义缺陷复合率 R 如下：

$$R = \frac{N_{\text{Peak}} - N_{\text{End}}}{N_{\text{Peak}}} \tag{4-8}$$

式中，N_{Peak} 为级联碰撞中热峰阶段开始时刻 FPs 的数目；N_{End} 为级联碰撞末态 FPs 的数目。

计算每次级联碰撞过程中的缺陷复合率，并获得不同能量下缺陷复合率的统计结果，如图 4-17 所示。可以直观地看到，随着入射 PKA 能量增加，缺陷复合率呈下降趋势。当 PKA 能量较低时，GaAs 材料有着较高的缺陷复合率，即有较好的抗辐射性能；当能量增加时，缺陷复合率快速下降，GaAs 抗辐射性能快速变差。9keV Ga-PKA 情况下复合率的陡降与其在图 4-16 中单一较大的密集级联区域有一定的关系。其中，大的无序区域在很大程度上减少了 FPs 的复合反应。

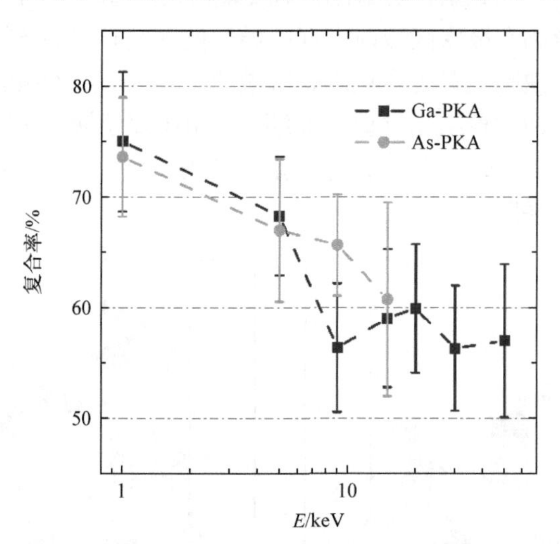

图 4-17　不同能量 PKA 导致的级联碰撞缺陷复合率

图 4-18 给出不同能量 PKA 引发级联碰撞稳定状态下的缺陷数量，包括 FPs 和反位缺陷。同时，图 4-18 中给出通过 NRT[46, 47]模型得到的 FPs 预测值，GaAs 的离位阈能采用 Gärtner[48]给出的值。对比模拟得到的 FPs 数量与 NRT 模型预测值，在低能段符合较好，但对于高能段，NRT 模型对于 FPs 的数量存在一定的低估。As-PKA 所致级联碰撞得到的 FPs 数量比 Ga-PKA 的稍小，这可能是因为 Ga

原子的原子质量比 As 原子的小一些，这意味着相同能量下 Ga-PKA 比 As-PKA 有更多的大角度散射。大角度散射越多，形成非晶区的可能性越大。在 GaAs 中级联碰撞末态时，残余的反位缺陷数量比 FPs 的数量稍多。

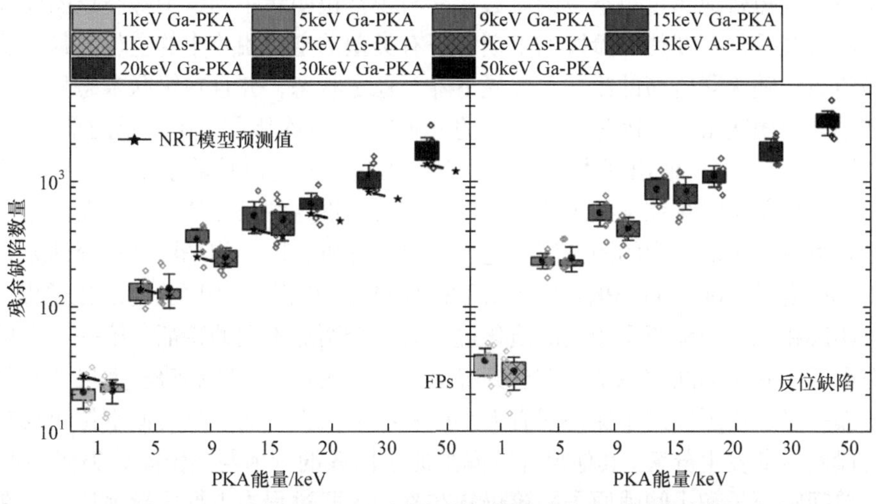

图 4-18　不同能量 PKA 引发级联碰撞稳定状态下的缺陷数量

3. 缺陷团簇演化

除了点缺陷，缺陷复合体[Ga_{As}-V_{Ga}、双空位(divacancy)等]和大尺寸缺陷团簇(空洞、间隙型位错等)同样对 GaAs 的宏观性能有着巨大的影响。因此，本节运用 OVITO 软件中“Cluster Analysis”模块[36]分析级联碰撞过程中空位团簇和间隙原子团簇的演化行为。在一定距离内的缺陷被认为属于同一个缺陷团簇，本节对间隙原子团簇和空位团簇分别进行分析。通过分子静力学(molecular statics，MS)计算得到，空位缺陷对仅在第一紧邻距离(1nn，2.5Å)内时有结合能存在，约为 1.56eV。当两个空位之间距离大于 2.5Å 时，两者之间的结合能为 0，这意味着两者之间没有相互作用，即一个空位缺陷距离其他所有空位缺陷的距离均大于 2.5Å 时才可以被认为是孤立点缺陷。另外，只有当距离大于第二紧邻距离(2nn，4.0Å)时，才可以认为两个间隙原子之间没有结合能存在，即没有相互作用。上述 MS 计算采用 Murdick 等[33]开发的势函数进行。因此，空位团簇分析采用的截断值(cut-off distance)为第一紧邻距离 2.5Å，间隙原子团簇分析的截断值为第二紧邻距离 4.0Å。根据团簇的尺寸大小，将缺陷团簇归入五组不同尺寸分类。尽管这种缺陷团簇尺寸分类是人为的，该统计方法仍然是一种可以用来衡量级联碰撞事件中团簇尺寸分布的有效方法。同时，由于两种缺陷团聚行为的差异，需要分别进行间隙原子团簇和空位团簇的分析。

图 4-19 给出 50keV Ga-PKA 级联碰撞事件中缺陷团簇演化过程。图 4-19(a)为空位团簇的演化过程。首先可以看到，在阶段 I 中，五组不同尺寸类型的空位团簇从小到大随时间推进依次出现。直到从峰值处下降，尺寸在 2～5 的空位团簇中总空位数短暂地超过单空位的总数量。与小空位团簇不同，中等空位团簇和大空位团簇几乎仅存在热峰阶段的早期。所有类型的空位团簇中的空位数量在达到其峰值后均随级联碰撞的冷却而缓慢下降至稳定状态，并且在级联末态只有单空位和小空位团簇留存。因为每个时刻的分布均是 10 次级联模拟结果的平均结果，所以图 4-19(a)中可能出现类似大尺寸空位团簇中的空位总数小于团簇尺寸的情况，这意味着该时刻在某些级联碰撞事件中会出现这种尺寸的空位团簇。通过这种方式可以对 GaAs 中的团簇演化进行一定的分析，以下均采用这种统计方式。图 4-19(b)给出 50keV Ga-PKA 所致级联碰撞过程中间隙原子团簇的演化过程。与空位团簇相比，间隙原子团簇的演化过程有两个明显不同的特征。第一，大尺寸间隙原子团簇中的间隙原子数在达到峰值后没有明显的下降趋势。大尺寸间隙原子团簇一旦形成更倾向于保持现有大小或者继续长大，而不是类似空位团簇在热峰阶段的后期发生分解。其他尺寸的间隙原子团簇的行为与空位团簇类似。第二，虽然单间隙原子和小间隙原子团簇仍然在整个级联过程中占据主导地位，但在级联末态时，中等团簇和大团簇中的间隙原子总数已经占到 40%左右。同时，小尺寸间隙原子团簇中的间隙原子总数在单间隙原子的数目达到峰值后仍然增加并达到更高的水平，但在级联末态两者的间隙原子数目相差不大。

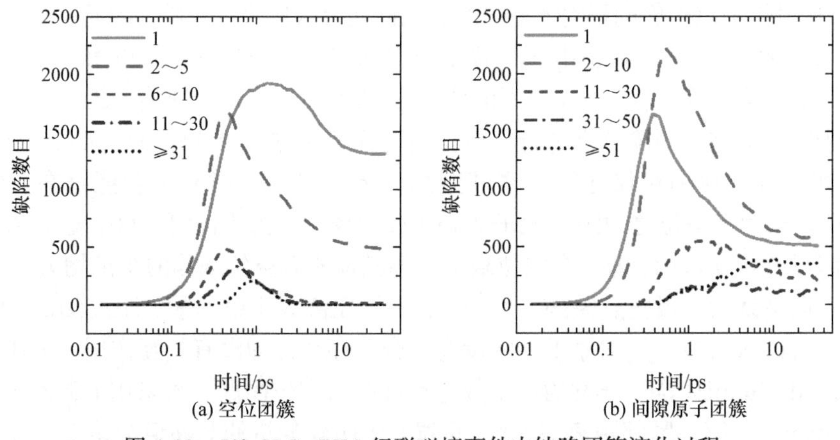

图 4-19 50keV Ga-PKA 级联碰撞事件中缺陷团簇演化过程

为探究不同 PKA 能量下空位团簇的演化，图 4-20 给出 1～30keV Ga-PKA 所致的级联碰撞过程中空位团簇演化过程。结合图 4-19(a)，可以推知当 PKA 能量不大于 50keV 时，尺寸大于 5 的空位团簇(包括全部中等空位团簇、大空位团簇及部分小尺寸空位团簇)几乎仅出现在级联碰撞事件的早期，然后随级联碰撞冷却而恢复。这种恢复过程意味着大空位团簇分解为几个较小尺寸空位团簇。在级联碰撞早期(约 1ps)，较大尺寸(如 11～30)空位团簇中的空位总数在达到其最大值的过程中常伴随着较小尺寸(如 6～10)空位团簇中的空位总数下降，这种现象表明了级联过程中团簇的长大过程。对比不同能量可以发现，在低能量 PKA 情况下存在单空位的数量在达到第一次峰值后先进入一定低谷然后增加的过程；当 PKA 能量增加时，单空位的峰从双峰逐渐变成平台再变成单个展宽的峰。这种二次上升的现象可能与小空位团簇(主要为 2～5)与间隙原子的复合反应有关，在较大的 PKA 能量的情况下，单空位的快速增加阶段与热峰阶段中小空位团簇的恢复过程在时间上存在一定的重叠，从而导致低能量 PKA 情况下出现双峰重叠成平台或者更大的独峰。

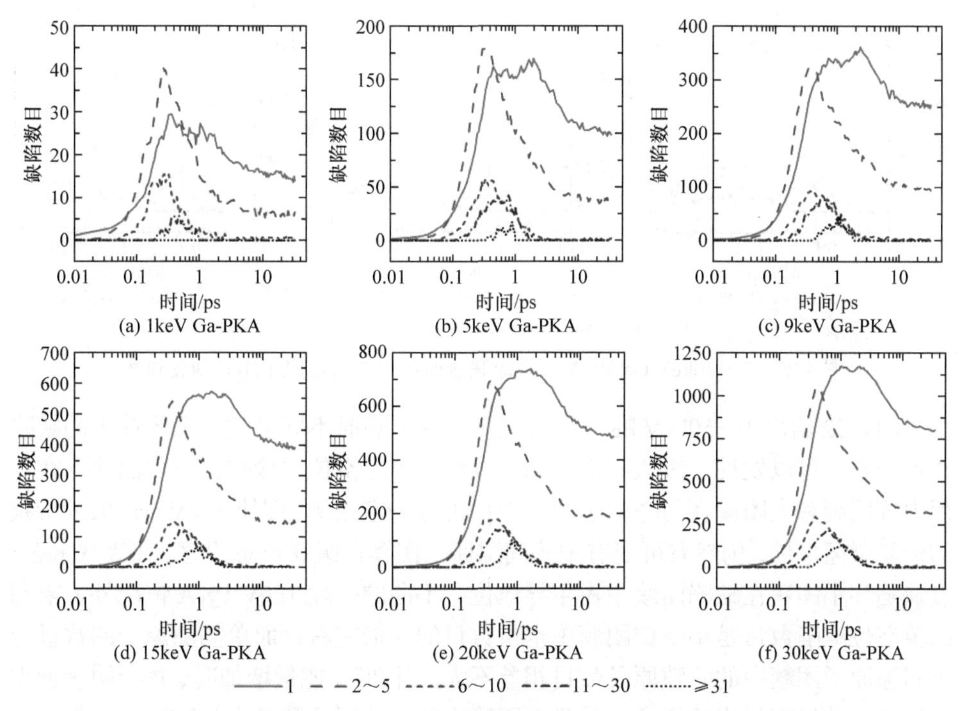

图 4-20　1～30keV Ga-PKA 所致级联事件中空位团簇演化过程

图 4-21 给出 1～30keV Ga-PKA 所致级联碰撞过程中间隙原子团簇的演化过程。对于不同能量 PKA 而言，同样存在间隙原子团簇长大的现象，不同团簇在级联碰撞事件早期从小到大随时间推移逐渐出现。与 50keV PKA 情况类似，即使在很小的 PKA 能量(如 1keV)情况下，较大尺寸的间隙原子团簇(包括中等尺寸和大尺寸)一旦形成就倾向于保持现有尺寸或者继续长大。当 PKA 能量大于 5keV 时，级联碰撞事件中有很大可能形成大尺寸的空位团簇和间隙团簇，这是由于 GaAs

中辐照引起的非晶区的影响[19]。这种非晶区可以从图 4-16 中直观看出。

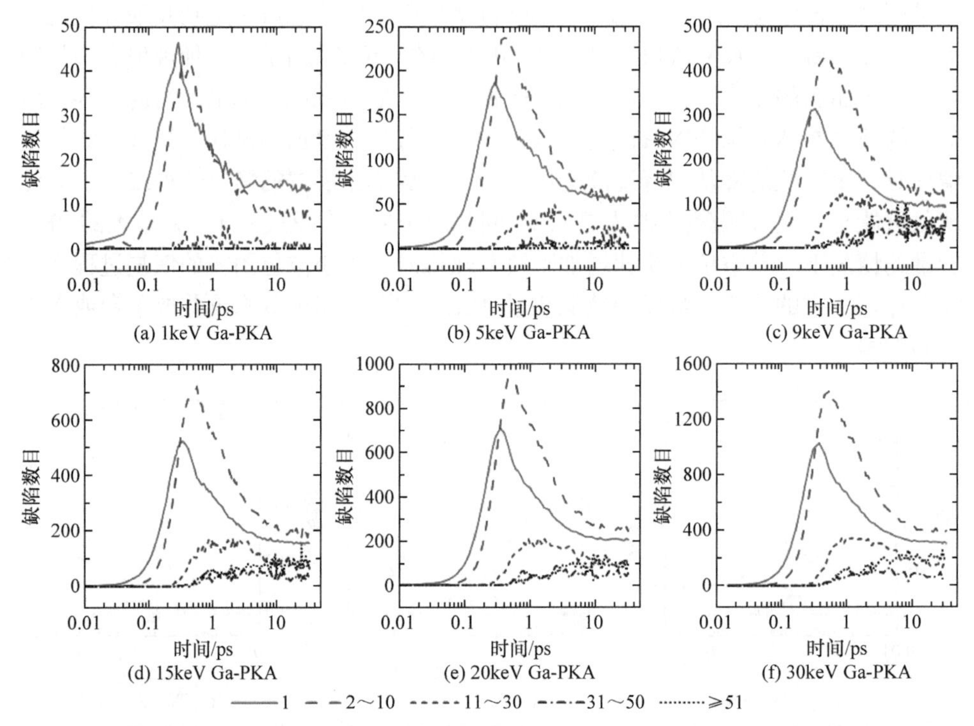

图 4-21　1～30keV Ga-PKA 所致级联碰撞过程中间隙原子团簇演化过程

图 4-22 给出 1～50keV PKA 所致级联碰撞末态时不同种类缺陷团簇中的缺陷数目分布。可以发现，级联碰撞末态基本没有中等空位团簇和大空位团簇存在，而中等团簇和大团簇在间隙原子团簇中仍占有一定比例。即使 1keV Ga-PKA 所致的级联碰撞事件，仍然有可能有中等间隙原子团簇在级联末态留存。在级联末态，点缺陷和小团簇在缺陷团簇中占主导地位，不同的是除 1keV PKA 情况外，末态的单空位缺陷数目是小空位团簇中空位数目的 3 倍左右，而单间隙原子的数目与小间隙原子团簇中的间隙原子数目相差不大。当 PKA 能量增加时，每个团簇种类中的缺陷数目都相应地增大，并且大团簇中的间隙原子数量占间隙原子总数量的比例轻微增大。当 PKA 能量达到 50keV 时，大团簇中的间隙原子数和单间隙原子的总数已相差不大。

然而，大团簇中的间隙原子数量有着很大的统计涨落，这表明对于不同的 PKA 入射方向产生大间隙原子团簇有很大的随机性。同时，对于相同能量下，Ga-PKA 和 As-PKA 的级联碰撞存在一定的差异，例如相同能量下 As-PKA 产生的总缺陷数目比 Ga-PKA 少；As-PKA 所致级联事件中每个缺陷团簇种类中的缺陷总数也小于 Ga-PKA。这是由于 Ga-PKA 比 As-PKA 有更大可能性发生大角度散射，

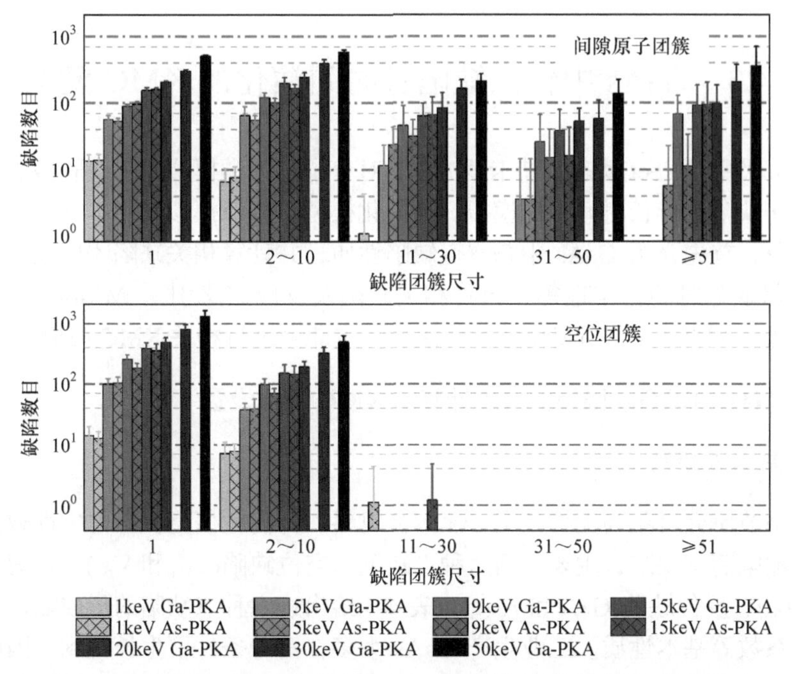

图 4-22　不同 PKA 所致级联碰撞末态时不同种类缺陷团簇内缺陷数目

从而导致更密集的缺陷分布。越广的缺陷分布越不容易形成大间隙原子团簇。缺陷分布的形貌同样对大能量 PKA 所致的子级联中的团簇行为有着重要影响，特别是在级联事件的末端；随着 PKA 能量的增加，这种影响会在整个级联的视角上减弱，但并不会消失。

本节采用分子动力学方法模拟 GaAs 中 1～50keV 的 Ga-PKA/As-PKA 所致级联事件，探究了 ps 时间尺度上的缺陷数目、形态及团簇行为等演化细节；提出了一种修正 Wigner-Seitz 缺陷分析方法用以获取间隙原子及反位原子的实时精确位置信息。具体结论如下：

(1) 级联碰撞事件可以划分为典型的三个阶段；Ga 和 As 元素种类缺陷对不同种类缺陷贡献相当；随 PKA 能量增加，热峰阶段的开始时刻有一定的推迟，缺陷复合率下降，GaAs 抗辐射性能下降。

(2) 不同尺寸缺陷团簇从小到大依次出现在级联事件的第一阶段；空位缺陷主要以单空位和小空位团簇的形式存在；中等和大间隙原子团簇一旦形成倾向于保持现有大小或者继续长大，其总间隙原子数占 40%左右。

采用本节给出的修正 Wigner-Seitz 缺陷分析方法获取每个级联碰撞事件模拟结束时体系内全部缺陷的种类、位置等信息，作为后续长时间演化模拟所需要的位移损伤缺陷结构信息。

4.3 GaAs 中辐照缺陷长时间演化的 KMC 模拟

本节采用 Object 动态蒙特卡罗方法，对分子动力学模拟所得级联碰撞末态的位移损伤缺陷进行长时间演化模拟。为简化模型，本节模拟采用本征 GaAs 作为研究对象，首先介绍 GaAs 中基本点缺陷性质，并计算相关缺陷团簇性质，包括弗仑克尔缺陷对的稳定性等，再将相关缺陷及反应定义引入 MMonCa 模拟软件[49]框架，根据 4.2 节所得位移损伤缺陷结构即可进行相关 KMC 模拟。

4.3.1 GaAs 中辐照缺陷相关性质计算及 KMC 模拟设置

1. 基本点缺陷

本小节研究对象为无掺杂 GaAs 本征材料，为简化模型仅考虑中性缺陷，不考虑其他电荷态缺陷，主要包括六种点缺陷：空位缺陷(V_{Ga}和 V_{As})、自间隙原子(I_{Ga}和 I_{As})、反位缺陷(Ga_{As}和 As_{Ga})。表 4-3 给出这六种点缺陷的形成能、迁移能及扩散系数等基本性质。工业生产 GaAs 大多在富砷条件下生长得到，因此采用 Komsa 等基于 HSE(Heyd-Scuseria-Ernzerhof)杂化泛函理论计算所得的空位和反位缺陷形成能[43]；自间隙原子(I_{Ga}和 I_{As})的形成能采用 Liu 和 Ignacio 等的计算结果[49, 50]；反位缺陷的迁移能及全部六种缺陷的扩散系数均参考 MMonCa 软件中 GaAs 参数库和 Liu 和 Ignacio 等的研究成果[49, 50]；此外，空位缺陷的迁移能采用 El-Mellouhi 等[51]的第一性原理计算结果，自间隙原子的迁移能则采用 Wampler 等模拟工作[52]中采用的 DFT 计算结果。点缺陷的迁移步长均采用 GaAs 中第二紧邻距离 4.0Å。

表 4-3　GaAs 中本征点缺陷基本性质

点缺陷	形成能/eV	迁移能/eV	扩散系数 $D/(10^{-3}cm^2 \cdot s^{-1})$
V_{Ga}	3.12 [43, 53]	1.7 [49-51]	0.743 [49, 50]
V_{As}	4.05 [43, 53]	2.40 [51]	0.743 [49, 50]
I_{Ga}	3.25 [49, 50]	0.40 [52]	0.064 [49, 50]
I_{As}	6.95 [49, 50]	0.38 [52]	1.230 [49, 50]
Ga_{As}	4.07 [43, 53]	3.66 [49, 50]	0.950 [49, 50]
As_{Ga}	1.44 [43, 53]	2.70 [49, 50]	0.950 [49, 50]

KMC 模拟过程中点缺陷的迁移事件遵循阿伦尼乌斯(Arrhenius)定律[52]，其中表 4-3 中给出的扩散系数为指前系数(pre-factor) P_{ij} [52]，迁移能为 E_{ij} 。

2. 二元缺陷对

本小节主要讨论 GaAs 中二元缺陷对及其稳定性，首先讨论弗仑克尔缺陷对的稳定性；其次讨论其他二元缺陷对的形成能与结合能等性质；最后给出根据计算所得结果采用的模拟设置。采用分子静力学方法[31](MS)计算二元缺陷对的形成能及相应的结合能，其中势函数采用 Murdick 开发的键序分析势函数[33](ABOP)；能量与力的收敛准则分别为 10^{-12}eV 和 10^{-12}eV · Å^{-1}；采用微动弹性带[54](nudged elastic band method，NEB)方法计算弗仑克尔缺陷对中间隙原子与空位的复合势垒，力的收敛准则为 10^{-6}eV · Å^{-1}。

1) 弗仑克尔缺陷对的稳定性

图 4-23 为弗仑克尔缺陷对分子静力学计算方法及结果。图 4-23(a)给出 $(01\bar{1})$ 晶面上 As 四面体内间隙原子的位置及其对应的不同紧邻位置，此时小于第 7 紧邻内的奇数项，以及第 8、10、12 紧邻位置为 As 类型，小于第 7 紧邻内的偶数项和第 9、11、13 紧邻位置为 Ga 类型。因此，在这两类间隙原子位置处放置两类间隙原子(Ga/As)有四种情况，同时将距离该间隙原子不同紧邻位置处的原子去除即可得到一个空位缺陷，此时可完成不同种类及距离的弗仑克尔缺陷对的构建。

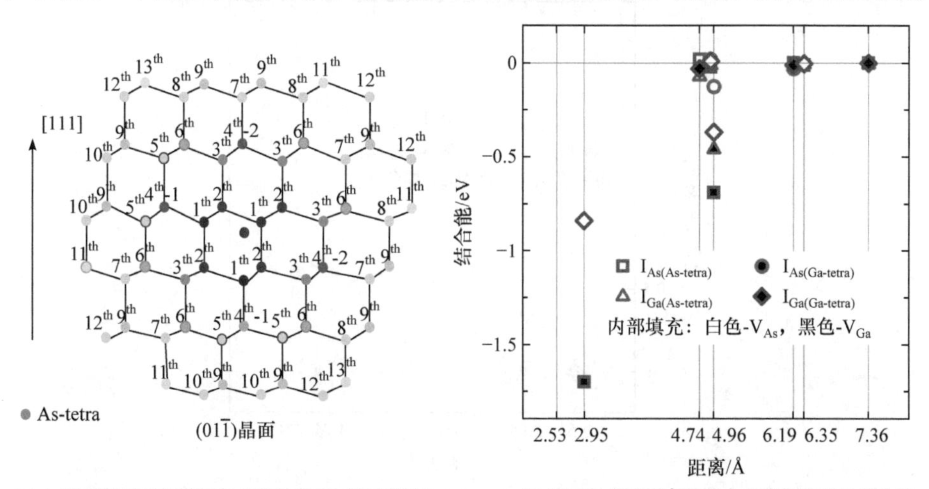

(a) As四面体结构间隙原子位置及其不同紧邻位置　　(b) 不同种类及距离的弗仑克尔缺陷对的结合能

图 4-23　弗仑克尔缺陷对分子静力学计算方法及结果

i^{th}-第 i 紧邻位置，$i = 1, 2, \cdots, n$；tetra-四面体位点

采用 LAMMPS 软件中的 minimize 命令及共轭梯度下降方法计算可得不同弗仑克尔缺陷对的形成能；结合单间隙原子和单空位缺陷的形成能即可得到不同弗仑克尔缺陷对的结合能，见 4-23(b)。其中，2.53Å 为第 1 紧邻距离，在第 4 紧邻距离 4.96Å 情况下存在两种不同构型的弗仑克尔缺陷对。如上述构建可知，不同紧邻距离情况下均有 4 个数据点；其中第 1、2、3 紧邻距离下，缺失的情况为弗

仑克尔缺陷对不能稳定存在，直接复合产生反位缺陷或“完美”晶格位点；第 4 紧邻距离情况因存在两种不同构型，共得到 8 个数据；第 7 紧邻距离以外的构型结合能基本为 0，故没有给出。

根据图 4-23(b)中结果可知，弗仑克尔缺陷对中间隙原子与空位的距离为第 1 紧邻距离时，没有稳定结构存在，二者直接复合；当距离为第 2 紧邻距离(2.95Å)时，仅有 $I_{As(As\text{-}tetra)}$-V_{Ga}、$I_{Ga(Ga\text{-}tetra)}$-V_{As} 两种情况存在稳定结构；当距离为第 3 紧邻距离时，仅有 $I_{As(Ga\text{-}tetra)}$-V_{Ga} 构型不稳定，直接复合产生一个反位缺陷，其余情况均存在稳定构型；第 4 紧邻距离及之后的所有情况均存在稳定构型。采用 NEB 方法计算不同构型的弗仑克尔缺陷对的复合反应势垒，结果如图 4-24 所示，其中没有稳定构型的弗仑克尔缺陷对的复合反应势垒记为 0eV，第 3、4 紧邻距离情况下没有给出的情况没有收敛结果。第 2 紧邻距离的 $I_{As(As\text{-}tetra)}$-V_{Ga} 的复合反应势垒为 0.03eV；$I_{Ga(Ga\text{-}tetra)}$-V_{As} 的复合反应势垒为 0.37eV。综上所述，本部分采用 3.0Å 作为 GaAs 中间隙原子与空位缺陷直接复合的反应半径，反应根据两者的元素类型是否相同，复合或产生一个反位缺陷；暂不考虑相距大于 3.0Å 的间隙原子与空位缺陷之间的反应。

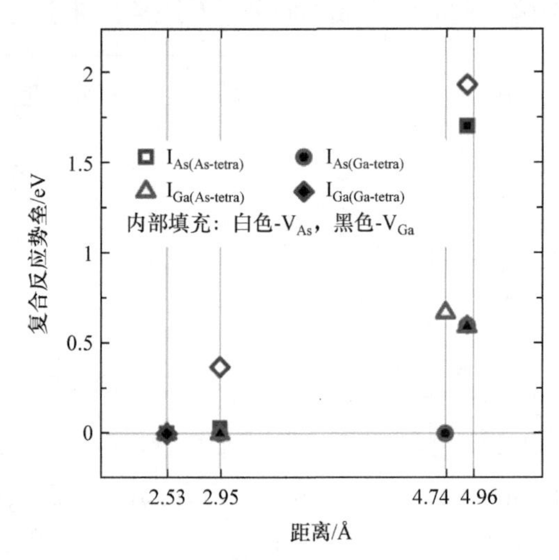

图 4-24 不同构型的弗仑克尔缺陷对的复合反应势垒

2) 其他二元缺陷对

空位缺陷对仅在第 1 紧邻距离(1nn, 2.5Å)内时有结合能存在，约为 1.56eV。当两个空位之间距离大于 2.5Å 时，两者之间的结合能为 0，这意味着两者之间没有相互作用。只有当距离大于第 2 紧邻距离(2nn, 4.0Å)时，才可以认为两个间隙原子之间没有结合能存在，即没有相互作用。因此，本节采用 2.5Å 作为两个空位缺陷反应生成一个二元空位缺陷对的反应半径，同时采用 4.0Å 作为两个间隙原子成团的反应半径。采用分子静力学方法及类似弗仑克尔缺陷对的构建方式计算反位缺陷对、间隙原子-反位缺陷对，以及空位缺陷-反位缺陷对的形成能和结合能。与空位缺陷相同，双反位缺陷对同样仅在第 1 紧邻距离内存在结合能，为 0.9eV，即为 As_{Ga}-Ga_{As} 构型。图 4-25 给出间隙原子-反位缺陷和空位缺陷-反位缺陷两种二元缺陷对不同构型的结合能。当间隙原子与反位缺陷的距离超过 4.74Å 时，大部分构型的结合能接近 0；在 2.95Å 以内均存在具有较大结合能的构型。因此，本节采用 3.0Å 作为间隙原子和反位缺陷形成二元缺陷对的反应半径，反应得到缺陷对的形成能，根据结果导入 MMonCa，并认为该种类缺陷不迁移。对于空位缺陷-反位缺陷，仅在 2.45Å 下的 V_{As}-As_{Ga}、V_{Ga}-Ga_{As} 和 4.00Å 下的 V_{Ga}-As_{Ga} 三种构型存在较大的结合能。为简化相关模型，本节采用 2.5Å 距离内的 V_{As}-As_{Ga}、V_{Ga}-Ga_{As} 构型可以发生反应生成另一种空位。

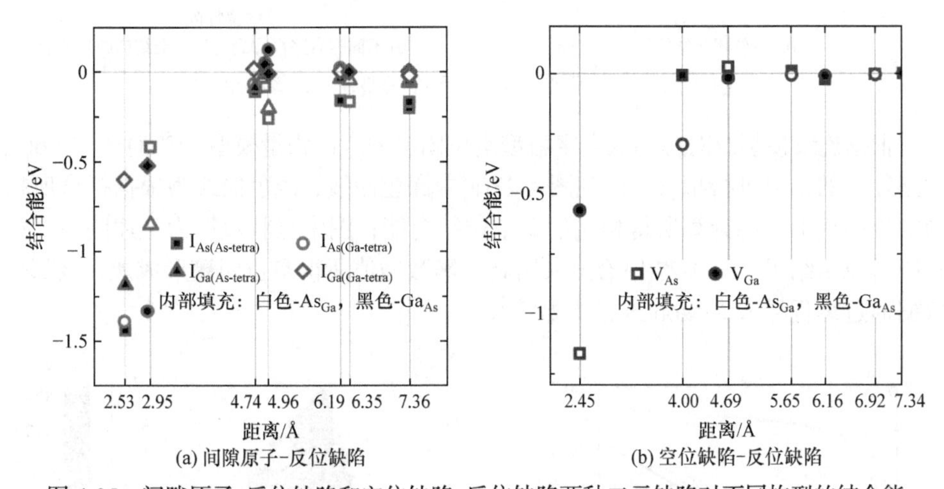

图 4-25　间隙原子-反位缺陷和空位缺陷-反位缺陷两种二元缺陷对不同构型的结合能

3. 缺陷团簇

本节主要讨论 GaAs 中空位缺陷团簇形成能，间隙原子团簇的性质采用 MMonCa 软件中给出的结果，不考虑反位缺陷的团簇行为。本节模拟中所有团簇均不发生迁移事件并且不向外发射点缺陷。基于空位缺陷之间仅在第 1 紧邻距离内存在相互作用，因此可以通过计算空位团簇内形成键的数量判断给定空位数量下空位团簇的最小形成能。图 4-26 给出了空位团簇结构的三种搜索路径及计算结果，图 4-26(b)为通过图 4-26(a) 三种搜索路径得到的最稳定结构的形成能。可以看到，通过路径 3 得到的双金字塔型空位团簇形成能在三条路径中最小，这是因为 GaAs 晶格结构中只有 V_{As} 和 V_{Ga} 能够形成键，所以当空位团簇中 Ga 空位与 As 空位的数量大致相当时能够获得较低的形成能。同时空位团簇中的空位缺陷越

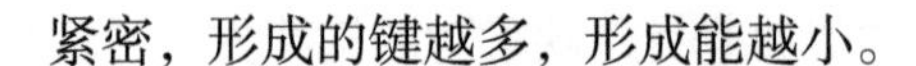
紧密，形成的键越多，形成能越小。

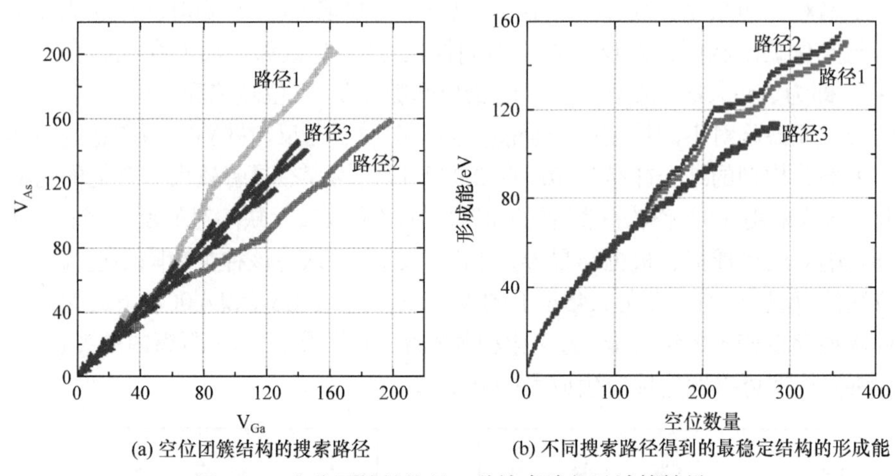

(a) 空位团簇结构的搜索路径　(b) 不同搜索路径得到的最稳定结构的形成能

图 4-26　空位团簇结构的三种搜索路径及计算结果

根据连续模型及对应的双金字塔型空位团簇的线性张量模型[55, 56]对图 4-26(b)中路径 3 的结果进行拟合，得到图 4-27(a)中深色曲线，浅色曲线为根据拟合所得的空位团簇形成能计算所得相应的每空位结合能；图中点状数据为上述路径 3 搜索所得原始结果。图 4-27(b)给出采用高斯函数插值所得空位团簇形成能，该部分数据通过编程导入 MMonCa 的参数库中。

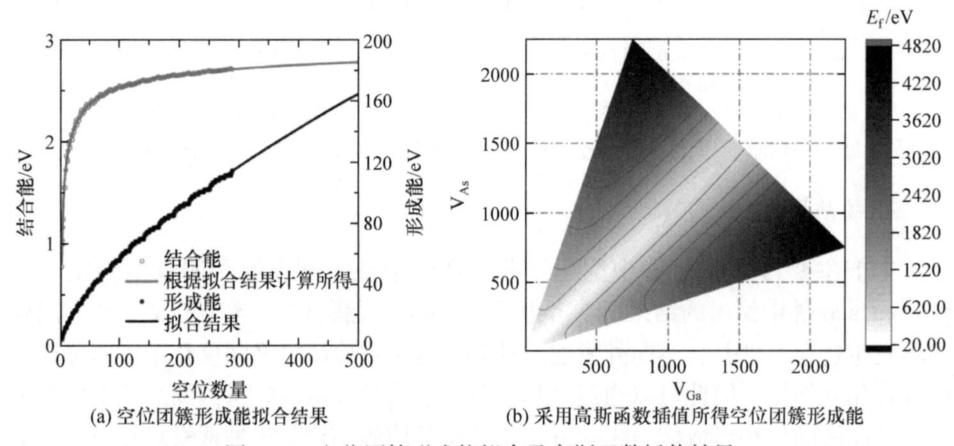

(a) 空位团簇形成能拟合结果　(b) 采用高斯函数插值所得空位团簇形成能

图 4-27　空位团簇形成能拟合及高斯函数插值结果

4. 体系设置

本节针对不同 PKA 入射所得级联末态的位移损伤缺陷结构进行 300 K 室温条件下的 OKMC 模拟，体系大小选取 100nm×100nm×100nm，体系的六个方向上均采用周期性边界条件。将每个级联事件 MD 模拟末态所有位移缺陷的种类、位置信息按照 MMonCa 手册中所给格式编写成文件，并在 MMonCa 输入文件中采用 cascade 命令导入该文件中的缺陷信息；导入过程中根据缺陷原始位置信息将所有缺陷整体平移至上述 KMC 模拟体系的中心，尽量避免靠近模拟边界。

为获取具有良好统计性的结果，对每个位移损伤缺陷结构进行 10 次模拟，即每个能量的 PKA 共进行 100 次模拟，以获得最后的平均结果。因此，对于 1keV、5keV、9keV、15keV、20keV、30keV、50keV Ga-PKA，以及 1keV、5keV、9keV、15keV As-PKA 所得的位移损伤结构，本节共进行 1100 次 OKMC 模拟。模拟采用 300K 下等温退火设置，模拟时间采用 10^6s。

4.3.2　结果与讨论

1. 缺陷数目演化分析

不同能量 PKA 产生的级联碰撞末态位移损伤缺陷结构的 KMC 模拟结果趋势大致相同，因此采用 15keV Ga-PKA 所产生的级联碰撞末态位移损伤结构的 KMC 模拟结果进行统一阐述。图 4-28(a)给出 15keV Ga-PKA 所致级联事件中总缺陷数量、FPs 数量以及反位缺陷数量在 MD 和 KMC 模拟尺度上的演化过程，该结果为 10 个级联碰撞末态位移损伤结构共 100 次 KMC 模拟的平均结果。本小节中所有结果均为类似平均结果。从图 4-28(a)中可以看到，级联事件所产生的总缺陷在 10^{-11}～10^{-7}s 缓慢减少，在 10^{-7}～10^{-4}s 发生快速的下降，并在之后的时间内缓慢下降。因为本节研究的为体材料模拟，所以模拟过程中不存在导致间隙原子数量和空位数量不一致的其他陷阱，整个模拟过程中总间隙原子数量与总空位缺陷数量一直相同，故采用 FPs 描述模拟过程中总的间隙原子数量和空位数量。相较于 KMC 模拟初态，10^6s 时 FPs 的数量下降了 40%左右，而反位缺陷的数量下降约 30%，反位缺陷的数量与间隙原子和空位缺陷的总数量相当。图 4-28(b)给出了不同 PKA 所致级联碰撞缺陷结构的 KMC 模拟后(10^6s 时)的回复率，包括总缺陷总回复率和 FPs 回复率，同时对应 MD 模拟阶段峰值状态和 KMC 模拟初态下分别有两个不同回复率。与图 4-17 中定义的 FPs 回复率相比，经长时间演化后，回复率[图 4-28(b)中最上端两条曲线]均有大幅度上升，最高可达到 85%左右，同时随 PKA 能量增加，回复率的下降幅度也相应减小；在大于 15keV 能量时，回复率趋稳，约为 70%。

图 4-29 给出 15keV Ga-PKA 所致缺陷数量在 KMC 时间尺度下的演化。整个演化过程中缺陷数量变化主要集中在两个阶段。第一阶段为 10^{-7}～10^{-2}s，间隙原子、反位缺陷与邻近的空位缺陷迅速发生反应，使得三者的数量减少，如图 4-29(a)所示。如图 4-29(b)所示，由于间隙原子之间在该阶段反应生成团簇使得

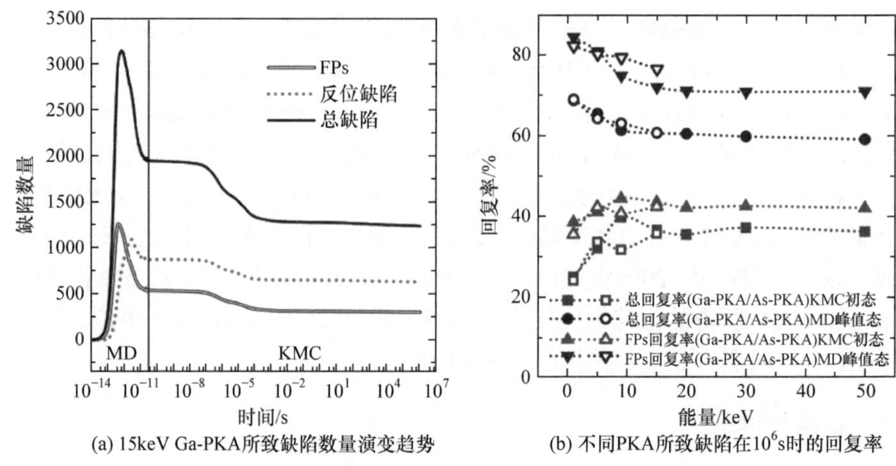

(a) 15keV Ga-PKA所致缺陷数量演变趋势　(b) 不同PKA所致缺陷在10^6s时的回复率

图 4-28　15keV Ga-PKA 所致缺陷数量随时间演化趋势及不同 PKA 所致缺陷的回复率

孤立间隙原子快速消失，最后几乎所有的间隙原子仅存在于间隙原子团簇中，其中二元间隙原子对占主导地位。因为 As 间隙原子较大的扩散系数，其比 Ga 间隙原子数量的下降速度快约一个时间量级。当体系内的孤立间隙原子数量基本为 0 时，大约 10s，第二阶段开始。此时空位开始移动并与较远距离的反位缺陷反应使得缺陷的总数量再次缓慢下降。由于 Ga 空位的迁移能较小，移动较快，因此更容易发生 Ga 空位与 Ga 反位缺陷反应生成 As 空位，从而使得 As 空位的数量有轻微增加；由于该类事件的发生较为缓慢，因此该现象在较低能量 PKA 级联碰撞的 KMC 模拟中更加明显，并随着能量增加而显得不是那么明显。同时需要注意，此阶段中有少量二元空位对产生。

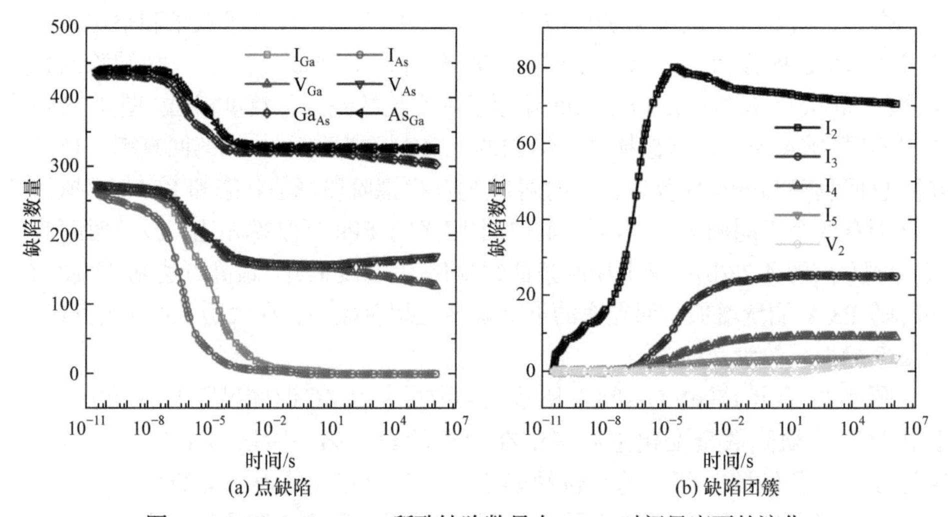

(a) 点缺陷　(b) 缺陷团簇

图 4-29　15keV Ga-PKA 所致缺陷数量在 KMC 时间尺度下的演化

Zhang 等[57]采用 VASP 软件计算认为 InGaAs 中辐照引入的缺陷能级 E_c–0.46eV 与 V_{Ga}^0/V_{Ga}^{-1} 有关，缺陷能级 E_c–0.03eV 与 V_{As} 有关。同时 Komsa 等[43, 53]的第一性原理研究表明，GaAs 中空位与反位缺陷均存在处于能带中间的电荷态。综合图 4-29(a)和图 4-29(b)，可以看到 10^6s 时体系内反位缺陷和空位缺陷的总数约占全部种类缺陷总数量的 90%，其中反位缺陷约为 60%，空位缺陷约为 30%，二元间隙原子对约为 6%。因此，可以认为 GaAs 体材料中质子位移损伤经长时间演化后对材料性能影响起主导作用的是反位缺陷和空位缺陷，间隙原子团簇和空位团簇等的影响相对较小。

2. 缺陷空间分布分析

图 4-30 给出了 KMC 模拟开始后 10^{-12}s、10^{-7}s、10^{-6}s、10^{-5}s、10^{-4}s、10^6s 共 6 个时刻，15keV Ga-PKA 产生的级联碰撞产生的缺陷空间分布的演化。

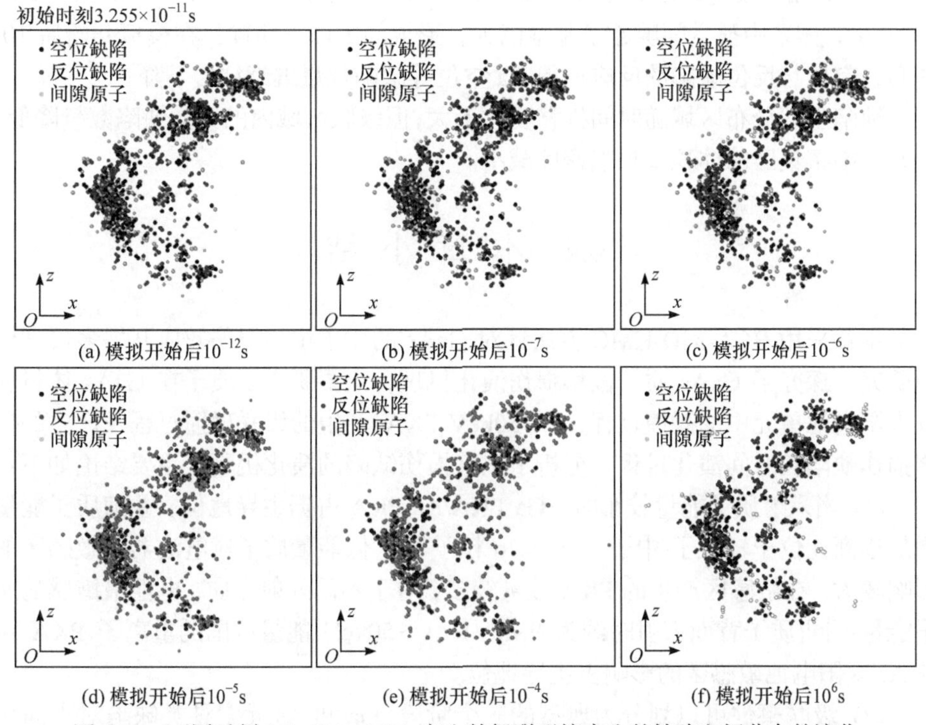

图 4-30　不同时刻 15keV Ga-PKA 产生的级联碰撞产生的缺陷空间分布的演化

首先，可以看到经过长时间演化，级联事件的缺陷区域整体变化不大，区域内有大量的反位缺陷存在；开始阶段区域内的间隙原子主要分布在级联产生的非晶区并弥散在级联区域中，模拟开始后 10^{-7}s 左右时，弥散在体系内的间隙原子快速移动，一方面与所遇到的空位反应复合或形成反位缺陷，另一方面形成间隙原子对等团簇；同时，非晶区内的间隙原子快速与空位发生复合，在模拟开始 10^{-4}s 之后体系内的间隙原子基本都存在于团簇中。模拟开始后 10^{6}s 时体系内的缺陷大部分存在于非晶区内，此时的非晶区较开始时有一定的减小，非晶区内的缺陷密度也相对减小，但该区域仍然存在部分间隙原子团簇。

本节采用动态蒙特卡罗方法模拟了 GaAs 中不同 PKA 产生的级联碰撞末态的位移损伤结构在常温下的长时间演化过程，探究了在长时间尺度上不同种类缺陷数量的变化及缺陷空间分布的演化情况，获得了宏观时间尺度上的位移损伤结构。具体结论如下：

(1) 在单次级联事件中，相对于 MD 模拟阶段的峰值时，弗仑克尔缺陷对减少 70%以上；相对于 3.255×10^{-11}s 时，弗仑克尔缺陷对下降了约 40%；模拟开始后 10^{6}s 时体系终态缺陷主要为反位缺陷和空位缺陷及少量间隙原子团簇。

(2) 演化过程中缺陷数量在模拟开始后 10^{-7}s 左右快速下降，至模拟开始后 10^{-2}s 左右体系中孤立间隙原子基本消失，形成间隙原子团簇；在模拟开始后 10s 左右，空位与反位缺陷的反应使得 Ga 空位等缺陷数量继续缓慢下降。

缺陷空间分布区域随时间推移变化不大，但级联区域内的弥散缺陷数量降低，同时缺陷密集区的体积及缺陷密度减小。

4.4 本 章 小 结

本章采用 BCA-MD-KMC 方法针对 GaAs 的质子位移损伤效应开展多尺度模拟研究，探究了 GaAs 质子位移损伤演化机理，主要研究了质子在 GaAs 体材料及太阳电池单元中的碰撞过程，1～50keV PKA 产生的级联碰撞过程及产生的位移损伤缺陷长时间演化过程，分析了位移损伤缺陷的演化机制。主要结论如下：

(1) 当入射质子能量较小时，Ga-PKA/As-PKA 占据主导地位，并随质子能量增加逐渐让位于轻粒子(中子、质子、α 粒子等)；低能量质子对电池器件敏感区的影响较大，在敏感区产生的 PKA 数量较多，对于不同入射方向，电池最敏感的质子能量不同(质子背面入射时约为 9MeV)；1～50keV 能量范围的重离子 PKA 对 GaAs 太阳电池敏感区的影响占主导地位。

(2) 级联事件可以划分为典型的三个阶段，Ga 和 As 元素种类缺陷对不同种类缺陷贡献相当；随 PKA 能量增加，热峰阶段的开始时刻有一定的推迟，缺陷复合率下降，GaAs 抗辐射性能下降。不同尺寸缺陷团簇从小到大依次出现在级联事件的第一阶段；空位缺陷主要以单空位和小空位团簇的形式存在；中等和大间隙原子团簇一旦形成，倾向于保持现有大小或者继续长大，其总间隙原子数约占 40%。

(3) 在单次级联事件中，相对于 MD 模拟阶段的峰值，模拟开始后 10^6s 时 FPs 减少 70%以上；相对于 3.255×10^{-11}s 时，FPs 数量下降了约 40%；缺陷数量在模拟开始后 10^{-7}s 左右快速下降，至模拟开始后 10s 左右继续缓慢下降，体系末态缺陷主要为反位缺陷和空位缺陷及少量间隙原子团簇；缺陷分布区域随时间推移变化不大，但级联区域内的弥散缺陷数量降低，同时缺陷密集区的体积及缺陷密度减小。

研究结果为更深入理解位移损伤效应对 GaAs 器件宏观性能的影响机理提供了理论支持。

参 考 文 献

[1] 高慧，杨瑞霞. 高效 GaAs 基系Ⅲ-Ⅴ族化合物太阳电池的研究进展[J]. 半导体技术, 2017, 42(2): 81-90.

[2] DAOUDI M, RAOUAFI A, CHTOUROU R, et al. Gamma radiation effect on activation energy, debye temperature and exciton-phonon coupling in InGaAs/GaAs/AlGaAs(δ-Si) HEMTs[J]. Journal of Alloys and Compounds, 2017, 728: 1165-1170.

[3] FERRARO R, FOUCARD G, INFANTINO A, et al. COTS optocoupler radiation qualification process for LHC applications based on mixed-field irradiations[J]. IEEE Transactions on Nuclear Science, 2020, 67(7): 1395-1403.

[4] HUANG J Y, SHANG L, MA S F, et al. Low temperature photoluminescence study of GaAs defect states[J]. Chinese Physics B, 2020, 29(1): 010703.

[5] MUKHERJEE B. Feasibility study of a proton fluence monitor for LEO-Nanosatellite missions based on displacement damage induced in GaAs-LED[J]. Journal of Instrumentation, 2019, 14(10): T10002.

[6] YOUSSOUF A S, HABAEBI M H, HASBULLAH N F. The radiation effect on low noise amplifier implemented in the space-aerial-terrestrial integrated 5G networks[J]. IEEE Access, 2021, 9: 46641-46651.

[7] 赵正平. 固态微波电子学的新进展[J]. 半导体技术, 2018, 43(1): 1-14, 47.

[8] DIMROTH F, TIBBITS T N D, NIEMEYER M, et al. Four-junction wafer-bonded concentrator solar cells[J]. IEEE Journal of Photovoltaics, 2016, 6(1): 343-349.

[9] PHILIPPS S P, DIMROTH F, BETT A W. High-Efficiency Ⅲ-Ⅴ Multijunction Solar Cells[M]//MCEVOY A MARKVART T, CASTAÑER L. Practical Handbook of Photovoltaics. London: Elsevier Ltd, 2018.

[10] DIMROTH F, GRAVE M, BEUTEL P, et al. Wafer bonded four-junction GaInP/ GaAs//GaInAsP/GaInAs concentrator solar cells with 44.7% efficiency[J]. Progress in Photovoltaics: Research and Applications, 2014, 22(3): 277-282.

[11] 高欣，杨生胜，冯展祖，等. 空间三结砷化镓太阳电池位移损伤效应研究[J]. 太阳能学报, 2020, 41(2): 290-295.

[12] PELLEGRINO C, GAGLIARDI A, ZIMMERMANN C G. Difference in space-charge recombination of proton and electron irradiated GaAs solar cells[J]. Progress in Photovoltaics: Research and Applications, 2019, 27(5): 379-390.

[13] YAN Y, FANG M, TANG X, et al. Effect of 150keV proton irradiation on the performance of GaAs solar cells[J]. Nuclear Instruments and Methods in Physics Research Section B: Beam Interactions with Materials and Atoms, 2019, 451: 49-54.

[14] YU Q, SUN Y, LI Z, et al. Experimental and simulation study of the correlation between displacement damage and incident proton energy for GaAs devices[J]. Microelectronics Reliability, 2018, 88-90: 952-956.

[15] 李俊炜, 王祖军, 石成英, 等. GaInP/GaAs/Ge 三结太阳电池不同能量质子辐照损伤模拟[J]. 物理学报, 2020, 69(9): 295-305.

[16] 颜媛媛. 空间卫星用 GaInP/GaAs/Ge 太阳电池辐照损伤效应研究[D]. 南京: 南京航空航天大学, 2019.

[17] KARADENIZ H. A study on triple-junction $GaInP_2$/InGaAs/Ge space grade solar cells irradiated by 24.5MeV high-energy protons[J]. Nuclear Instruments and Methods in Physics Research Section B: Beam Interactions with Materials and Atoms, 2020, 471: 1-6.

[18] UMA B R, KRISHNAN S, RADHAKRISHNA V, et al. Study the effect of space radiation on ISO-type multijunction solar cells[J]. Journal of Materials Science: Materials in Electronics, 2021, 32(10): 14014-14027.

[19] GAO F, CHEN N, HERNANDEZ-RIVERA E, et al. Displacement damage and predicted non-ionizing energy loss in GaAs[J]. Journal of Applied Physics, 2017, 121(9): 095104.

[20] GAO F, CHEN N J, HUANG D H, et al. Atomic-Level Based Non-Ionizing Energy Loss: An Application to GaAs and GaN Semiconductor Materials[M]//LEVAN P D, WIJEWARNASURIYA P, DSOUZA A I. Infrared Sensors, Devices, and Applications Viii. San Diego: SPIE, 2018.

[21] AKKERMAN A, BARAK J, MURAT M. A survey of the analytical methods of Proton-NIEL calculations in silicon and germanium[J]. IEEE Transactions on Nuclear Science, 2020, 67(8): 1813-1825.

[22] ROBINSON M T. Basic physics of radiation damage production[J]. Journal of Nuclear Materials, 1994, 216: 1-28.

[23] AKKERMAN A, BARAK J. New partition factor calculations for evaluating the damage of low energy ions in silicon[J]. IEEE Transactions on Nuclear Science, 2006, 53(6): 3667-3674.

[24] AKKERMAN A, BARAK J. Partitioning to elastic and inelastic processes of the energy deposited by low energy ions in silicon detectors[J]. Nuclear Instruments and Methods in Physics Research Section B: Beam Interactions with Materials and Atoms, 2007, 260(2): 529-536.

[25] RAINE M, JAY A, RICHARD N, et al. Simulation of single particle displacement damage in silicon—Part I: Global approach and primary interaction simulation[J]. IEEE Transactions on Nuclear Science, 2017, 64(1): 133-140.

[26] MENDENHALL M H, WELLER R A. An algorithm for computing screened Coulomb scattering in Geant4[J]. Nuclear Instruments and Methods in Physics Research Section B: Beam Interactions with Materials and Atoms, 2005, 227(3): 420-430.

[27] WELLER R A, MENDENHALL M H, FLEETWOOD D M. A screened Coulomb scattering module for displacement damage computations in Geant4[J]. IEEE Transactions on Nuclear Science, 2004, 51(6): 3669-3678.

[28] INSOO J. Effects of secondary particles on the total dose and the displacement damage in space proton environments[J]. IEEE Transactions on Nuclear Science, 2001, 48(1): 162-175.

[29] ZIEGLER J F, ZIEGLER M D, BIERSACK J P. SRIM—The stopping and range of ions in matter(2010)[J]. Nuclear Instruments & Methods in Physics Research Section B: Beam Interactions with Materials and Atoms, 2010, 268(11-12): 1818-1823.

[30] INSOO J, XAPSOS M A, MESSENGER S R, et al. Proton nonionizing energy loss(NIEL) for device applications[J]. IEEE Transactions on Nuclear Science, 2003, 50(6): 1924-1928.

[31] PLIMPTON S. Fast parallel algorithms for short-range molecular dynamics[J]. Journal of Computational Physics, 1995, 117(1): 1-19.

[32] HE H, HE C, ZHANG J, et al. Primary damage of 10 keV Ga PKA in bulk GaN material under different

temperatures[J]. Nuclear Engineering and Technology, 2020, 52(7): 1537-1544.

[33] MURDICK D A, ZHOU X W, WADLEY H N G, et al. Analytic bond-order potential for the gallium arsenide system[J]. Physical Review B, 2006, 73(4): 045206.

[34] RACE C P, MASON D R, FINNIS M W, et al. The treatment of electronic excitations in atomistic models of radiation damage in metals[J]. Reports on Progress in Physics, 2010, 73(11): 116501.

[35] ZARKADOULA E, SAMOLYUK G, ZHANG Y, et al. Electronic stopping in molecular dynamics simulations of cascades in 3C-SiC[J]. Journal of Nuclear Materials, 2020, 540: 152371.

[36] STUKOWSKI A. Structure identification methods for atomistic simulations of crystalline materials[J]. Modelling and Simulation in Materials Science and Engineering, 2012, 20(4): 045021.

[37] NORDLUND K, GHALY M, AVERBACK R S, et al. Defect production in collision cascades in elemental semiconductors and fcc metals[J]. Physical Review B, 1998, 57(13): 7556-7570.

[38] ULLAH M W, AIDHY D S, ZHANG Y, et al. Damage accumulation in ion-irradiated Ni-based concentrated solid-solution alloys[J]. Acta Materialia, 2016, 109: 17-22.

[39] NORDLUND K, ZINKLE S J, SAND A E, et al. Primary radiation damage: A review of current understanding and models[J]. Journal of Nuclear Materials, 2018, 512: 450-479.

[40] LIN Y, YANG T, LANG L, et al. Enhanced radiation tolerance of the Ni-Co-Cr-Fe high-entropy alloy as revealed from primary damage[J]. Acta Materialia, 2020, 196: 133-143.

[41] NORDLUND K. Historical review of computer simulation of radiation effects in materials[J]. Journal of Nuclear Materials, 2019, 520: 273-295.

[42] NORDLUND K, ZINKLE S J, SAND A E, et al. Improving atomic displacement and replacement calculations with physically realistic damage models[J]. Nat Commun, 2018, 9(1): 1084.

[43] KOMSA H P, PASQUARELLO A. Intrinsic defects in GaAs and InGaAs through hybrid functional calculations[J]. Physica B: Condensed Matter, 2012, 407(15): 2833-2837.

[44] SCHULTZ P A, VON LILIENFELD O A. Simple intrinsic defects in gallium arsenide[J]. Modelling and Simulation in Materials Science and Engineering, 2009, 17(8): 084007.

[45] STOLLER R E, ODETTE G R, WIRTH B D. Primary damage formation in bcc iron[J]. Journal of Nuclear Materials, 1997, 251: 49-60.

[46] ROBINSON M T, TORRENS I M. Computer simulation of atomic-displacement cascades in solids in the binary-collision approximation[J]. Physical Review B, 1974, 9(12): 5008-5024.

[47] NORGETT M J, ROBINSON M T, TORRENS I M. A proposed method of calculating displacement dose rates[J]. Nuclear Engineering and Design, 1975, 33(1): 50-54.

[48] GÄRTNER K. MD simulation of ion implantation damage in AlGaAs: Ⅱ. Generation of point defects[J]. Nuclear Instruments and Methods in Physics Research Section B: Beam Interactions with Materials and Atoms, 2010, 268(2): 149-154.

[49] MARTIN-BRAGADO I, RIVERA A, VALLES G, et al. MMonCa: An object kinetic Monte Carlo simulator for damage irradiation evolution and defect diffusion[J]. Computer Physics Communications, 2013, 184(12): 2703-2710.

[50] LIU W, SK M A, MANZHOS S, et al. Grown-in beryllium diffusion in indium gallium arsenide: An ab initio, continuum theory and kinetic Monte Carlo study[J]. Acta Materialia, 2017, 125: 455-464.

[51] EL-MELLOUHI F, MOUSSEAU N. Ab-initio simulations of self-diffusion mechanisms in semiconductors[J]. Physica B: Condensed Matter, 2007, 401-402: 658-661.

[52] WAMPLER W R, MYERS S M. Model for transport and reaction of defects and carriers within displacement cascades in gallium arsenide[J]. Journal of Applied Physics, 2015, 117(4): 045707.

[53] KOMSA H P, PASQUARELLO A. Comparison of vacancy and antisite defects in GaAs and InGaAs through hybrid functionals[J]. Journal of Physics: Condensed Matter, 2012, 24(4): 045801.

[54] HENKELMAN G, UBERUAGA B P, JONSSON H. A climbing image nudged elastic band method for finding saddle points and minimum energy paths[J]. Journal of Chemical Physics, 2000, 113(22): 9901-9904.

[55] VARVENNE C, MACKAIN O, CLOUET E. Vacancy clustering in zirconium: An atomic-scale study[J]. Acta Materialia, 2014, 78: 65-77.

[56] CHRISTIAEN B, DOMAIN C, THUINET L, et al. A new scenario for ‹c› vacancy loop formation in zirconium based on atomic-scale modeling[J]. Acta Materialia, 2019, 179: 93-106.

[57] ZHANG Y Q, QI C H, WANG T Q, et al. Electron irradiation effects and defects analysis of the inverted metamorphic four-junction solar cells[J]. IEEE Journal of Photovoltaics, 2020, 10(6): 1712-1720.

第 5 章　多尺度模拟方法在碳化硅材料位移损伤研究中的应用

SiC 是由 C 原子与 Si 原子组成的共价化合物，按结晶类型可以分为立方型(C)、六方型(H)及菱形(R)。其中，六方型及菱形 SiC 为α-SiC，而立方型为β-SiC。具体按碳原子、硅原子排列次序不同可以细分为 3C-SiC、4H-SiC、6H-SiC 等[1]，其晶体结构如图 5-1 所示。

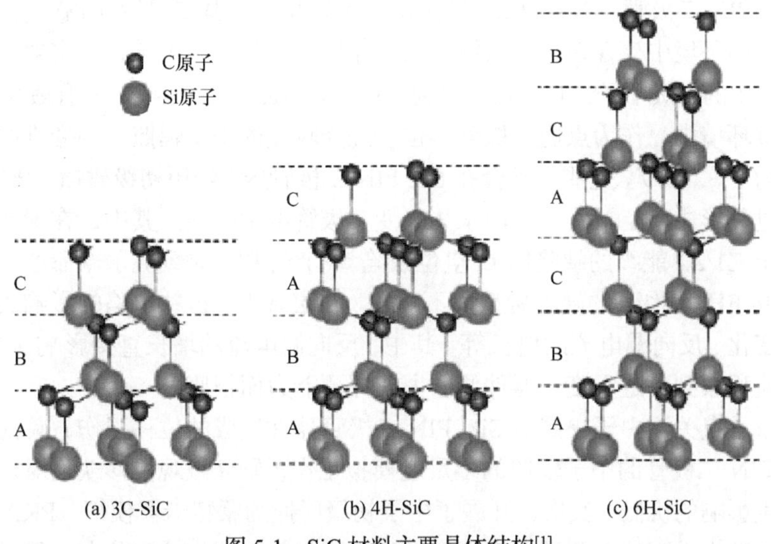

图 5-1　SiC 材料主要晶体结构[1]

SiC 材料相对于传统的 Si 材料，禁带宽度大(4H-SiC 为 3.26eV)；原子离位阈能及电离能高，决定了其具有良好的抗辐射特性。此外，其热导率、热膨胀系数、熔点高，在高温条件下仍能保持较好的力学和电学特性，显示出良好的抗高温性能[2]。在电学特性方面，其击穿电压也远高于 Si、GaAs 等材料，器件有较小的导通电阻，使其除了有损耗小的优势外，也更适合应用于高压高频场合[3]。4H-SiC 因为其六方结构，具有更加优良的化学稳定性。同时，4H-SiC 具有更大的禁带宽度和更高的载流子迁移率，较其他晶型的 SiC 材料更适合用于辐射探测器。

由于 SiC 材料优良的材料特性，其在反应堆辐射监测、空间辐射探测、高能物理实验及其他工业与军事领域有着广阔的前景[4]。在航空航天领域中，SiC 材料可用于箭/弹上无刷直流电机或电动舵机的驱动器，也在星载/机载雷达发射机中有所应用[5]。SiC 具有良好的导热与耐高温性能，故用于航空航天与大规模集成电路时，能有效降低系统的温度及负担，缩小系统体积。在强辐射领域，也能适量降低屏蔽系统压力，进一步提高系统体积利用效率。

碳化硅半导体探测器具有体积小、响应快、分辨率高等半导体探测器的特点。同时，4H-SiC 材料制成的辐射探测器相比 Si 基半导体探测器拥有更强的抗辐射性能、抗高温性能及更低的噪声水平。现已有 4H-SiC 探测器应用于α探测、紫外探测、中子探测的相关研究。较薄的灵敏区厚度使其在中子探测中拥有更好的抗干扰能力，而较大结晶面积使其更易于在集成电路中应用[6]。由于 4H-SiC 诸多优点，其十分适合强辐照、高温等严酷环境条件下的中子测量，基于该材料的中子探测技术不断发展完善。一般而言，用于辐射探测的二极管结构主要为 PN 结型二极管、PIN 二极管、肖特基二极管(SBD)及结型肖特基二极管(JBS)。

在空间环境中，存在宇宙射线与大气作用产生的大气中子，宇宙射线同航天器作用产生的次级中子，其能量范围为 $10^{-8}\sim10^{4}$MeV，在 1MeV 处有最大峰值[7]。在反应堆环境中，作为点通量探测器也会经受较强的中子辐照。裂变堆的平均中子能量为 1～2MeV。这些中子会在 SiC PIN 二极管内，经历初级碰撞，离位级联，退火等过程形成稳定缺陷，从而永久改变二极管电学特性。其中，在深能级瞬态谱上处于 Z1/Z2 能级的缺陷由 C 空位缺陷 V_C 产生[8]。对载流子寿命产生重要影响的 EH6/EH7 能级[9]的缺陷构型尚不明晰。在宏观上，这些缺陷的影响表现为结电容的变化、反向漏电流的增长等。其中，反向漏电流的增长直接影响探测性能，当漏电流积累到一定程度，器件便会失去探测能力而报废。

本章重点关注中子辐照对 SiC PIN 二极管器件造成的位移损伤，首先，开展 4H-SiC PIN 二极管的中子辐照的多尺度模拟工作，研究微观位移缺陷对宏观电学特性产生影响的机制。其次，开展了中子初级碰撞的蒙特卡罗模拟，PKA 的分子动力学与动力学蒙特卡罗耦合模拟，得到中子的位移损伤缺陷分布。经过数目关系与深能级瞬态俘获谱比对，给出 EH6/EH7 能级的可能微观结构。最后，利用多尺度模拟的结果，以及 SRH 复合理论对中子位移损伤致反向漏电流进行了计算。对理解 4H-SiC 二极管器件中子辐照损伤产生机理，揭示微观位移缺陷对器件宏观电学性能的影响机制，以及进一步提高器件抗辐射性能的设计工作有重要的意义。

5.1　中子与 SiC 材料初级碰撞模拟

中子与 SiC 材料相互作用从而产生位移损伤的过程，可分为四个阶段：初级碰撞阶段、反冲原子级联碰撞阶段、弛豫及冷却阶段、长时间演化(退火)阶段。

在初级碰撞阶段(10^{-18}s 量级)，中子与靶原子发生相互作用，包括弹性散射、非弹性的核散射、核反应及中子俘获反应。本节关注中子能量 1MeV 的情况，只考虑弹性与非弹性散射的发生，故在初级碰撞阶段，主要的物理过程为晶格原子在与入射中子碰撞中获得足够动能离开自身的晶格位置成为 PKA。可以使用中子输运蒙特卡罗模拟程序包 Geant4 对这一过程进行模拟。

5.1.1　初级碰撞模拟设置

为得到中子在碳化硅 PIN 二极管内的位移损伤造成电学特性的退化情况，需要进行从缺陷初态到长时间演化的多尺度模拟。在中子与 SiC 作用撞出 PKA 的 Geant4 模拟中，建立合适的器件模型将简化后续的等效计算，提高计算的准确性。

器件模型参照 Liu 等[10]用于器件辐照实验的 SiC 二极管，以便于将计算结果与实验结果进行比较。SiC PIN 二极管结构模型如图 5-2 所示。

器件截面直径$\phi = 4$in*。在 Geant4 建模时，鉴于程序原理与器件特点，可做以下简化处理。

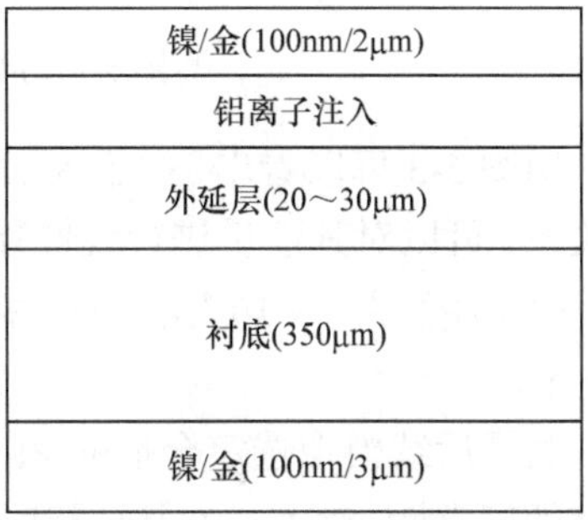

(1) 电极金属层厚度相较于 N 型外延层和 N 型衬底，是一个小量。1MeV 中子在探测器尺寸上具有很强穿透力，碰撞事件在厚度上分布均匀，故电极层可在建模时予以忽略。

(2) 经计算，SiC 外延层及衬底掺杂浓度低于晶体原子浓度的 0.1%，且其反应截面相比 C/Si 原子并不突出，不会对模拟结果产生可见影响，故不再设置复杂混合物作为模型材料，仅设置参数建立 SiC 材料即可。

镍/金(100nm/2μm)
铝离子注入
外延层(20～30μm)
衬底(350μm)
镍/金(100nm/3μm)

图 5-2　SiC PIN 二极管结构模型[10]

经过如上简化，确定模拟材料为 SiC，模型为$\phi 4\text{in} \times 0.37\text{mm}$ 的圆柱体。利用该模型即可模拟中子在探测器中产生 PKA 的行为与主要产物，分析 PKA 的能量分布及 PKA 的数目与中子注量关系。

5.1.2　初级碰撞模拟结果

由于计算能力限制过高的注量模拟，本小节模拟了注量为 1×10^{10}～$1 \times 10^{13}\text{cm}^{-2}$ 的 1MeV 中子入射 SiC 的初级碰撞过程。得到碳 PKA 和硅 PKA 数量与中子注量的关系，并由此外推到 $1.3 \times 10^{16}\text{cm}^{-2}$ 的情况，作为辐射致漏电流理论计算的基础数据。图 5-3 为 PKA 数目与中子注量的关系。模拟中，PKA 包括 ^{12}C、

* in 表示英寸，1in = 2.54cm。

^{13}C、^{14}C(记为 C PKA)，以及 ^{28}Si、^{29}Si、^{30}Si(记为 Si PKA)。

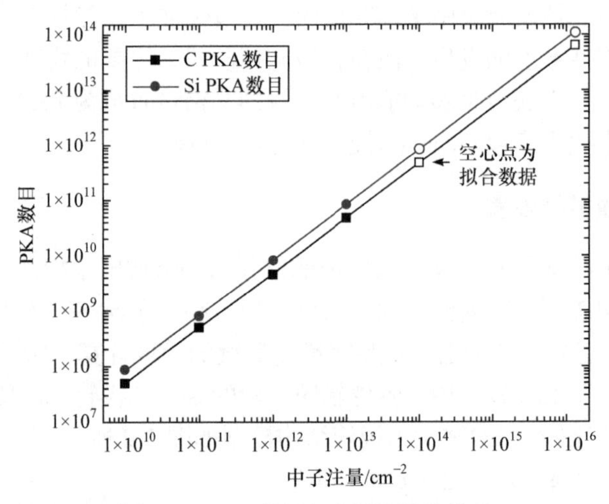

图 5-3　PKA 数目与中子注量的关系

由图 5-3 可以看出，中子入射 SiC 撞出的 PKA 数目与中子注量保持极好的线性关系，可以对其注量进行线性外推从而得到更高剂量的 PKA 数目。经过外推计算，中子注量为 $1\times10^{14}cm^{-2}$ 时，模型内 C PKA 为 4.76×10^{11} 个，Si PKA 为 8.31×10^{11} 个。

为了后续模拟选定合适的 PKA 能量，提供等效计算的依据，也为了验证模拟程序的可靠性，对 $1\times10^{13}cm^{-2}$ 注量下的 PKA 能量分布进行了统计，得出了 1MeV 中子入射 SiC 产生 PKA 的能谱如图 5-4 所示。

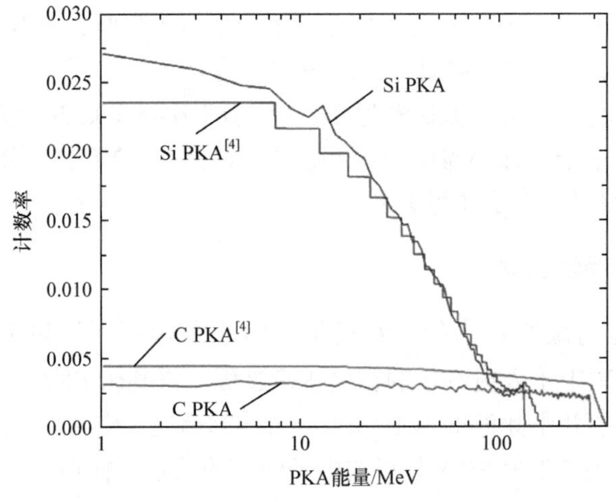

图 5-4　1MeV 中子入射 SiC 产生 PKA 的能谱

将该能谱与郭达禧[4]的模拟研究进行了比对，验证模拟可靠性。由图 5-4 可以看出，模拟的能谱基本保持一致，但由于郭达禧的模拟中子为 1～1.4MeV 连续能量的中子，而本小节能谱是由 1MeV 单能中子入射 SiC 产生的，中子产生的 PKA 最大能量与 C/Si PKA 数目比例有一定差异。经过对能谱数据的计算可得到 1MeV 中子撞出 PKA 的平均能量。其中，C PKA 平均能量为 133.845keV，而 Si PKA 则为 38.521keV。

另外，考虑缺陷在电场中处于不同位置时对电学性能的影响程度不同。有必要对 PKA 的产生深度进行统计，图 5-5 为中子在 SiC 中产生 PKA 的深度分布。

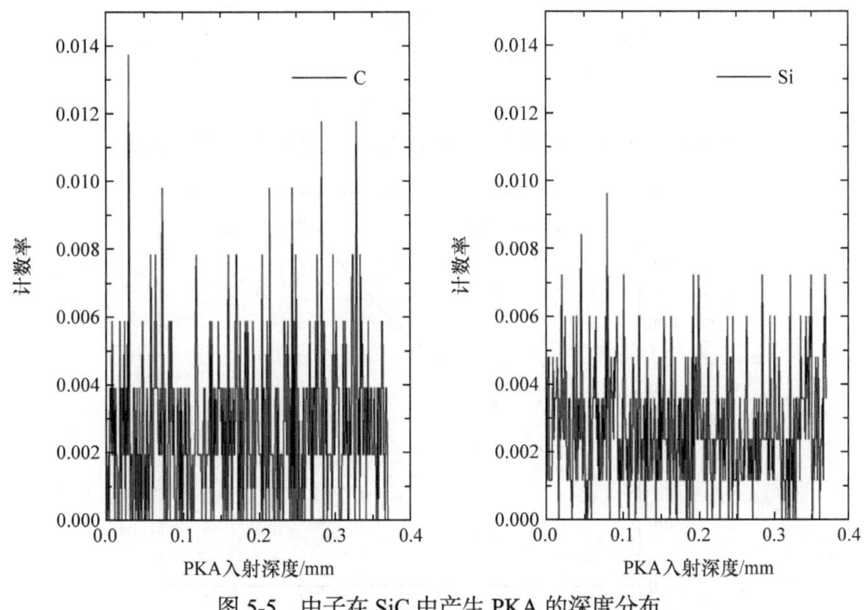

图 5-5　中子在 SiC 中产生 PKA 的深度分布

可见，由于中子的高度穿透性，撞出 PKA 的位置是随机的，在材料内深度可以视为均匀分布。这验证了模型简化过程的合理性。也说明了在 SRH 复合理论的优化计算中，仅需考虑电场增强效应而不需要考虑缺陷的空间分布对理论计算的影响(即在二极管尺寸的尺度上，可以认为缺陷是均匀分布的)。

为了探究中子能量及其对 PKA 能量分布及数目的影响，得到后续理论计算的关键参数以提高计算的准确性。本小节还模拟了 1～5MeV 中子入射 SiC 时产生的 PKA 数目和平均能量与入射中子能量的关系，如图 5-6 及图 5-7 所示。中子注量均设置为 $1\times10^{12}\text{cm}^{-2}$。

由图 5-6 可见，中子能量升高，撞出 PKA 的数目有下降趋势。这是因为中子与 C/Si 原子的微观反应截面随能量升高而减小。其中，在 4MeV 又有回升，是因为中子与 C/Si 原子的微观截面在 0.01～10MeV 有密集的共振峰[4]，PKA 数目产

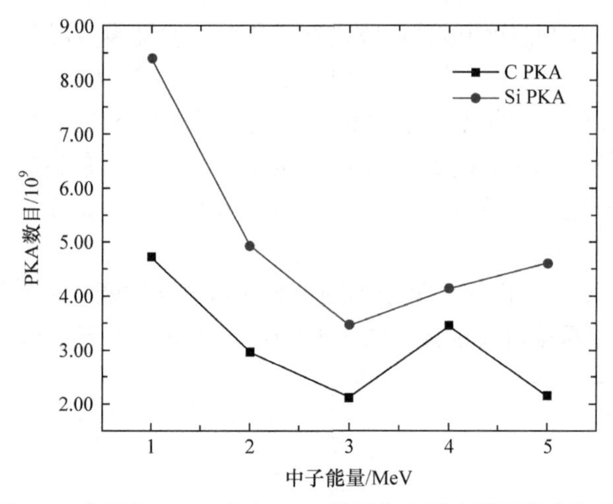

图 5-6　中子在 SiC 中产生 PKA 数目与入射中子能量的关系

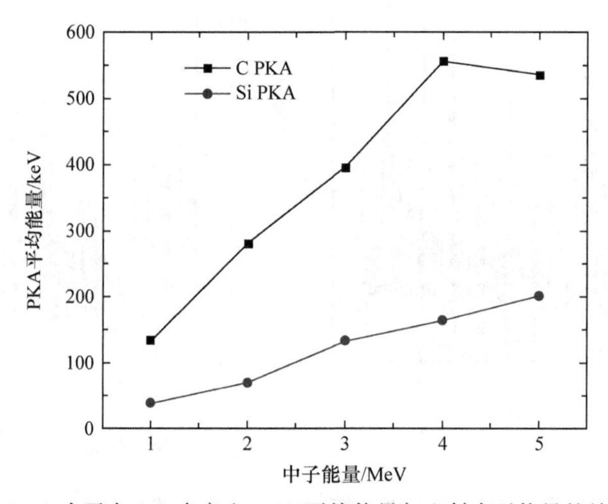

图 5-7　中子在 SiC 中产生 PKA 平均能量与入射中子能量的关系

生起伏。在 4MeV 后，中子与 SiC 晶体原子发生核反应，产生了少量质子、α粒子及镁、铝等原子。

由图 5-7 可见，中子撞出的 PKA 平均能量随中子能量增大而增大。

本节通过对中子在器件中初级碰撞过程的蒙特卡罗模拟，获取了 PKA 的数目、原子类型、位置及能量信息。对其进行进一步分析得到了 PKA 数目与中子注量的线性关系，得到了 PKA 能谱及其随 PKA 入射深度的分布。最后通过模拟，得到了不同能量中子撞出 PKA 的平均能量及数目情况。

5.2　PKA 级联碰撞的分子动力学模拟

当 PKA 被中子碰撞，离开自身晶格位置后，它可与其他晶格原子碰撞进一步撞出次级撞出原子(secondary knock-on atom，SKA)及三级撞出原子(tertiary knock-on atom，TKA)等。它们继续与晶体原子碰撞导致更多原子被撞出，直至所有原子的动能均低于离位阈能，不再产生新的原子离位，这样的过程称为“级联碰撞”。在该阶段(10^{-13}s 量级)，各级反冲原子还如同入射重离子一样，通过对 SiC 原子核外电子的激发和电离作用，或通过与 SiC 晶体原子发生库仑散射损失能量在晶体中沉积电离能损。其中，若库仑散射传递给 SiC 晶体原子的能量高于其离位阈能，也可使其离开晶格位置。库仑散射产生的离位原子及各级撞出原子都有可能成为间隙原子(interstitial)，并在原来的晶格位置留下空位(vacancy)。由于 SiC 晶体材料有 Si 及 C 两种原子，其空位和间隙缺陷也细分为 C 空位缺陷(V_C)、Si 空位缺陷(V_{Si})、C 间隙缺陷(I_C)和 Si 间隙缺陷(I_{Si})四种。此外，若 C 的晶格位置被 Si 取代则产生一个 C 反位缺陷(C_{Si})，Si 的晶格位置被 C 原子取代则会产生一个 Si 反位缺陷(Si_C)。

对于级联碰撞阶段，可以将 PKA 的行为看作一定能量重离子入射 SiC 晶体。这样，便可用分子动力学(MD)模拟方法，模拟其与晶体的相互作用过程。进而获取各级撞出原子在晶体中的离位级联情况。

晶格原子在离位级联最剧烈的阶段，短时间内获得了大量来自 PKA 的能量沉积，在有限区域内剧烈运动。随着晶格原子运动的加剧，在 PKA 运动径迹周围的有限空间内，沉积的能量转换为热能，使该区域温度急剧升高，形成热峰效应(thermal spike)。在热峰效应的时间尺度内(10^{-13}～10^{-12}s)，原子运动的加剧使得间隙缺陷与空位缺陷发生明显的复合，或产生反位缺陷。随着热能的传递，级联区域在 10^{-11}～10^{-10}s 逐渐冷却至环境温度，称为弛豫冷却阶段。

在级联碰撞阶段及弛豫冷却阶段，均采用分子动力学(MD)方法进行模拟。该阶段完成后，缺陷数目及位置将在 MD 模拟最大时间尺度内保持相对稳定。

5.2.1　势函数与材料结构模型

针对 SiC，一般使用 Tersoff 所提出的 Tersoff 势函数[11]及 Ziegler 和 Biersack 提出的 ZBL 势函数[12]。下面详细介绍这两种势函数。

(1) Tersoff 势函数在量子力学原理上给出键的强度与周围环境的关系。该势函数的建立前提，是认为模拟体系内任意两原子之间的键合能共同组成体系总能量。键强受周边物理环境影响，如近邻原子的多少影响键强的强弱。Tersoff 势函数主要描述 C—Si、C—C、Si—Si 间的相互作用关系。

(2) ZBL 势函数是一种屏蔽静电势。与传统的势函数描述原子间的长距离相互作用力不同，ZBL 势函数主要描述了原子间的短距离作用力。在模拟中考虑了电子阻止后，模拟中的原子间最小距离可能远远小于 Tersoff 势函数的作用力范围。于是单纯使用 Tersoff 势函数不能准确进行模拟，计算误差较大，故必须综合 Tersoff 势函数与 ZBL 势函数来更好地模拟 PKA 在 SiC 中的级联碰撞与弛豫冷却阶段。

对于 MD 模拟的材料模型建立过程，由于 LAMMPS 程序建模的方法不够简洁，使用了 Material Studio(MS)对 4H-SiC 进行了建模。4H-SiC 晶格常数为 $a = b = 0.3073$nm，$c = 1.0053$nm。键角$\alpha = \beta = 90°$，$\gamma = 120°$。4H-SiC 晶胞模型的立体及俯视图如图 5-8 所示。

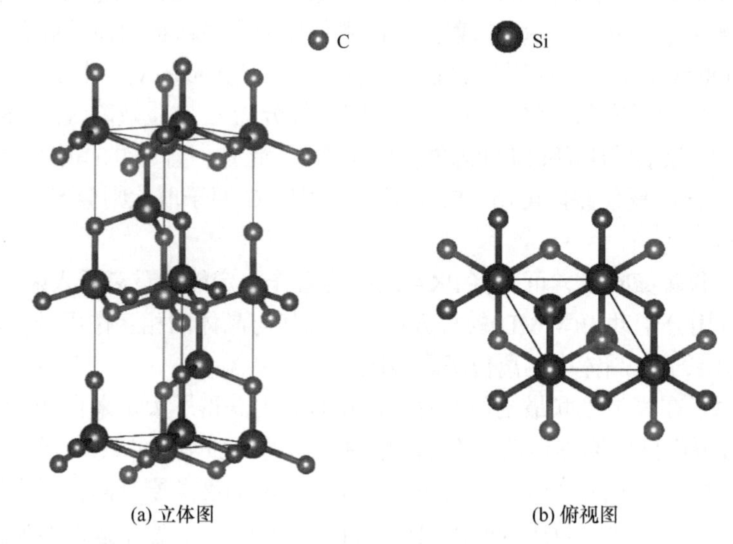

(a) 立体图　　(b) 俯视图

图 5-8　4H-SiC 晶胞模型的立体及俯视图

图 5-9　4H-SiC 晶体模型

建立模型后，将其导入 LAMMPS 后处理软件 OVITO 中，转为 LAMMPS 可读取的 data 文件。在程序中，使用“read_data”命令进行读取。并在读取后，按照需要使用“replicate”命令复制延拓晶胞至合适尺寸(尽量不被 PKA 穿透的最小尺寸)。最终建立的 4H-SiC 晶体模型如图 5-9 所示，其尺寸为 13.87nm × 13.87nm × 30.26nm。

5.2.2　计算内容与程序设计

为研究 PKA 在 4H-SiC 中的级联碰撞及弛豫冷

却行为，为后续模拟提供依据，本小节利用 LAMMPS 软件模拟了能量从 5～20keV 的 C PKA 及 5～30keV 的 Si PKA，分别在 300K(室温)及 500K 温度下入射 4H-SiC 的情况。模拟总时间为 11.7ps，包括了 PKA 的级联碰撞及弛豫冷却过程。模拟体系的结构如图 5-10 所示，在晶体边界使用周期性边界条件，除入射面以外(避免热浴对 PKA 能量产生影响)，以热浴包围晶体以保持其温度恒定，实现 NVT 系综。势函数选择 Tersoff/ ZBL 混合势。

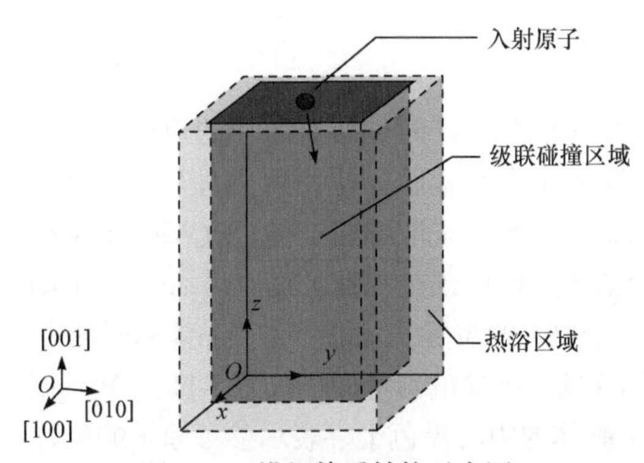

图 5-10　模拟体系结构示意图

PKA 的入射过程设置是通过在晶体模型上表面(入射面)的中心区域选取一个 Si 或 C 原子，给定初速度以假定其为被中子撞出的 PKA。原子的入射方向选取为 [4 11 –95]，以避免发生沟道效应。

本小节的级联碰撞模拟采用 Farrell 等[13]的变时间步长方法，在级联碰撞时采用最短的时间步长，以避免在 PKA 还未慢化时撞出的高能离位原子在一个步长时间内位移过大而损失计算细节，甚至导致模拟不收敛的问题。当模拟进入热峰阶段，可适当增大时间步长。但由于此时材料局部温度急剧升高，原子热运动仍过于剧烈，步长仍要足以保持不失去细节。在弛豫冷却的时期，原子运动相对不明显，缺陷位置及数目几乎稳定，可使用较大的时间步长，以节省计算时间。

模拟的物理过程及设置方法具体如下：

(1) 预热阶段。在该阶段对包括级联模拟部分及热浴部分的所有原子进行 Langevin 热浴，将温度恒定于模拟温度(300K 或 500K)。在该阶段，步长设为 1×10^{-3}ps，预热 1×10^{4} 步共 10ps。

(2) 热平衡弛豫。在级联模拟部分，去掉热浴改为正则系综(NVE)；设计为热浴部分的晶体区域，继续对其进行 Langevin 热浴。在该阶段，步长设为 1×10^{-3}ps，预热 1×10^{4} 步共 10ps；体系在 20ps 的预热及弛豫后达到了热平衡的稳定状态。

(3) PKA 级联碰撞。在此阶段开始之前，设置 PKA 速度参数，使其入射级联碰撞模拟区域。在此阶段 PKA 能量较高，撞出原子能量高，体系原子运动剧烈，

故选择 1×10^{-5}ps 的时间步长，模拟 2×10^{4} 步共 0.2ps。

(4) 热峰效应。该阶段可稍微增大时间步长。选择 1×10^{-4}ps 的时间步长，模拟 1.5×10^{4} 步共 1.5ps。

(5) 冷却阶段。此阶段可大幅增加时间步长，选择 1×10^{-3}ps 的时间步长，模拟 1×10^{4} 步共 10ps。

对 PKA 级联碰撞及弛豫冷却的分子动力学模拟共计 11.7ps。

5.2.3　数据处理方法

LAMMPS 软件输出的是设定时刻所有原子的速度、位置，其自身不识别微观缺陷。用户须自行定义缺陷类型后，使用后处理软件和程序脚本，处理和分析 LAMMPS 的模拟结果。本小节采取维格纳-塞茨(Wigner-Seitz)方法[14]定义碳化硅中所有可能的简单点缺陷，即以预热和弛豫完成后，PKA 尚未被赋予动能前的体系作为完美晶体记录每个原子的位置。以每个完美晶体原子为中心，在其外设置一个胞体，并将该原子称为这个胞体的参考原子。图 5-11 为 Wigner-Seitz 方法定义缺陷的示意图，其中每个胞体的中心黑色十字表示参考原子的位置，其种类为 C 或 Si；而后，在需要获取缺陷信息的时刻，将晶体内每一个胞体的原子种类及数目分别记录并进行判断。图中虚实两种圆形即模拟开始后某时刻 C/Si 原子的位置。

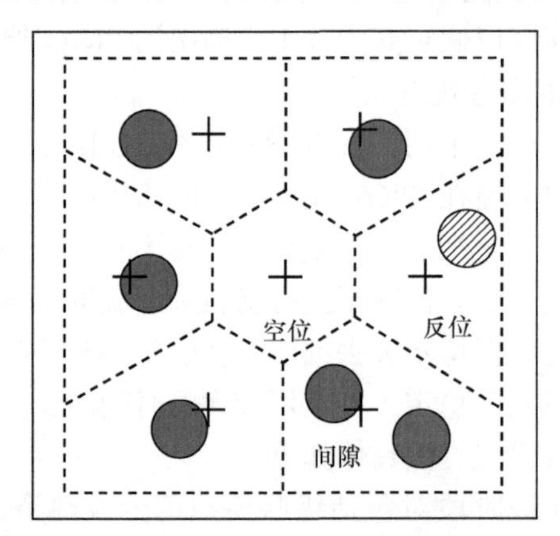

图 5-11　Wigner-Seitz 方法定义缺陷的示意图

(1) 某时刻，若某个胞体内无原子，便记录此胞体中心位置有一空位缺陷。其中，若胞体参考原子为 C，则缺陷为 V_C；反之，若参考原子为 Si，则缺陷为 V_{Si}。

(2) 当胞体内有一个原子，若其与参考原子种类相同，则定义为正常原子。如果原子类型不同，根据参考原子不同分别为 C_{Si}(参考原子为 Si)或 Si_C(参考原子为 C)。

(3) 当胞体内有两个原子，若其中与参考原子类型相同的原子数不为 0，则认为此位置有一间隙缺陷。否则，认为该处有一个反位缺陷加一个间隙缺陷。鉴于其定义的复杂性，Rong 等[15]总结给出表 5-1 所示的胞体内原子数为 2 时的各种情况对应缺陷定义。

表 5-1　胞体内原子数为 2 时的各种情况对应缺陷定义

参考原子	某时刻胞体内原子	缺陷定义
C	C + Si	I_{Si}
C	C + C	I_C
C	Si + Si	$Si_C + I_{Si}$
Si	C + Si	I_C
Si	C + C	$C_{Si} + I_C$
Si	Si + Si	I_{Si}

(4) 当胞体内有两个以上的原子时，则认为该处形成了复杂的间隙原子团。

本研究涉及多尺度的模拟，可在后续的 KMC 模拟中研究缺陷的成团行为，故不需要在 MD 的模拟阶段定义与分析缺陷的团簇，仅需定义简单的点缺陷并获取其时空分布即可。

5.2.4　结果与讨论

本小节对 5keV、10keV、15keV、19.6keV、24.4keV 和 30keV 的 Si PKA 及 5keV、11.7keV、14.7keV、20keV 的 C PKA 分别在 300K 和 500K 的辐照温度下入射 4H-SiC 的离位级联过程进行了分子动力学模拟。得到了长时间演化(退火)前，C 空位缺陷(V_C)、Si 空位缺陷(V_{Si})、C 间隙缺陷(I_C)、Si 间隙缺陷(I_{Si})、C 反位缺陷(C_{Si})和 Si 反位缺陷(Si_C)共 6 种点缺陷较为稳定的空间分布。

(1) 300K 温度下，不同能量 Si PKA 离位级联后晶体内的缺陷分布如图 5-12 所示。其中，10keV 的 Si PKA 入射模拟体系时，在较浅位置发生了碰撞并大角度地改变运动方向，故其缺陷分布靠近模拟体系上部。

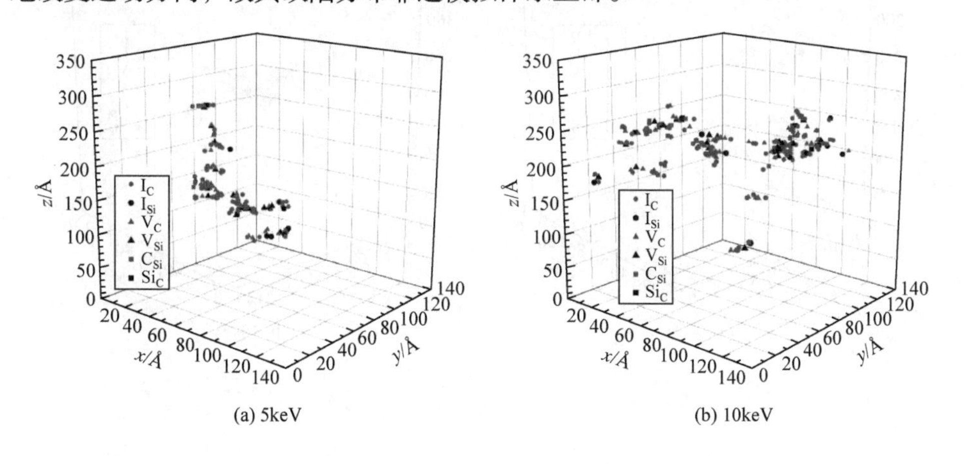

(a) 5keV　　(b) 10keV

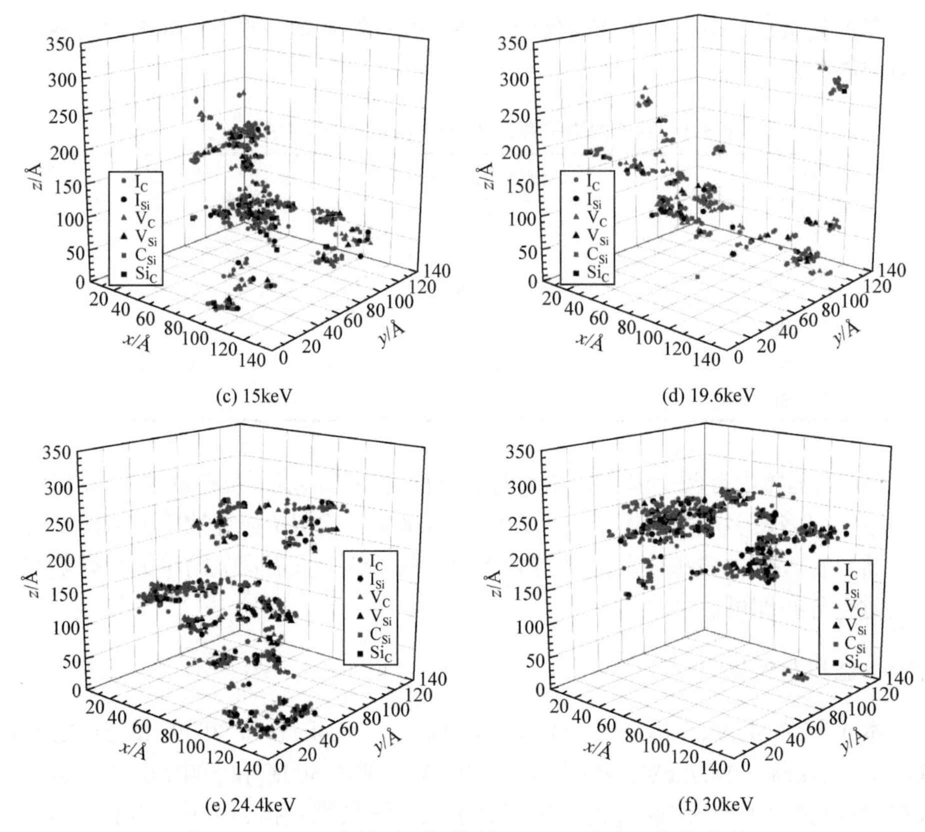

(c) 15keV　(d) 19.6keV

(e) 24.4keV　(f) 30keV

图 5-12　300K 温度下不同能量 Si PKA 产生缺陷的分布

(2) 500K 温度下，不同能量 Si PKA 离位级联后晶体内的缺陷分布如图 5-13 所示。

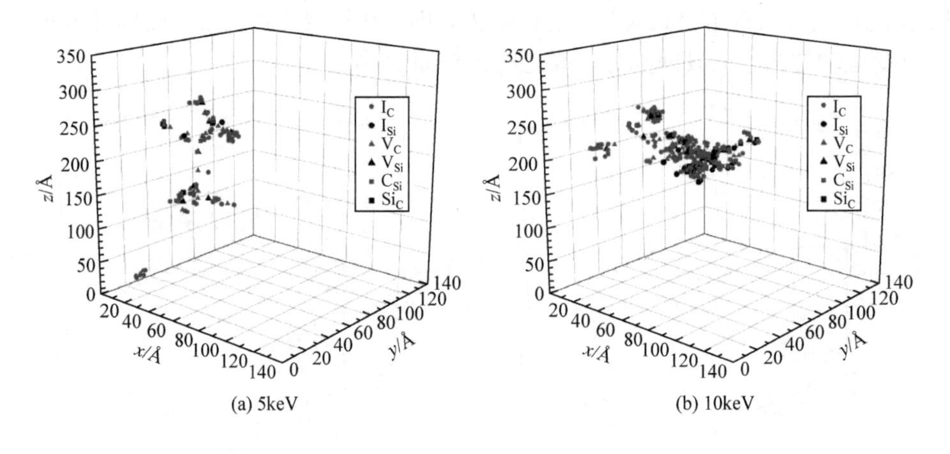

(a) 5keV　(b) 10keV

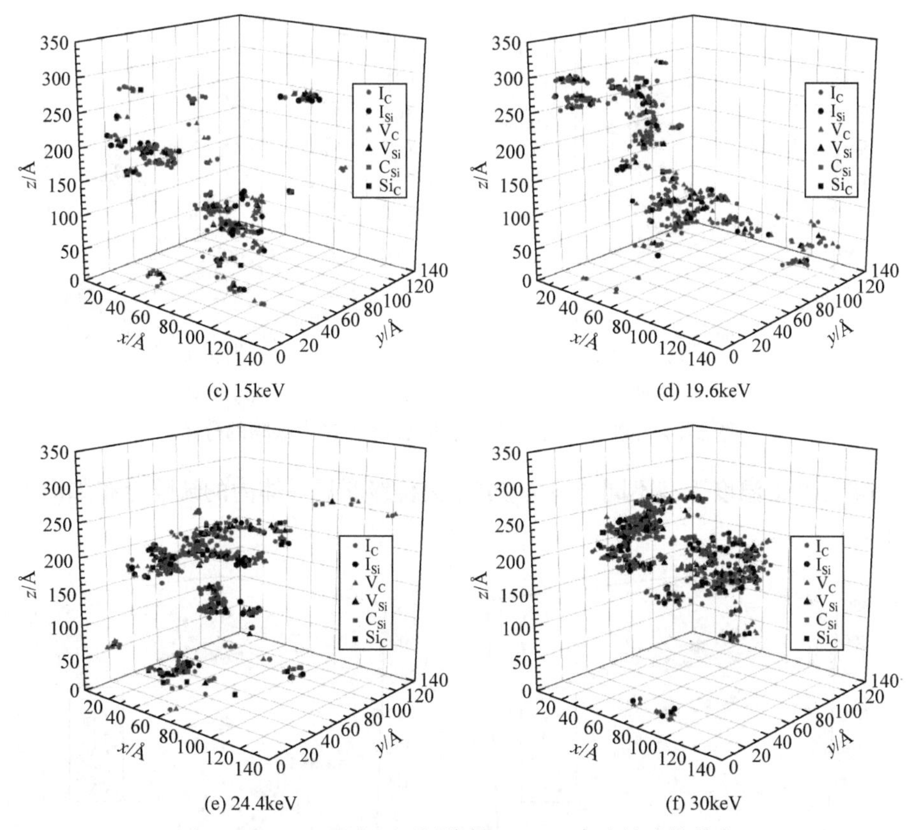

(c) 15keV　(d) 19.6keV

(e) 24.4keV　(f) 30keV

图 5-13　500K 温度下不同能量 Si PKA 产生缺陷的分布

(3) 300K 温度下，不同能量 C PKA 离位级联后晶体内的缺陷分布如图 5-14 所示。

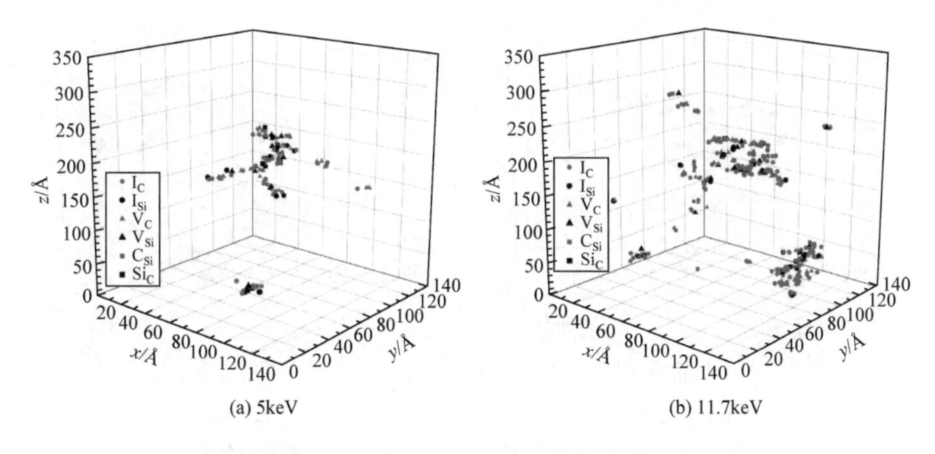

(a) 5keV　(b) 11.7keV

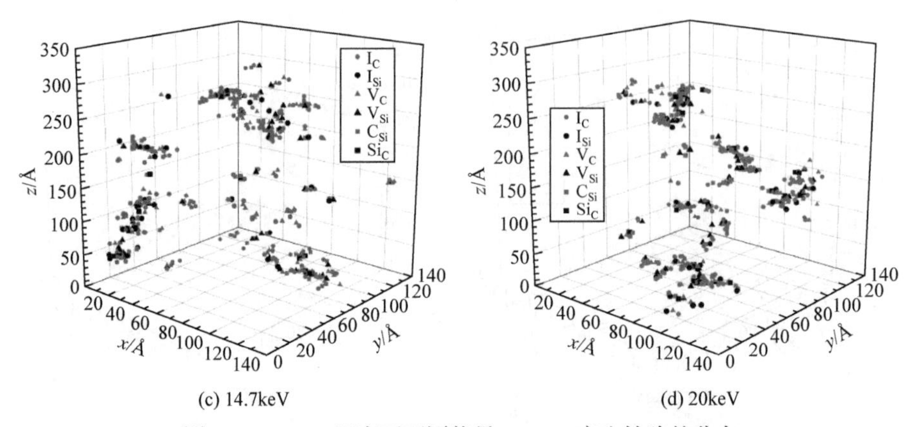

(c) 14.7keV　　(d) 20keV

图 5-14　300K 温度下不同能量 C PKA 产生缺陷的分布

(4) 500K 温度下，不同能量 C PKA 离位级联后晶体内的缺陷分布如图 5-15 所示。

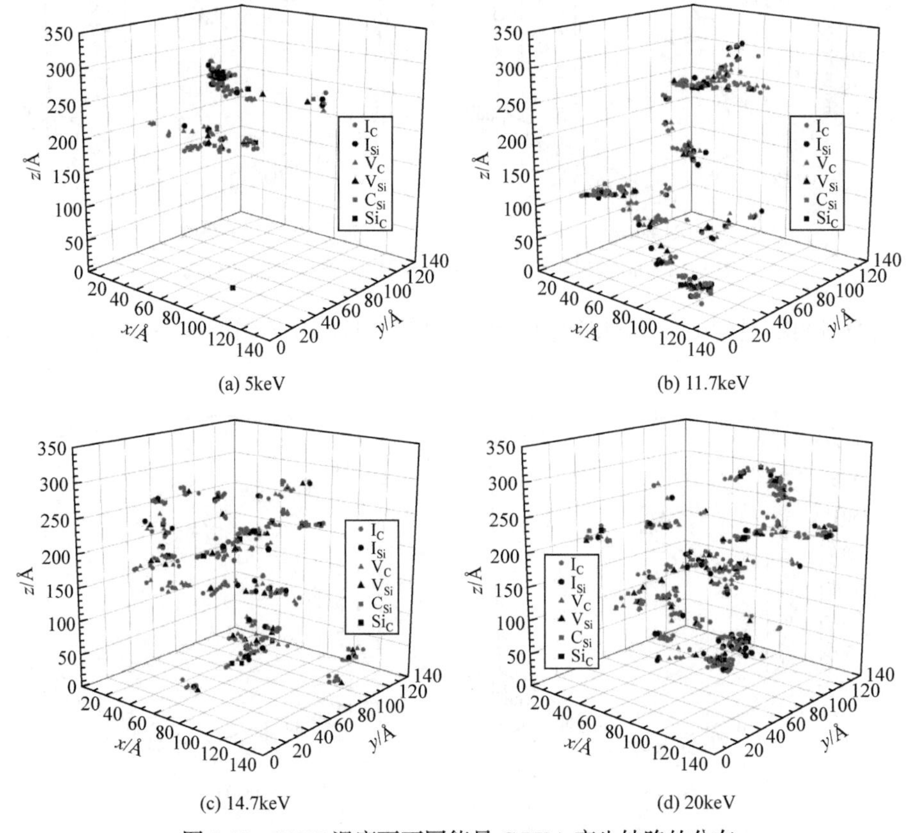

(a) 5keV　　(b) 11.7keV

(c) 14.7keV　　(d) 20keV

图 5-15　500K 温度下不同能量 C PKA 产生缺陷的分布

300K 下的 5keV C 由于动能最小，没有引发强烈的反应。其原子质量小，材料阻止能力差，故在入射后最好地显示了 PKA 及反冲原子的运动轨迹。

在模拟中，30keV 的 Si PKA 和 20keV 的 C PKA 均穿出了模型，但周期性边界条件的设置，系统会使得镜像面上再入射一个与出射 PKA 速度相同的原子。在空间分布上可以清楚看到有 2～3 个分离的缺陷团簇，其显示的 PKA 运动方向基本一致。再次入射的径迹与初次入射有一定距离，不同径迹上的缺陷相互作用不是很强，故一定程度上可以认为 PKA 穿透模拟体系时产生的缺陷数目，近似等于其完整滞留于更大体系时产生的缺陷数目。以这种方法处理产生缺陷数目与 PKA 能量的关系，得到如图 5-16 所示的 300K PKA 产生缺陷数目与 PKA 能量的关系，线性拟合良好，符合其他研究者[16,17]所得出的缺陷数目与 PKA 能量呈线性关系的结论。

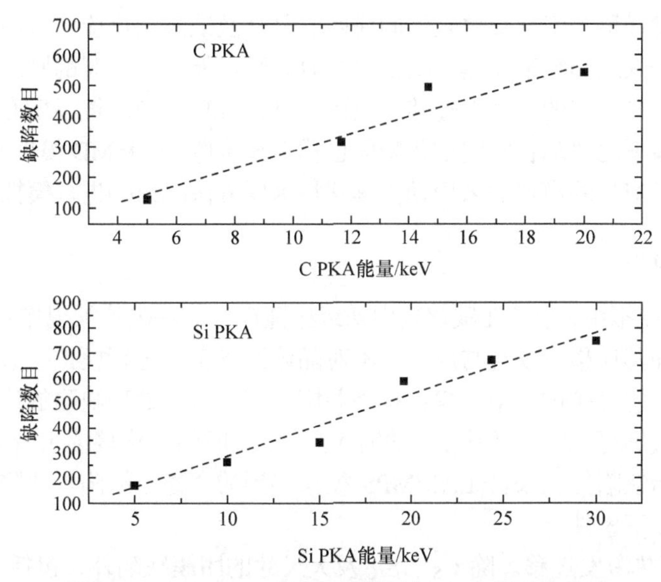

图 5-16　300K PKA 产生缺陷数目与 PKA 能量的关系

利用这一线性关系，可以将中子产生的 PKA 能谱作归一化的等效处理。便可以在后续计算中，结合 5.1 节得出的 PKA 数目与中子注量的关系，将缺陷长时间演化的 KMC 模拟结果与 Geant4 对初级碰撞的模拟结果进行耦合。

值得指出，在 300K 温度下，30keV Si PKA 穿透模拟体系时具有 19.6keV 的能量。若不考虑周期性边界条件的特殊性，认为其造成的缺陷数目是对 30keV 模拟结果与 19.6keV 模拟结果的和进行处理，会造成较大误差。从原理和结果来看，这是一种易犯的错误处理方法。

理论上，缺陷数目与 PKA 能量的线性关系保持至 PKA 发生核反应的能量阈值。

本节利用 LAMMPS 对多个能量的 Si PKA 及 C PKA 在 300K 和 500K 的辐照温度下入射 4H-SiC 的离位级联过程进行了分子动力学模拟。获取了离位级联后，PKA 产生的介稳态点缺陷在模拟体系中的分布。可以看出，缺陷的数目及径迹的尺寸随 PKA 能量的增大而增大。通过对缺陷数目随 PKA 能量变化规律的统计与分析，得到了缺陷数目随 PKA 能量变化的线性规律。为后续的模拟及多尺度模拟间的耦合提供了初始参数及耦合系数。

5.3　4H-SiC 中缺陷长时间演化的 KMC 模拟

对于缺陷长时间演化阶段，在长达秒以上量级的时间尺度上，点缺陷会发生随机的热激发迁移，引起简单缺陷间成团、复合及缺陷间反应。进而形成双原子缺陷、多原子缺陷和缺陷团簇，损伤严重时甚至可能产生宏观的肿胀、空泡等材料损伤。该阶段缺陷的热激发迁移、成团、复合过程均与环境温度有密切关系，一定温度条件下的缺陷长时间演化阶段也称退火阶段。由于 MD 模拟时间的限制，对缺陷长时间演化的模拟需采用动力学蒙特卡罗方法(KMC)进行模拟。

5.3.1　计算方法

KMC 的模拟中，中子在碳化硅中初级碰撞产生的缺陷均被视作对象，以事件发生概率处理其迁移、复合与反应。不对晶体原子实体进行模拟，故分子动力学的输出文件不能直接被 KMC 模拟程序调用。需要自行处理缺陷的位置信息后，以一定的格式编写 KMC 模拟程序的输入文件。长时间演化接续于级联碰撞之后，故模拟的初始缺陷信息来自 LAMMPS 模拟得到的介稳态缺陷。缺陷在长期演化中，可发生以下事件。

(1) 缺陷热激发迁移。除 C_{Si}、Si_C 及大尺寸的团簇缺陷外，包括 C/Si 间隙、空位在内的点缺陷均可在模拟区域内进行随机的迁移运动。其迁移频率为

$$v_m = v_{m0} e^{\left(-\frac{E_m}{k_B T}\right)} \tag{5-1}$$

$$v_{m0} = \frac{2dD_0}{\lambda^2} \tag{5-2}$$

式中，v_{m0} 为初始频率，Hz；d 为迁移运动的维度，三维模型中取值为 3；k_B 为玻尔兹曼常量，eV · K；T 为环境温度，K；E_m 为迁移能，eV；D_0 为扩散系数。表 5-2 给出了点缺陷的形成能、迁移能及扩散系数等[4]。

表 5-2　点缺陷的形成能、迁移能及扩散系数 D_0[4]

点缺陷类型	形成能/eV	迁移能/eV	$D_0/(10^{-3}\mathrm{cm}^2\cdot\mathrm{s}^{-1})$
V_C	4.19	3.66	0.743
V_{Si}	4.97	3.20	0.743
I_C	6.95	0.67	1.230
I_{Si}	8.75	1.48	3.300
C_{Si}	4.03	11.70	—
Si_C	3.56	11.60	—

(2) 由态密度泛函理论，V_{Si}可以转化为V_C+C_{Si}复合缺陷，即 Si 空位附近的 C 原子倾向于填补 Si 的空位，在原本 Si 空位上引入一个 C_{Si}，并在自身位置上留下 V_C。

(3) 缺陷之间发生撞出反应或复合反应。复合反应分为两种，一种是同类的间隙原子填补空位成为正常原子，如 I_C 可以填补 V_C 使体系同时消失一对缺陷；另一种则是不同类的间隙原子填补空位，体系消失一对缺陷的同时产生一个新的反位缺陷，如 I_C 与 V_{Si} 复合产生一个 C_{Si}。而撞出原子则会令损伤部分恢复，产生可移动间隙原子[18,19]。

(4) 邻近反位缺陷复合。反位缺陷不能迁移，故只有邻近的反位缺陷可能复合而产生 $C_{Si}+Si_C$。由于空间关系的限制，这种反应的事例并不显著。此外，I_{Si} 运动至 V_C+C_{Si} 附近，也可能与之反应产生 $C_{Si}+Si_C$。

(5) 团簇的形成与增长。定义在 0.3073nm 内两个以上的稳态缺陷为团簇。点缺陷中仅 V_{Si} 呈负电，其他则不显电性。所以，仅有 V_{Si} 不能形成团簇。所有的团簇生成后，可以按反应概率发生随机的分解，但不会发生整体的迁移或扩散。

在模拟中，选取不会射出模拟体系的最大能量 C/Si 原子作为 PKA 入射 SiC 模型，其中 Si 原子选择 24.4keV，C 原子选择 14.7keV。MD 模拟至相对稳定状态后，导出缺陷信息作为 KMC 模拟初始点缺陷。

本节考虑的缺陷反应包括点缺陷复合以及撞出反应、反位缺陷对的复合和多间隙多空位等复杂缺陷团簇的形成。

5.3.2　程序设计

为得到各类型缺陷在 300K 和 500K 下的长时间演化情况，按如下参数及步骤设置程序。

先按照表 5-2 的参数设置各类点缺陷形成能、迁移能及扩散系数。然后设置体系大小为 138nm × 138nm × 302nm，并使用 cascade 文件引入 MD 模拟得到的缺陷初态分布。设置演化的环境温度为 300K 或 500K。

在程序中设计一个循环结构以便累加模拟时间，向其中引入一个初始时间 $a = 1.50 \times 10^{-9}$s，引入一个比例系数 $b = 1.5$。引入模拟时间，并赋初值 $c = a$。当循环开始后，在每次循环的末尾，模拟时间重置即 $c' = c \cdot b$，这样就完成了演化时间呈等比数列自动增加。

循环经历 96 次，模拟从 1.5ns～2.5a 的退火演化过程。最后设置导出数据及其格式，便完成了程序的设计。

5.3.3 结果与讨论

对 14.7keV C PKA 及 24.4keV Si PKA 入射碳化硅晶体，分别在 500K 及 300K 的环境温度下长达 2.5a 的长时间演化过程进行了模拟，得到 500K 和 300K 温度下 14.7keV C PKA 和 24.4keV Si PKA 产生的缺陷数目随时间的演化，分别如图 5-17～图 5-20 所示。

由图 5-17 可以看出，500K 温度下 C PKA 在 SiC 晶体中造成各类缺陷数目随时间的变化情况，显示了缺陷长时间演化的典型特征。其演化可按 C 原子相关缺陷的行为大致分为两个阶段。

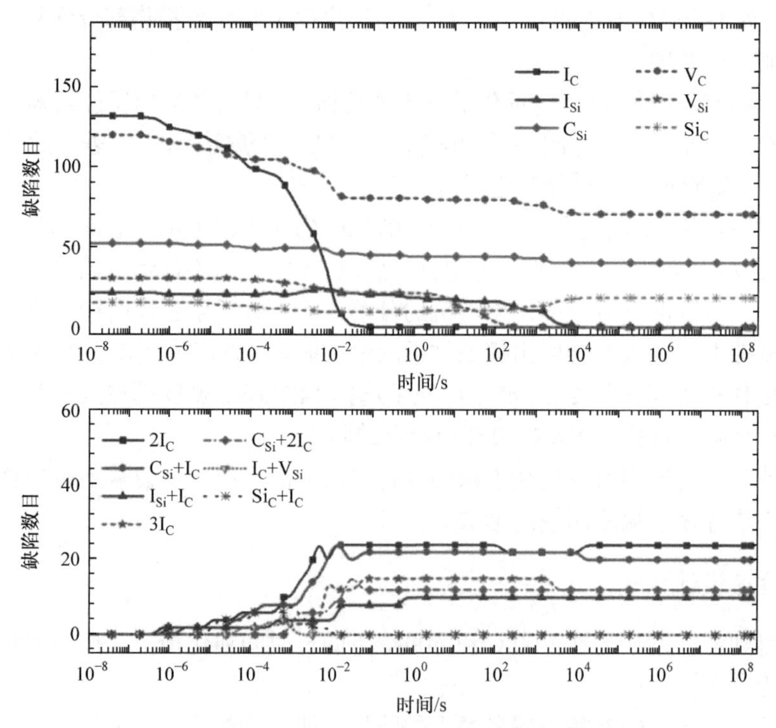

图 5-17 500K 14.7keV C PKA 产生的缺陷数目随时间的演化

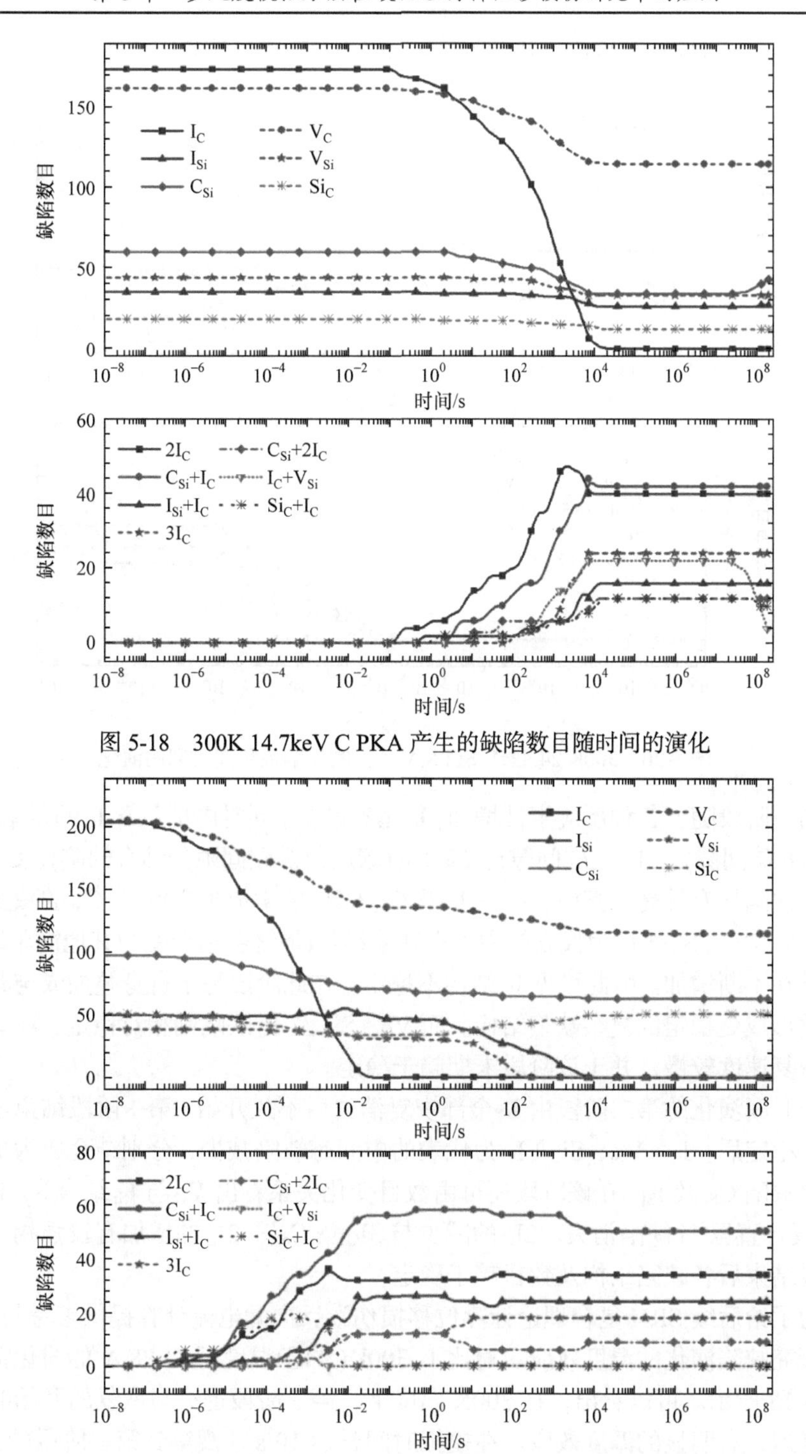

图 5-18　300K 14.7keV C PKA 产生的缺陷数目随时间的演化

图 5-19　500K 24.4keV Si PKA 产生的缺陷数目随时间的演化

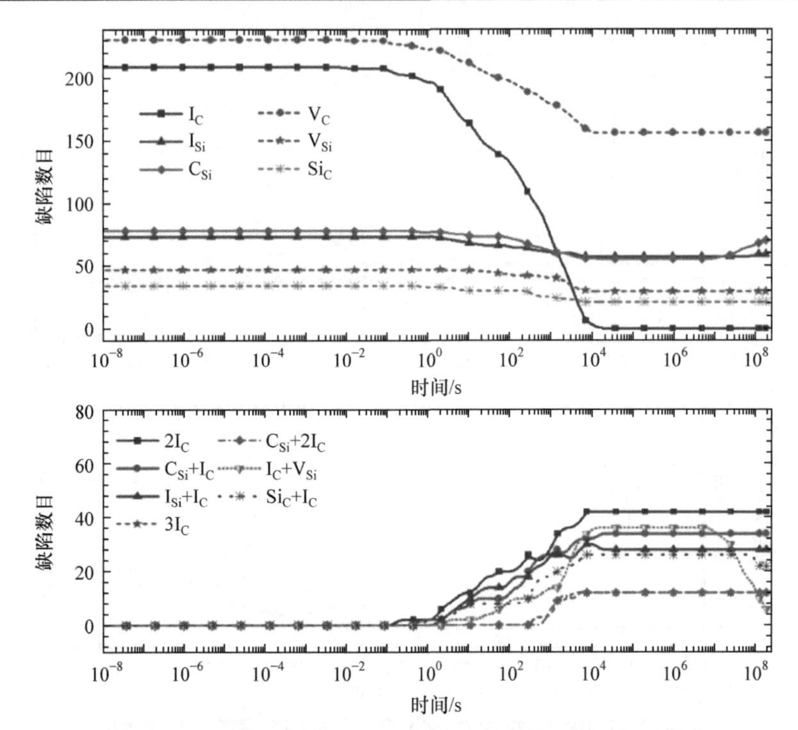

图 5-20　300K 24.4keV Si PKA 产生的缺陷数目随时间的演化

第一阶段随着各种反应事件增加，I_C迅速减少，同时内部包含I_C的复杂缺陷，如$2I_C$(双碳间隙)、$3I_C$(三碳间隙)、$C_{Si}+I_C$(碳反位及碳间隙的结合缺陷)、$C_{Si}+2I_C$等复杂缺陷均有升高。其中，$C_{Si}+I_C$及$C_{Si}+2I_C$的生成也导致了C_{Si}的减少。同时，以I_C+V_{Si}、Si_C+I_C为代表的中间态缺陷结构(最终会结合变为其他简单缺陷)，也明显在不断增加。由此可见I_C结构不稳定，在此阶段易于自身叠加或与其他缺陷堆叠形成更稳定的复杂缺陷结构。而V_C、Si_C及I_{Si}缺陷则相对稳定，在该阶段退火恢复速度较慢，并于该阶段末期趋于稳定。

长时间演化的第二阶段由I_C全部恢复消失后不久开始。第一阶段结束经历了短暂的稳定后，I_C+V_{Si}、Si_C+I_C为代表的中间态缺陷减少，分别结合成为更稳定的简单缺陷C_{Si}及I_{Si}。在该阶段还可由数目变化关系看出V_C与I_{Si}结合为Si_C，V_{Si}与I_{Si}复合直至 Si 缺陷消失。$2I_C$的减少与$3I_C$及$C_{Si}+2I_C$的增加有较强相关性。该阶段结束后各缺陷结构及数目趋于稳定。

为了给后续 SRH 复合理论计算位移损伤致反向漏电流计算提供参考与参数，以及探究缺陷演化的温度效应。对比了 300K(常温)温度下 C PKA 的演化情况，如图 5-18 所示。可以看出，在 300K 温度下，第一阶段退火与恢复的开始时间被大幅延迟，有明显的温度效应。在模拟时间长达 10^7s 才观察到第二阶段的开始，模拟的 2.5a 时长内未见第二阶段的结束，故在后续理论计算中，认为 300K 温度下缺陷的演化只进行到第一阶段结束达到稳态。

此外，还对比了 Si PKA 入射碳化硅晶体的情况，如图 5-19 及图 5-20 所示。可以看到，Si PKA 所产生的缺陷之间的反应与退火演化行为和 C PKA 具有高度相似性。

为验证模拟的可靠性，将耦合模拟得到的 PKA 产生缺陷数目随 PKA 能量的变化关系与其他文献进行对比，图 5-21、图 5-22 分别为 Si PKA 和 C PKA 产生的缺陷数目与 PKA 能量的关系，可见模拟结果是可靠的。

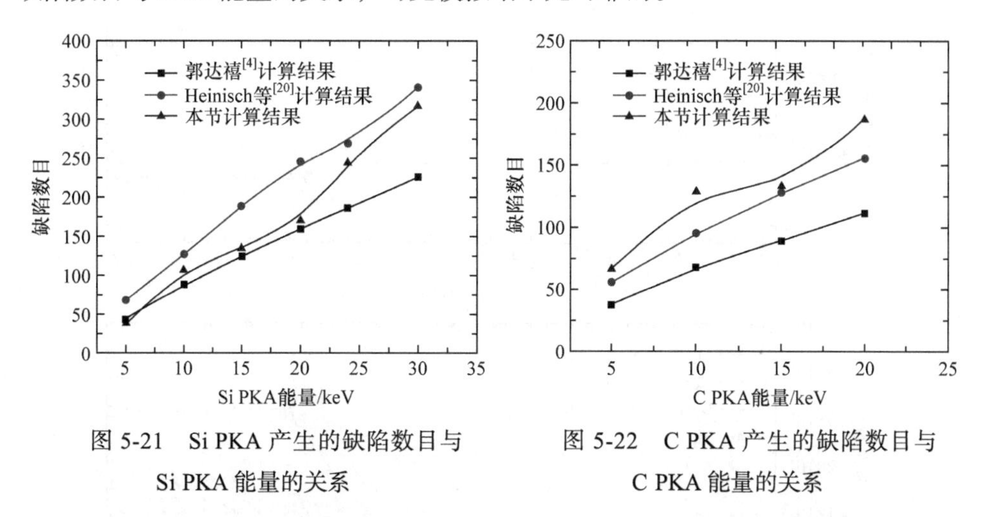

图 5-21　Si PKA 产生的缺陷数目与 Si PKA 能量的关系

图 5-22　C PKA 产生的缺陷数目与 C PKA 能量的关系

其中，郭达禧[4]的计算方法为利用 SRIM 软件计算 PKA 位移能量损失并利用 NRT 模型计算产生的缺陷数目。Heinisch 等[20]则是用数值方法求解 PKA 产生的缺陷数目。

至此，通过 KMC 和 LAMMPS 的耦合模拟，得到了不同能量 C PKA 和 Si PKA 产生的稳定缺陷数目。利用公式(5-3)可以得到一定注量和能量的中子在模拟体系中产生的稳定缺陷数目，并可以得到其长时间的演化情况。

$$N_i(t)=\delta_{\mathrm{C}}(\phi,E)\eta_{\mathrm{C}}(E)n_i^{\mathrm{C}}(t)+\delta_{\mathrm{Si}}(\phi,E)\eta_{\mathrm{Si}}(E)n_i^{\mathrm{Si}}(t) \tag{5-3}$$

式中，$N_i(t)$ 为剂量为 ϕ、能量为 E 的中子产生的第 i 类缺陷在 t 时刻的数目；$\delta_{\mathrm{C}}(\phi,E)$ 为剂量为 ϕ、能量为 E 的中子产生的 C PKA 数目，其数值可由 5.1.2 小节的图 5-3 及图 5-6 得到；$\eta_{\mathrm{C}}(E)$ 为能量为 E 的中子产生的能谱平均能量的 C PKA 产生的缺陷数目与 14.7keV C PKA 产生的缺陷数目之比，可由 5.2.4 小节图 5-16 得到；$n_i^{\mathrm{C}}(t)$ 为 300K 下 14.7keV C 产生的第 i 类缺陷数目；$\delta_{\mathrm{Si}}(\phi,E)$ 为剂量为 ϕ、平均能量为 E 的中子产生的 Si PKA 数目；$\eta_{\mathrm{Si}}(E)$ 为能量为 E 的中子产生的能谱

平均能量的 Si PKA 产生的缺陷数目与 24.4keV Si PKA 产生的缺陷数目比；$n_i^{\mathrm{Si}}(t)$ 为 300K 下 24.4keV Si 产生的第 i 类缺陷数目。

将注量 $1.3\times10^{16}\mathrm{cm}^{-2}$、平均能量 1MeV 的数据代入公式(5-3)，可以得到模拟体系中各类缺陷数目在 300K 和 500K 温度下随时间的演化情况如图 5-23 和图 5-24 所示。

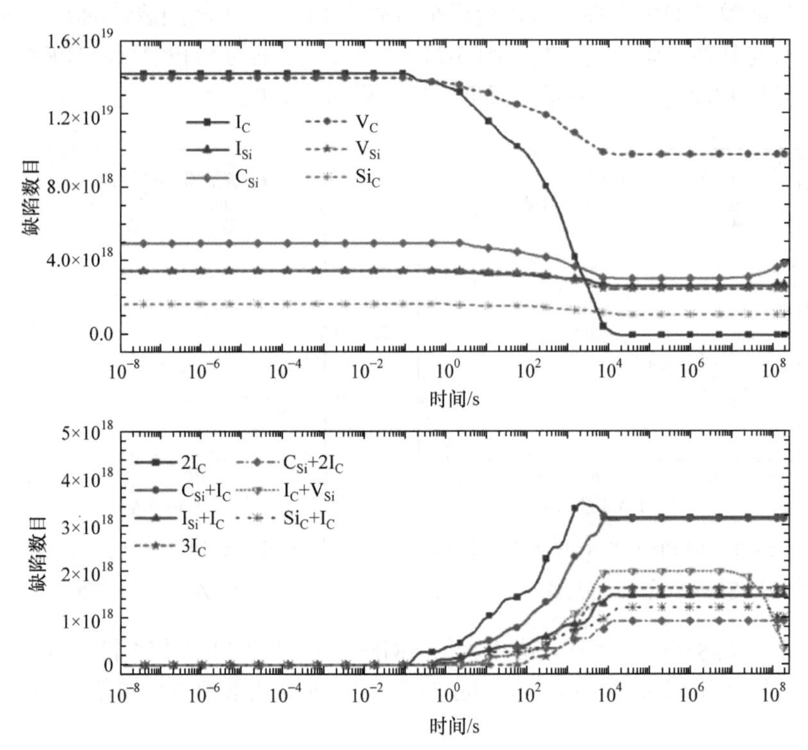

图 5-23 300K 下各类缺陷数目随时间的演化情况

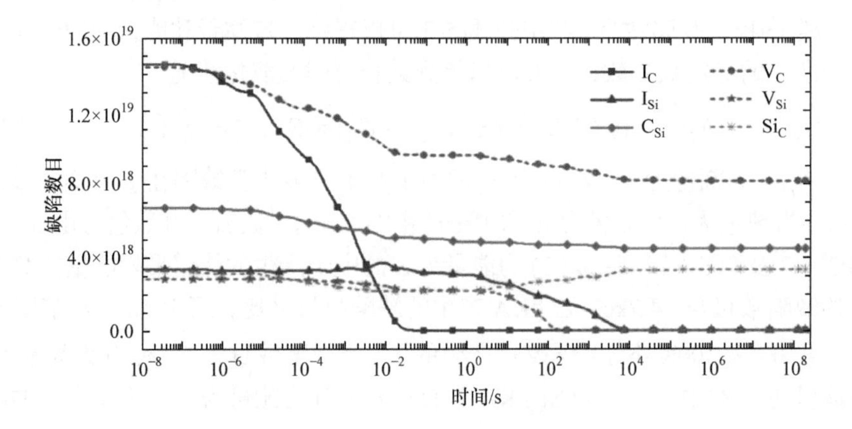

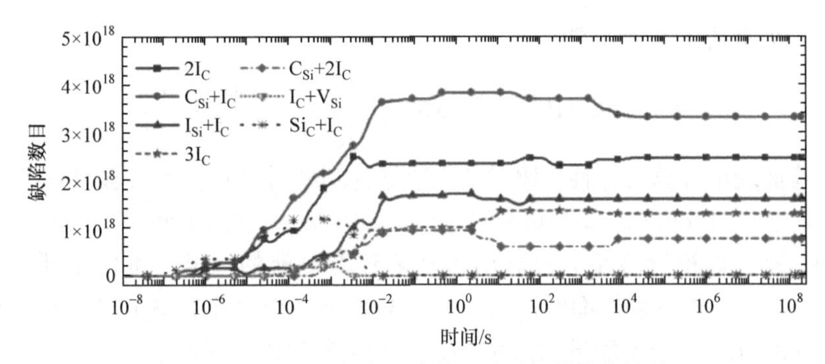

图 5-24　500K 下各类缺陷数目随时间的演化情况

本节利用 KMC 模拟，得到了 PKA 产生的缺陷长时间演化的两阶段行为特征。获得了缺陷演化至稳定状态时各类缺陷的数目。利用耦合公式(5-3)，将 Geant4 对初级碰撞的模拟，LAMMPS 对离位级联的模拟与本节的 KMC 长时间演化的模拟结合起来，获得了一定能量、注量中子入射 SiC 二极管产生的缺陷数目随时间的演化规律。为后续的缺陷分析及 SRH 复合理论计算中子位移损伤致辐射漏电流提供了参数和依据。

5.4　位移损伤致反向漏电流的计算

为研究在不同使用温度条件下中子位移损伤导致的 SiC PIN 二极管反向漏电流，并判断和推测其抗辐射性能及使用寿命，本节利用 SRH 复合理论对其进行计算，计算参数如表 5-3 所示，具体使用公式为式(3-34)。

表 5-3　位移损伤致辐射漏电流计算参数

参数	值	参数	值
ε_{SiC}	8.7	E_i	$E_c - 1.63$eV
ε_0	8.85×10^{-14}F · cm^{-1}	E_t	$E_c - 1.55$eV
q	1.6×10^{-19}C	σ_n	1×10^{-12}cm^2
π	3.1416	σ_p	1×10^{-12}cm^2
V_{bi}	2.1V	k_B	1.38×10^{-12}

注：ε_{SiC} 为 SiC 的相对介电常数。

式(3-34)中，v_{th}、n_i 两值与温度 T 均紧密相关，分别由式(5-4)和式(5-5)[21]计算得出：

$$v_{th} = \sqrt{\frac{3k_B T}{m^*}} \tag{5-4}$$

式中，m^*为载流子有效质量。

$$n_{\mathrm{i}} = 3.95\times 10^{15}\cdot T^{3/2}\exp\left(\frac{3.77T}{T+1300}-\frac{18926.911}{T}\right) \tag{5-5}$$

为验证理论计算可靠性，比对实验数据为刘林月等对 PIN 二极管辐照实验结果[10]，取 $2\times10^{16}\mathrm{cm}^{-2}$ 注量下测量结果与 $7\times10^{15}\mathrm{cm}^{-2}$ 注量下测量结果的差值。由于 SRH 复合理论计算是计算新引入缺陷致漏电流的增量，可模拟计算 $1.3\times10^{16}\mathrm{cm}^{-2}$ 中子注量下的反向漏电流，与实验结果进行比较。辐照实验中，中子平均能量 3.06MeV，峰值能量 2MeV，反应堆能谱如图 5-25 所示。

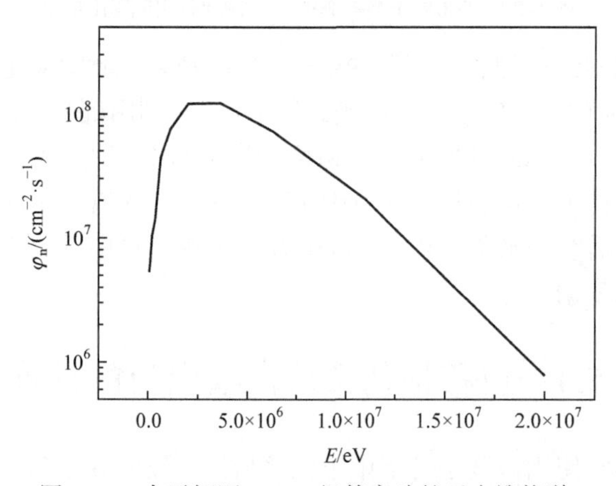

图 5-25　中子辐照 PIN 二极管实验的反应堆能谱

如 5.1.2 小节所述，由于中子能量对 PKA 能量及数目产生影响，为了更贴合实验条件，使用 3MeV 中子 Geant4 模拟结果耦合 LAMMPS 及 KMC 模拟结果。在考虑了电场增强效应后，由式(3-34)及式(5-3)，给出了经 $1.3\times10^{16}\mathrm{cm}^{-2}$、3MeV 中子瞬时辐照的 SiC PIN 二极管器件在 300V 反向偏压和 315K 温度下，位移损伤致反向漏电流的长时间演化情况，如图 5-26 所示。其中，3MeV 中子产生的 C PKA 平均能量为 395.53keV，Si PKA 平均能量为 133.97keV。由图 5-26 可以看出，随着主要缺陷在瞬时辐照结束后退火减少，位移损伤致漏电流也在不断减小直至 1500s 时才逐渐稳定。

SiC PIN 二极管在探测器及航天电子元器件的应用中，面临更多的是中低注量率长时间辐照的环境而非瞬时辐照。这种情况下，器件漏电流随位移损伤的积累逐渐增大，同时辐照的电离效应会在漏电流随时间演化曲线上造成锯齿状震荡。Auden 等[22]对 Si 基器件的实验揭示了这种现象。为了揭示 SiC PIN 器件反向漏电流与中子注量的关系，为其在中子辐照环境下的使用提供参考，模拟计算了碳化硅 PIN 二极管在能量为 3MeV，注量率为 $1\times10^{13}\mathrm{cm}^{-2}\cdot\mathrm{s}^{-1}$ 的中子辐照 1000s 的过

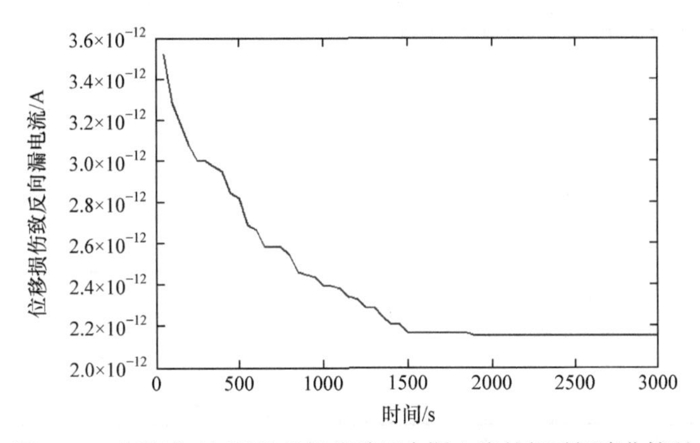

图 5-26　中子瞬时辐照位移损伤致反向漏电流的长时间演化情况

程中漏电流变化及停止辐照后的演化情况，如图 5-27 所示。其反向偏压为 300V，温度 315K。

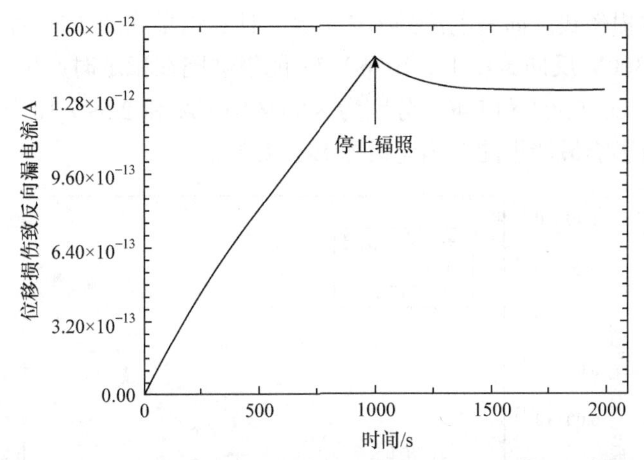

图 5-27　注量率为 $1\times10^{13}cm^{-2}\cdot s^{-1}$ 的中子辐照 1000s 的过程中位移损伤致漏电流变化及停止辐照后的演化情况

由图 5-27 可以看出，随着中子辐照的持续，PIN 器件漏电流随着中子注量的增大而增大，趋势呈线性。这是因为，虽然中子辐照致缺陷会随时间有所恢复，但随着辐照的持续进行，中子不断在器件内引入大量新的位移缺陷，故器件电流仍不断随时间的推移而增大。模拟计算不考虑电离效应，故图线上没有电离效应造成的锯齿状震荡。在辐照停止后，已经引入的缺陷经历了退火恢复，造成了漏电流的小幅回落。

在 3MeV，注量率为 $1\times10^{9}cm^{-2}\cdot s^{-1}$ 的中子辐照环境下，照射 10^5s 的过程中器件漏电流变化情况如图 5-28 所示。其反向偏压为 300V，温度 315K。

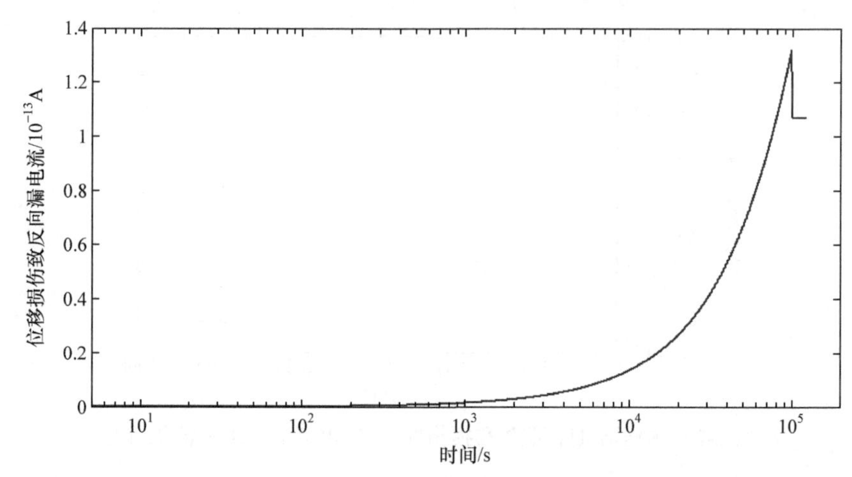

图 5-28 注量率为 $1\times10^{9}\text{cm}^{-2}\cdot\text{s}^{-1}$ 的中子辐照位移损伤致反向漏电流的演化情况

另外，为显示反向偏压产生的电场增强效应，计算了同样辐照条件下二极管中子辐照位移损伤致反向漏电流的 I-V 关系，计算结果如图 5-29 所示。其中，在 315K 温度，300V 反向偏压下，EH6/EH7 能级缺陷在稳定时产生反向漏电流为 2.89×10^{-12}A，而 E304 和 E400 分别为 8.93×10^{-28}A 和 2.59×10^{-20}A，对于位移损伤致漏电流影响最严重的缺陷能级即 EH6/EH7。

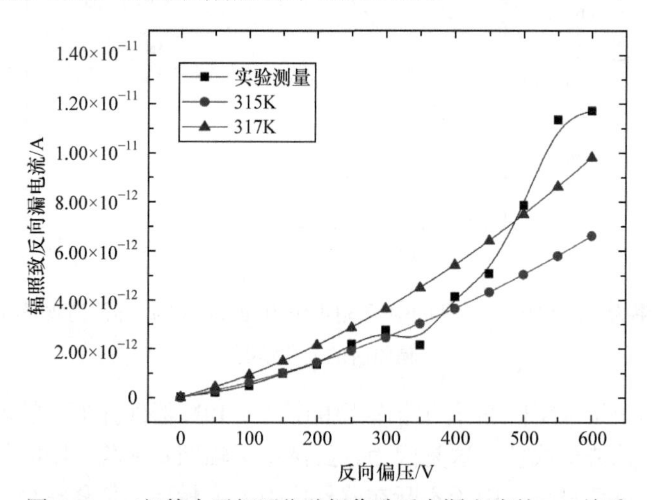

图 5-29 二极管中子辐照位移损伤致反向漏电流的 I-V 关系

由图 5-29 可见，理论计算呈现指数增长的趋势，与实验结果一致。其中，315K 的温度条件更接近实验，但结果偏小。其偏小的主要原因如下：

(1) 实验所用中子源是具有大量快中子的反应堆。其中，高能的中子成分造成的 PKA 能量极大，在 SiC 中离位级联造成的缺陷数目可能不完全遵循 5.1 节中所述的线性关系。使用 3MeV 的平均中子能量进行模拟会低于实际情况。

(2) 经过计算，在中子注量低于 $3.11 \times 10^{14} cm^{-2}$ 时，中子产生的 PKA 浓度在 LAMMPS 模拟体系中仅为 1 个 PKA，不需要考虑 2 个以上 PKA 同时或先后入射同一 LAMMPS 模拟体系的情况。当注量为 $1.3 \times 10^{16} cm^{-2}$ 时，可能存在 2 个以上 PKA 同时或先后入射同一 LAMMPS 模拟体系的情况，影响稳定缺陷间的数目与中子注量的关系。

(3) 由于模拟计算不涉及界面态效应，模拟计算结果与实验有所差异。

5.5 本 章 小 结

通过对碳化硅 PIN 二极管中子位移损伤的多尺度模拟研究，主要得到以下结论：

(1) 在 Geant4 对中子初级碰撞的蒙特卡罗模拟中，获得了 PKA 的数目、原子类型、位置及能量信息。其中，PKA 数目与中子注量保持极好的线性关系。经过外推计算，当中子注量为 $1 \times 10^{14} cm^{-2}$ 时，模型内 C PKA 数目为 4.76×10^{11} 个，Si PKA 数目为 8.31×10^{11} 个。得到 1MeV 中子撞出 PKA 的能谱，并通过统计计算得到其平均能量。其中，C PKA 为 133.845keV，而 Si PKA 为 38.521keV。经过对 PKA 的产生深度的统计，得到中子由于其高度穿透性，撞出 PKA 的位置是随机的，深度分布可被视为是均匀的。

通过对 1～5MeV 中子进行模拟，可以看出随着中子能量升高，PKA 平均能量的大幅增高。但 PKA 的数目随中子能量增大有下降趋势，在 4MeV 又有回升，是因为中子与 C/Si 原子的微观反应截面随能量升高而减小，且中子与 C/Si 原子的微观反应截面在 0.01～10MeV 有密集的共振峰[4]，缺陷数目产生起伏。在 4MeV 后，中子与 SiC 晶体原子发生核反应，产生了少量质子、α 粒子及镁、铝等原子。

(2) 通过分子动力学方法模拟不同能量 PKA 在材料中产生各缺陷类型离位级联过程，得到缺陷分布情况。离位级联产生的缺陷数目与 PKA 能量呈线性关系。

(3) 对缺陷在 300K 和 500K 的环境温度下长达 2.5a 的长时间演化过程进行了模拟，得到缺陷长时间演化的典型特征，并得到了稳定缺陷的种类、数目和分布情况。

缺陷长时间演化的典型特征可概括为两个阶段，第一阶段随着 I_C 的迅速减少，内部包含 I_C 的复杂缺陷的生成，以及中间态缺陷结构的生成。I_C 结构不稳定，易于自身叠加或与其他缺陷堆叠。第二阶段以 $I_C + V_{Si}$、$C_{Si} + I_C$ 为代表的中间态结合成为更稳定的简单缺陷 C_{Si} 及 I_{Si}。同时伴随 V_C 与 I_{Si} 结合为 Si_C，V_{Si} 与 I_{Si} 复合直至 Si 缺陷消失。该阶段结束后各缺陷结构及数目趋于稳定。

对比 300K 温度下，C PKA 的演化情况，其模拟时间长达 10^7s 才观察到第二阶段的开始，在模拟的 2.5a 时长内未见第二阶段的结束，认为 300K 温度下缺陷的演化只进行到第一阶段结束达到稳态。

(4) 通过 SRH 复合理论计算中子在 SiC PIN 二极管中引入稳定缺陷所造成位移损伤电流，与实验结果符合较好。利用 SRH 复合理论，计算并探究了场强及使用温度对器件位移损伤致反向漏电流的影响。

参 考 文 献

[1] 韩苗苗. 4H-SiC 辐照损伤分子动力学模拟初步研究[D]. 哈尔滨: 哈尔滨工程大学, 2013.

[2] 李家昌. 4H-SiC PiN 二极管高温可靠性研究[D]. 西安: 西安电子科技大学, 2014.

[3] 胡青青. 碳化硅中子探测器的研究[D]. 长沙: 国防科技大学, 2012.

[4] 郭达禧. 碳化硅的不同辐照源的缺陷初态与离位级联的产生及演化的研究[D]. 西安: 西安交通大学, 2015.

[5] 白玉新, 刘俊琴, 李雪等. 碳化硅(SiC)功率器件及其在航天电子产品中的应用前景展望[J]. 航天标准化, 2011, 7(3): 10-17.

[6] 刘林月. 基于碳化硅探测器的脉冲中子探测技术研究[D]. 西安: 西北核技术研究所, 2018.

[7] 李桃生, 陈军, 王志强. 空间辐射环境概述[J]. 辐射防护通讯, 2008, 28(2) : 1-9.

[8] SASAKI S, KAWAHARA K, FENG G, et al. Major deep levels with the same microstructures observed in n-type 4H-SiC and 6H-SiC[J]. Journal of Applied Physics, 2011, 109(1): 013705.

[9] 尚也淳. SiC 材料和器件特性及其辐照效应的研究[D]. 西安: 西安电子科技大学, 2001.

[10] LIU L Y, LI F P, BAI S, et al. Silicon carbide PIN diode detectors used in harsh neutron irradiation[J]. Sensors Actuators A, 2018, 280: 245-251.

[11] RURALI R, HERNÁNDEZ E, GODIGNON P, et al. First principles studies of neutral vacancies diffusion in SiC[J]. Computational Materials Science, 2003, 27(1-2): 36-42.

[12] BIERSACK J P, ZIEGLER J F. Refined universal potentials in atomic collisions[J]. Nuclear Instruments and Methods in Physics Research, 1982, 194(1-3): 93-100.

[13] FARRELL D E, BERNSTEIN N, LIU W K. Thermal effects in 10keV Si PKA cascades in 3C-SiC[J]. Journal of Nuclear Materials, 2009, 385(3): 572-581.

[14] STUKOWSKI A. Visualization and analysis of atomistic simulation data with OVITO—The open visualization tool[J]. Modelling & Simulation in Materials Science & Engineering, 2010, 18(1): 1185-1188.

[15] RONG Z, GAO F, WEBER W J, et al. Monte Carlo simulations of defect recovery within a 10keV collision cascade in 3C-SiC[J]. Journal of Applied Physics, 2007, 102(10): 205-245.

[16] DEVANATHAN R, WEBER W J, GAO F, et al. Atomic scale simulation of defect production in irradiated 3C-SiC[J]. Journal of Applied Physics, 2001, 90(5): 2303-2309.

[17] COWEN B J, EL-GENK M S. Point defects production and energy thresholds for displacements in crystalline and amorphous SiC[J]. Computational Materials Science journal, 2018, 151: 73-83.

[18] ZHENG M J, SWAMINATHAN N, MORGAN D, et al. Energy barriers for point-defect reactions in 3C-SiC[J]. Physical Review B, 2013, 88(5): 054105.

[19] ROMA G, CROCOMBETTE J P. Evidence for a kinetic bias towards antisite formation in SiC nano-decomposition[J]. Journal of Nuclear Materials, 2010, 403(1-3): 32-41.

[20] HEINISCH H L, GREENWOOD L R, WEBER W J, et al. Displacement damage cross sections for neutron-irradiated silicon carbide[J]. Journal of Nuclear Materials, 2002, 307: 895-899.

[21] 田石, 刘国辉. 宽禁带半导体的本征载流子浓度[J]. 科技创新与应用, 2015, 2: 26-27.

[22] AUDEN E C, WELLER R A, MENDENHALL M H, et al. Single particle displacement damage in silicon[J]. IEEE Transactions on Nuclear Science, 2012, 59(6): 3054-3061.

第 6 章　多尺度模拟方法在氮化镓材料位移损伤研究中的应用

氮化镓(GaN)是第三代半导体材料，相比于传统的第一代半导体材料(如 Si、Ge)和第二代半导体材料(如 GaAs、InP)，GaN 材料拥有带隙宽、击穿电场高、饱和电子速率大、热导率高、化学性能稳定和抗辐射能力强等优点，成为高温、高频、大功率微波器件的首选材料之一[1-5]。目前，GaN 器件有三分之二被应用于军工电子，如军事通信、电子干扰、雷达等领域；在民用领域，由于 GaN 器件的功率放大效率较其他材料更高，能节省大量能耗，且可以几乎覆盖无线通信的频段，转换效率高，能够有效减小基站体积和重量，在通信基站、功率器件等方面逐渐被广泛应用。随着 GaN 器件在军事通信、国防、空间和航天等领域中日益增长的应用需求，GaN 材料在辐射环境下的损伤问题引起了国内外科学界广泛关注。

Kažukauskas 等[6]研究了 0.1MeV 中子对 GaN 单晶材料的辐照损伤，中子注量为 5×10^{14}～1×10^{15}cm^{-2}。结果表明，随着中子注量的增加，热刺激电流减少了几个数量级。张明兰等[7,8]通过对中子辐照前后的 GaN 器件持续光电导率和低温光致发光的测量，发现了中子辐照会增强 GaN 的持续光电导率。张得玺[9]计算了中子在栅注入晶体管中 P-AlGaN 栅极、AlGaN 沟道层和 GaN 外延层中的位移损伤情况。结果显示，随着中子注量的增加，空位密度线性增加；当中子注量为 10^{14}cm^{-2}量级时，GaN 沟道层空位密度为 10^{16}cm^{-3} 量级；中子注量增加到 10^{15}cm^{-2} 量级时，空位缺陷密度可达 10^{17}cm^{-3} 量级。吕玲[10]对 AlGaN/GaN 异质结进行平均中子能量 1MeV，最高注量达 1×10^{15}cm^{-2} 辐照后，观察到异质结出现了面密度和迁移率降低，电阻率明显增加的现象。Wang 等[11,12]用中子辐照 GaN 外延层，发现中子辐照会导致载流子浓度减少，并认为 GaN 外延层载流子浓度减少与中子辐照诱导结构缺陷产生载流子陷阱有关。由国内外进展可知，GaN 材料中辐照诱生的结构缺陷会对 GaN 器件中载流子浓度、电导率及电阻等参数产生一定的影响。

6.1　不同中子能谱环境下 GaN 中产生的初级反冲原子能谱研究

当宇宙射线进入大气层，射线中极高能量的粒子与大气中的原子核发生剧烈碰撞，发生散裂反应。由大气散裂反应产生的大气中子，不带电且具有极强的穿透性，广泛分布于地面和整个大气空间，且大气中子是导致地面电子器件性能退化的主要粒子之一。为了评价半导体器件在大气中子环境下长时间服役的可靠性，除了可以借助反应堆的中子辐照环境进行辐照实验，也可以通过计算模拟的方法模拟中子在材料中的辐照缺陷演化行为。由于在不同的中子能谱辐照环境下，GaN 中产生的位移损伤存在一定的差异，因此有必要研究 GaN 在不同中子辐照环境下的位移损伤。

Geant4 模拟采用的几何模型如图 6-1 所示，尺寸为 1cm×1cm×0.5cm。模拟的中子能谱范围主要在 10^{-3}～10^{7}eV。图 6-2 给出了不同能量的中子在 GaN 材料中的平均自由程，为了统计中子与靶材料初次作用之后的结果，将靶材料厚度设为 0.5cm。选取了 4 种典型的中子辐照环境，分别为大气中子谱[13](atmospheric neutron spectrum，ANS)、压水堆[14](pressurized water reactor，PWR)、高温气冷堆[14](high temperature gas-cooled reactor，HTGR) 和高通量同位素堆[15](high flux isotope reactor，HFIR)的外围辐照区，图 6-3 为 4 种典型能谱的归一化中子能谱。

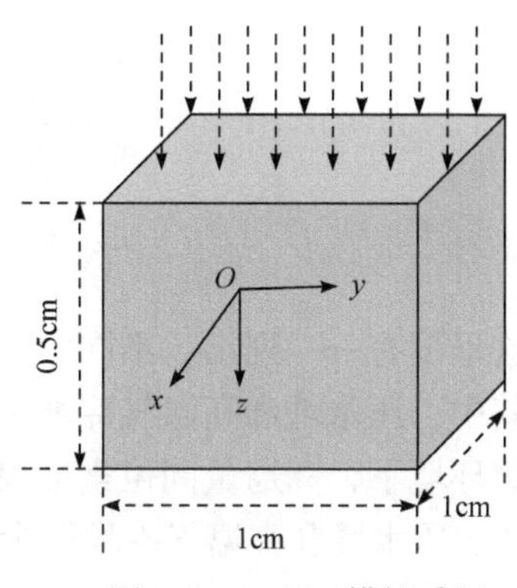

图 6-1　Geant4 模拟采用的几何模型

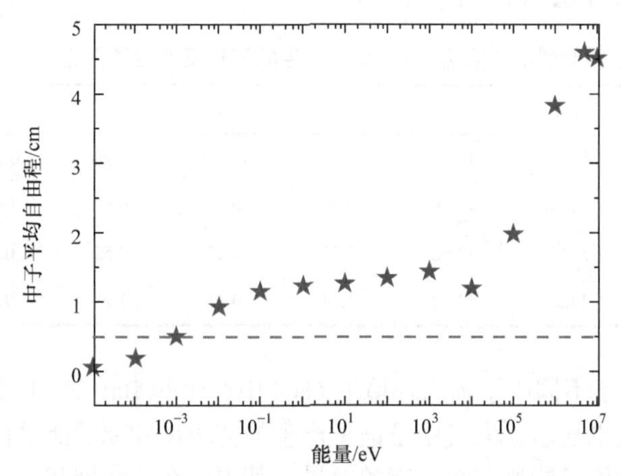

图 6-2　不同能量的中子在 GaN 材料中的平均自由程

表 6-1 给出了 4 种典型中子能谱下 GaN 中产生的初级反冲原子(PKA)占比。从表中可看出，在初级反冲原子中，Ga、N 占据主导。伴随着核反应的发生，主要产生了 C、B、H、He 等元素；其他元素包括 Cu、Zn、Li 等，由于其占比过少，

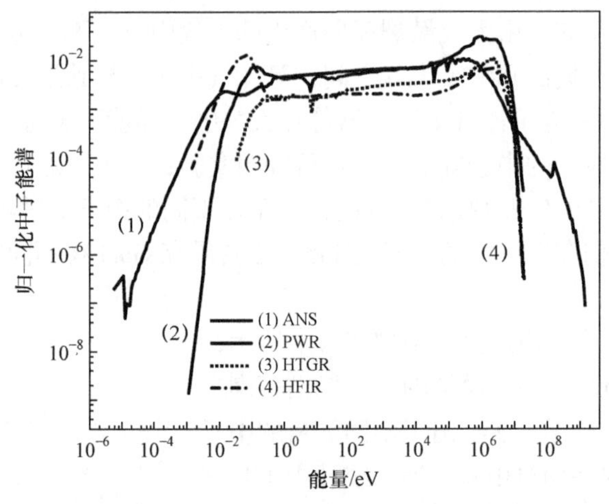

图 6-3　4 种典型能谱的归一化中子能谱

这里没有一一列出。不同中子能谱下，核裂变反应产生的元素存在微小的差别。其中，压水堆和高温气冷堆环境下，裂变产物所占比例较为接近。在几种中子辐照环境下，高通量同位素堆辐照 GaN 中产生的 C 和 H 元素最多，大气中子谱次之，压水堆和高温气冷堆最少；大气中子谱环境下，GaN 中产生的 B 元素均低于其他 3 种中子辐照环境。经估算，当中子注量为 10^{15} cm^{-2} 量级时，大气中子谱下，GaN 中由于中子核反应产生的 C、B 和 H 的数目与模拟体系内原子数之比分别为 6.33×10^{-13}、1.62×10^{-14} 和 6.38×10^{-13}。

表 6-1　4 种典型中子能谱下 GaN 中产生的初级反冲原子占比　(单位：%)

能谱	Ga	N	C	B	H	He	其他
大气中子谱	52.34	45.08	1.25	0.032	1.26	0.034	0.004
压水堆	54.26	43.39	0.92	0.25	0.92	0.25	0.01
高温气冷堆	54.87	43.62	0.52	0.23	0.52	0.23	0.01
高通量同位素堆	48.27	44.94	3.28	0.11	3.28	0.11	0.01

图 6-4 给出了不同中子辐照环境下 GaN 中产生的 Ga、N、B 和 C 4 种初级反冲原子能谱。结果显示，大气中子谱下产生的初级反冲原子能谱范围较宽；几种主要的初级反冲原子能谱存在一定的差异。其中，在压水堆和高温气冷堆辐照环境下，GaN 中的初级反冲原子能谱比较接近。如图 6-4(d)所示，大气中子谱和高通量同位素堆辐照环境下，核反应产物 C 元素的初级反冲原子能谱比较接近。

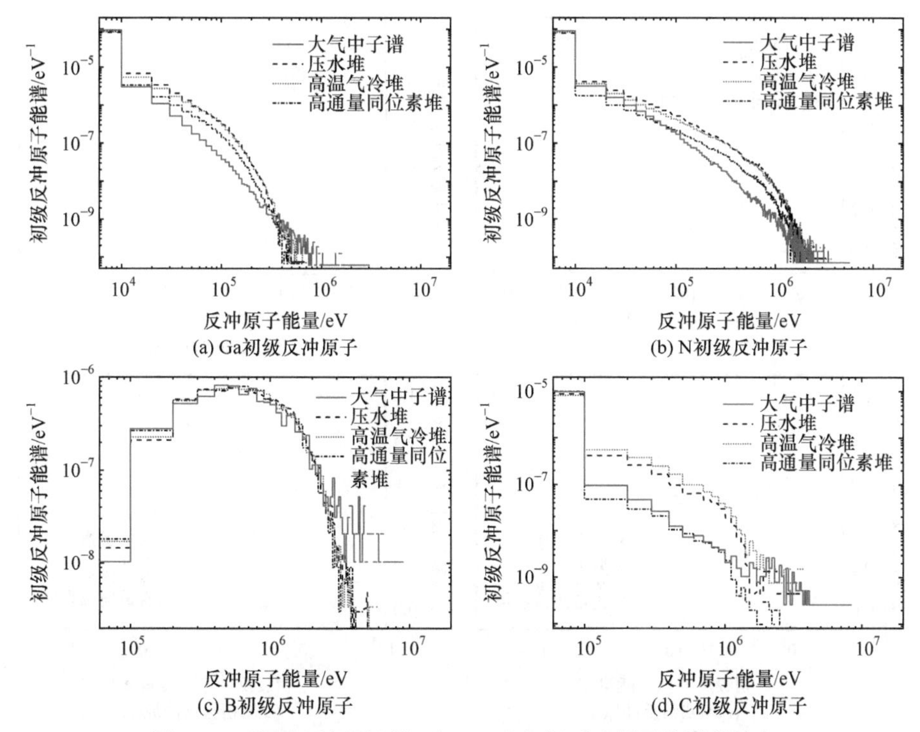

图 6-4　不同中子辐照环境下 GaN 中初级反冲原子能谱的分布

为了进一步对不同中子能谱产生的初态缺陷形态分布进行研究，图 6-5 展示了中子在 GaN 中产生的不同类型的初级反冲原子(Ga、N、B、C)对应的加权初级反冲原子谱。对于 Ga、N 和 B 三种反冲原子，三种裂变堆环境下的加权初级反冲原子谱基本一致。如图 6-5(a)所示，和其他三种中子辐照环境相比，大气中子谱下 GaN 中高能的 Ga 初级反冲原子和低能的 Ga 初级反冲原子所占份额都较大。这是由于大气中子谱较宽，既产生较多能量高的初级反冲原子，也产生较多能量低的初级反冲原子，并且反冲原子的能量越大，其产生的离位级联损伤区越大。因此，大气中子辐照下，有较大尺寸的离位损伤区产生。在大气中子谱的低能区域下，N 初级反冲原子占据更多份额，如图 6-5(b)所示；大气中子谱下 B 初级反冲原子在高能区域占据更多份额，如图 6-5(c)所示；根据图 6-4(d)，大气中子谱和高通量同位素堆辐照环境下，初级反冲原子的能量分布较为接近；压水堆和高温气冷堆辐照环境下，C 初级反冲原子在高能区域占据更多份额。

GaN 基器件经过中子辐照后，GaN 材料中会生成许多具有一定能量的 Ga、N、B 和 C 等初级反冲原子。这些带有一定能量的初级反冲原子会继续在 GaN 中通过离位级联进一步损失能量，最后形成缺陷。由于初级反冲原子的能量大小对其在材料中的射程和形成缺陷的种类有影响，因此通过初级反冲原子能谱及加权

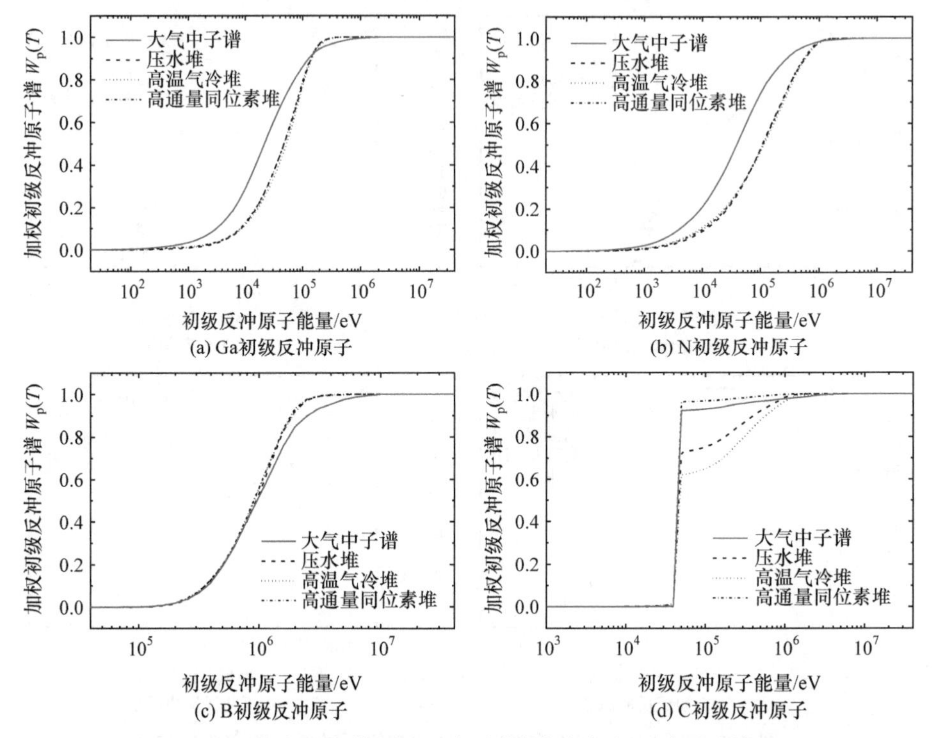

图 6-5　所研究中子能谱在 GaN 中对应的加权初级反冲原子谱 $W_p(T)$

初级反冲原子能谱的分析能够评价不同中子辐照环境下缺陷的形成变化。由以上 4 种中子能谱下 GaN 中的初级反冲能谱分布和加权初级反冲原子能谱分布可知，大气中子谱下 GaN 中初级反冲原子的能量分布较广，大气中子谱和高通量同位素堆环境下 GaN 的初级反冲原子能谱及加权初级反冲能谱更为接近。对于 GaN 基器件的性能来说，除了辐照缺陷能够影响材料的电学性能之外，随着中子注量的增大，核反应生成的 B 和 C 元素也越来越多，有可能对半导体器件的能带结构造成一定影响。结合表 6-1 中 4 种能谱下核反应产物的比例可知，高通量同位素堆更适于用于模拟大气中子谱辐照实验[16]。

6.2　10keV PKA 在 GaN 中离位级联的分子动力学模拟研究

采用分子动力学 LAMMPS 软件[17]，可以研究 GaN 中缺陷产生的过程。通过对 GaN 材料在辐照条件下缺陷产生和演化的模拟研究，揭示 GaN 材料辐照损伤和性能变化机理，进而为 GaN 材料在实际辐照环境下的应用奠定基础。

模拟方法主要基于 Nord 等[18]关于 GaN 材料辐照损伤的研究方法及 Farrell 等[19]等关于 SiC 材料辐照损伤的研究方法，主要考虑室温(300K)下的辐照损伤研究。

具体模拟过程如下：

(1) 热平衡阶段 1。系统中所有原子进行热浴，使温度保持为 300K。在该阶段时间步长设置为 1fs，步数设置为 1×10^4 步。

(2) 热平衡阶段 2。级联模拟部分去掉热浴改为 NVE 系综；热浴部分继续进行热浴。时间步长设为 1fs，步数设置为 1×10^4 步。

(3) 初始碰撞阶段。PKA 被赋予一个瞬时速度，该过程 PKA 能量相对较高，撞出原子能量较高，产生缺陷多，碰撞细节较为复杂，时间步长设置为 0.01fs，步数为 2×10^4～4×10^4 步(具体步数依据所模拟体系大小而定)。

(4) 热峰阶段。此阶段缺陷开始逐渐减少，相对初始碰撞阶段可略微增大时间步长，设置为 0.1fs，步数设置为 2×10^4 步。

(5) 冷却阶段。此阶段缺陷基本稳定，可进一步增大时间步长，时间步长设置为 1fs，步数设置为 1×10^4 步。

热平衡时，模拟系综为正则系综(NVT)；模拟 PKA 入射时，模拟系综为微正则系综(NVE)；势函数为 Tersoff 多体势函数[20]；选取了小角度(7°)作为 PKA 的入射方向，避免出现沟道效应；x、y、z 方向上均采用周期性边界条件；选取了能量为 1keV、2keV、4keV、6keV、8keV 和 10keV 的 PKA，每个能量点进行了 8 次模拟研究，以减小统计性误差。关于缺陷的分析，主要使用可视化软件[21]OVITO 对 LAMMPS 输出文件进行处理分析。LAMMPS 输出文件包含了原子每个时刻的信息，但是并不能直接转化为缺陷的信息，因此采用 OVITO 中自带的维格纳-塞茨(Wigner-Seitz)方法对缺陷信息进行处理。具体原理为将模拟时刻终态的体系内所有原子信息与初始完美晶格原子信息进行比对，得到形成缺陷信息。图 6-6 为缺陷判定示意图。

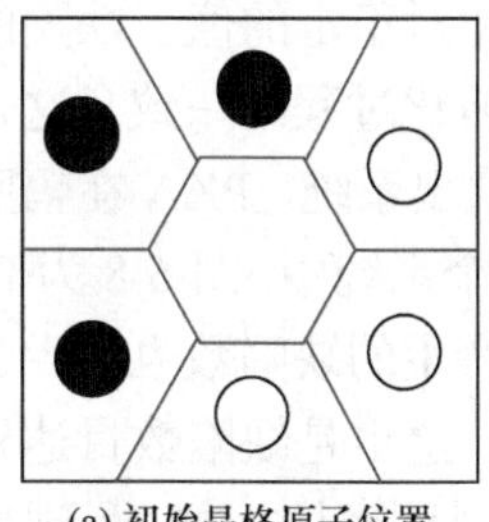
(a) 初始晶格原子位置

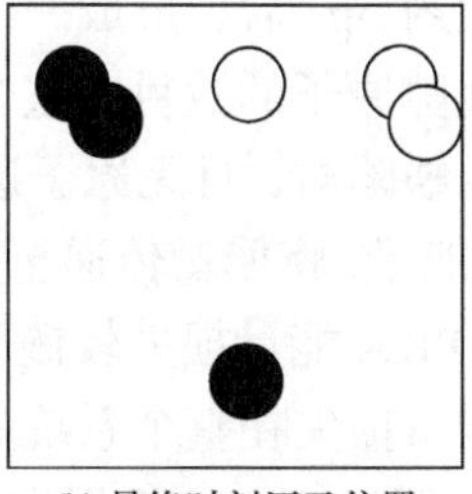
(b) 最终时刻原子位置

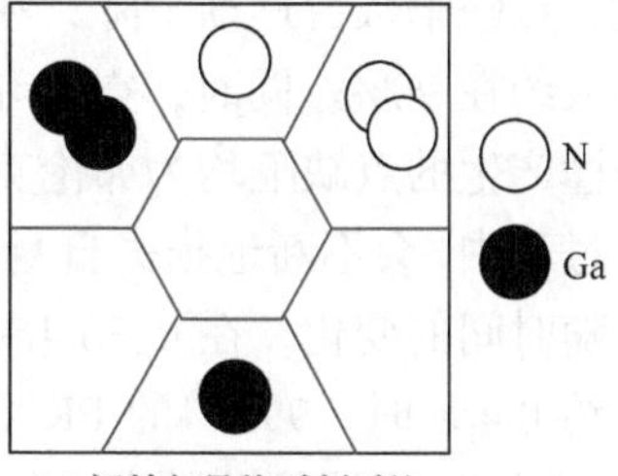

(c) 初始与最终时刻对比

图 6-6　缺陷判定示意图

图 6-6 每个分图中均选取了最简单的六种情况作为示意。图 6-6 中实心球为 Ga 参考原子，空心球为 N 参考原子。从图 6-6(c)中可看出在原参考原子位置处，占据数为 2 的分别为 Ga 间隙原子(I_{Ga})和 N 间隙原子(I_N)，占据数为 1 的分别为 N 反位缺陷(N_{Ga})和 Ga 反位缺陷(Ga_N)，占据数为 0 的分别为 N 空位(V_N)和 Ga 空位

(V_{Ga})。下面以占据数为 2 为例，列举可能出现的其他更为复杂的情况。表 6-2 给出了占据数为 2 时所产生的可能缺陷类型。

表 6-2　占据数为 2 时所产生的可能缺陷类型

参考原子	包含原子类型	可能缺陷类型
Ga	Ga+Ga	I_{Ga}
Ga	Ga+N	I_N
Ga	N+N	$N_{Ga} + I_N$
N	Ga+Ga	$Ga_N + I_{Ga}$
N	Ga+N	I_{Ga}
N	N+N	I_N

关于团簇的分析，本节主要是通过截断距离分析方法[18]进行识别。该方法具体原理如下：以 1.5 倍的晶格常数(a = 3.186Å)作为截断半径，如果有一个点缺陷在另一个点缺陷的截断半径范围内，则认为这两个点缺陷组成了一个缺陷团簇。团簇的尺寸定义为团簇包含点缺陷的数目，当包含点缺陷的数目为 2～5 时，该团簇定义为小团簇；当包含点缺陷的数目大于等于 6 时，该团簇定义为大团簇。

6.2.1　点缺陷的演化规律

GaN 材料受到辐照损伤后，一般会产生空位、间隙原子和反位原子 3 种典型的点缺陷。10keV PKA 产生的点缺陷数目随时间的变化如图 6-7 所示，图中不同时间段的点缺陷数目随时间演变的规律趋势是一致的，即在 PKA 入射 GaN 材料大约 0.4ps 后，其数量会达到离位峰的峰值；在 0.4～5ps，缺陷会进行一个复合的过程，点缺陷数目逐渐下降；在大约 5ps 后，形成一个相对稳定的值。缺陷的复合率大约在 90%。同时，空位和间隙原子的数目在整个演化过程中一致，这是由于碰撞产生的点缺陷均为弗伦克尔缺陷对，且无原子逃逸出系统。PKA 在辐照损伤的过程中，会不断地损失自身的能量，将能量传递至整个系统中。图 6-8 为 PKA 能量随时间的变化，在 0～0.4ps，PKA 能量损失较慢，产生的缺陷数也较少，而在大约 0.4ps 时，99.9%的 PKA 能量损失在整个系统里，这也是缺陷数目达到最大值的时间，说明缺陷数产生的过程与 PKA 能量损失的过程密切相关，呈现出一个同步过程。

将 GaN 中缺陷的计算结果与其他半导体材料的缺陷计算结果进行比较，表 6-3 为 10keV 的 PKA 下，不同半导体材料产生的缺陷数目。通过比较与分析可以发现，与传统的半导体材料 Si[22]、Ge[22]、β-SiC[23]和 GaAs[24]相比，GaN 材料在辐照损伤后产生稳定的缺陷数目小于其他半导体材料[25]，这也与文献报道中 GaN

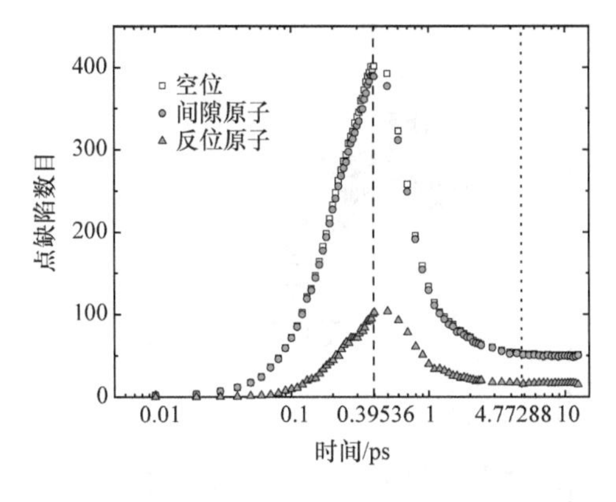

图 6-7　10keV PKA 产生的点缺陷数目随时间的变化

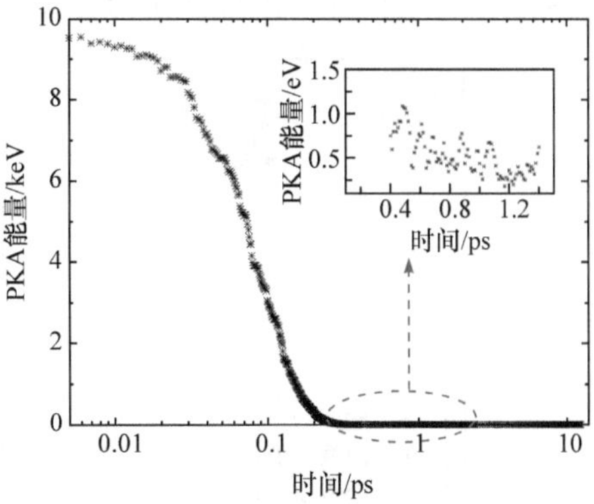

图 6-8　PKA 能量随时间的变化

材料具有较好的抗辐射性能[26]的结论一致。

表 6-3　10keV 的 PKA 下不同半导体材料产生的缺陷数目

半导体材料类型	平均缺陷数
GaN	113±20
Si	700±50
Ge	2300±200
β-SiC	285±20
GaAs	397±10

6.2.2　点缺陷的空间分布及缺陷团簇

缺陷的空间分布是缺陷演化的一个重要特征，即使有着相同的缺陷数量，空间分布不同，缺陷的复合情况也会有很大不同，这一重要特征在材料辐照损伤的多尺度模拟中[27]起着很重要的作用。图 6-9 展示了 10keV PKA 产生的点缺陷在不同时刻的空间分布。可以发现在辐照损伤过程中，产生的点缺陷多集中在 PKA 的径迹处及附近，且离 PKA 径迹远的缺陷复合较多。同时，GaN 材料中不同类型缺陷的空间分布，类似于大部分文献[14,28]所报道的级联碰撞特征。辐照损伤不仅会在材料中产生孤立的点缺陷，孤立的点缺陷相互集合之后，还有可能会产生不同尺寸的缺陷团簇。缺陷团簇在材料中，不仅会影响点缺陷的迁移和扩散，还会影响材料的性能。通过对 10keV PKA 在 GaN 材料中产生的不同种类缺陷团簇进行研究，不同种类缺陷的团簇尺寸所占份额如图 6-10 所示。计算结果表明：①PKA 在 GaN 材料中产生的损伤多为孤立点缺陷和小团簇；②孤立的空位点缺陷相对于间隙原子和反位原子较少，且只有空位形成了大团簇，说明了空位点缺陷相对容易聚集在一起；③小团簇大部分为 2 个点缺陷。

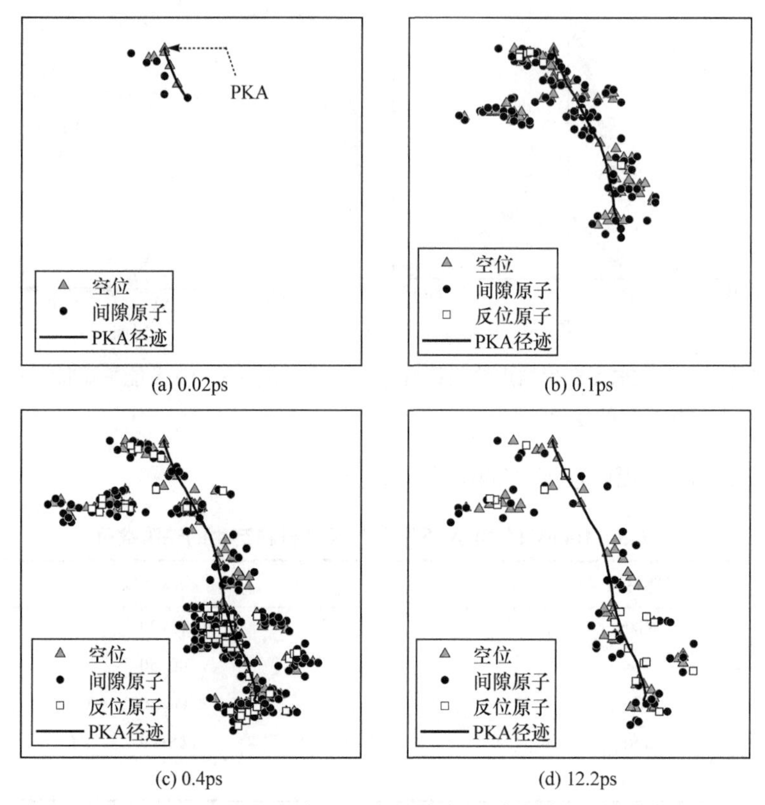

图 6-9　10keV PKA 产生的点缺陷在不同时刻的空间分布

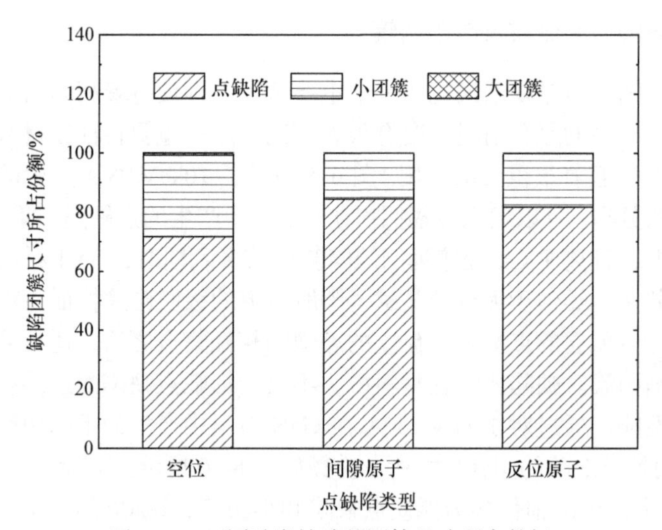

图 6-10　不同种类缺陷的团簇尺寸所占份额

6.2.3　点缺陷产生与温度的关系

利用分子动力学方法研究了不同温度(300～900K)下 10keV 的 Ga PKA 在 GaN 中引起的级联碰撞，分析了点缺陷产生与温度的关系。表 6-4 给出了不同温度下级联碰撞参数随温度的变化。研究结果表明，缺陷的产生与温度有一定的关系。其中，缺陷峰值数量随温度的上升有显著的提升，而峰值时间没有太大的变化；缺陷最终数量随温度的上升有明显的下降趋势，这与离位阈能随温度的改变有较大的关系，最终时间和复合率会随着温度的升高而提升，这表明了高温确实会促进缺陷的复合。

表 6-4　不同温度下级联碰撞参数随温度的变化

温度/K	峰值数量	峰值时间/ps	最终数量	最终时间/ps	复合率/%
300	762.27	0.5	51.55	5.9	93.24
450	894.00	0.5	48.45	5.9	94.58
600	1059.23	0.5	47.34	7.4	95.53
750	1181.70	0.6	46.97	8.4	96.03
900	1461.67	0.6	45.67	8.9	96.88

6.3　基于动力学蒙特卡罗的 GaN 位移损伤缺陷演化的模拟研究

采用动力学蒙特卡罗(KMC)方法研究了 10keV Ga PKA 引入的点缺陷和缺陷团簇的演化规律。在 150K 下，将一定数目的 MD 模拟所得到的 10keV Ga PKA 产生的级联缺陷，随机地引入 KMC 的模拟体系中。在 KMC 模拟中，退火时间的间隔为 300s，退火温度范围是 150～1200K，温度间隔为 2～27K。图 6-11 给出缺陷数目变化率随退火温度变化关系。

结果表明，缺陷数目变化率随温度的变化规律主要分为三个阶段。退火阶段Ⅰ：215～400K，Ga 间隙与附近的空位缺陷发生复合，与间隙缺陷聚集成团。间隙团簇继续与点缺陷聚集成大尺寸的团簇，总缺陷团簇数目持续上升。退火阶段Ⅱ：500～800K，N 间隙聚集成团簇，尺寸变大。空位缺陷数目有所下降。退火阶段Ⅲ：960～1150K，Ga 空位、N 空位与间隙缺陷团簇发生复合反应导致间隙缺陷团尺寸由大变小，数目也慢慢地下降。空位缺陷聚集成团，团簇数目慢慢地增加。等温退火模拟结果表明，退火温度越高，缺陷团退火所需的时间越短并且退火份额也越高。

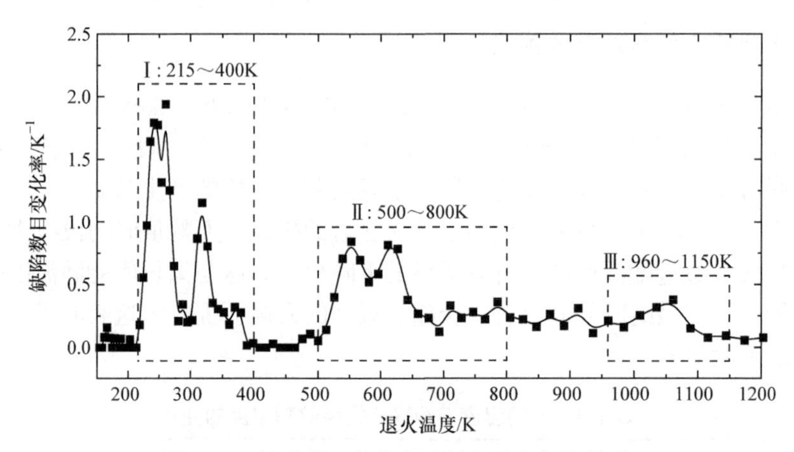

图 6-11　缺陷数目变化率随退火温度变化关系

图 6-12 给出 6 种点缺陷数目随退火温度变化关系，第一阶段为 215～400K，随着温度升高，Ga 间隙原子(I_{Ga})数目快速降低，到 400K 左右 I_{Ga} 数量基本为 0，此阶段中 Ga 空位(V_{Ga})数目降低，Ga_N 数目增加，N 相关缺陷变化缓慢；约 500K 时第二阶段开始，N 间隙原子(I_N)数目迅速下降，到 800K 时数目降至 0，N 空位(V_N)、V_{Ga} 数目开始减小；第三阶段为 960～1150K，此阶段中 I_{Ga} 及 I_N 数量基本为 0，V_N、V_{Ga} 数目进一步下降。

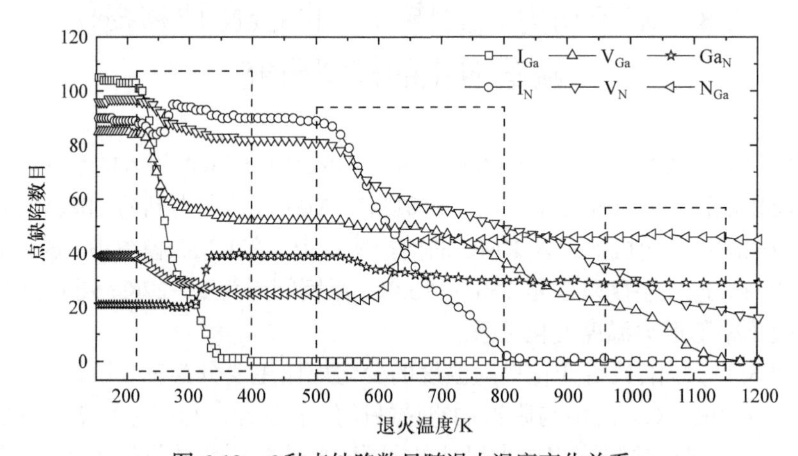

图 6-12　6 种点缺陷数目随退火温度变化关系

图 6-13 给出 3 类不同的缺陷团数目随退火温度变化关系，第一阶段为 215～400K，随着 I_{Ga} 数目快速降低，间隙团簇($I_{cluster}$)数目迅速升高，含有空位和间隙的缺陷团($IV_{cluster}$)的数目经历短暂上升后下降，空位团簇($V_{cluster}$)数目缓慢下降；约 500K 时第二阶段开始，随着 I_N 数目下降，$I_{cluster}$ 数目进一步升高，$IV_{cluster}$ 数目降至 0；第三阶段为 960～1150K，随着 V_{Ga} 及 V_N 数目下降，$I_{cluster}$ 数目逐渐降低，

$V_{cluster}$数目逐渐升高。

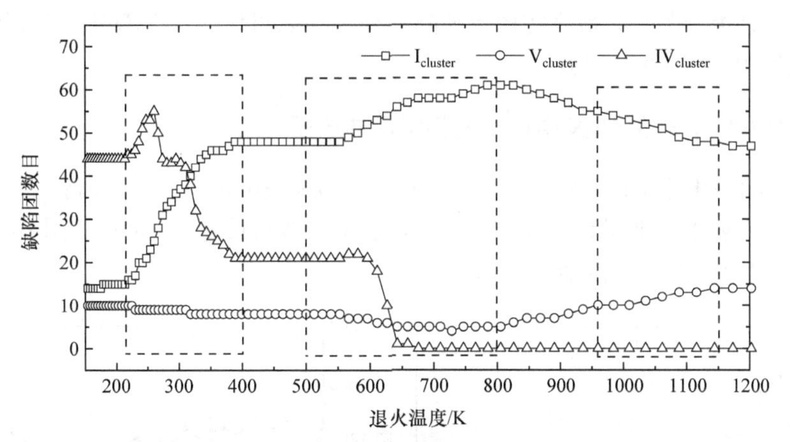

图 6-13　3 类缺陷团数目随退火温度变化关系

图 6-14 给出 4 种典型间隙-空位缺陷团数目随退火温度变化关系，第一阶段为 215～400K，随着温度升高，由于 Ga 间隙的扩散迁移，Ga 间隙-N 空位复合缺陷(I_{Ga}-V_N)和 Ga 间隙-N 反位复合缺陷(I_{Ga}-N_{Ga})数目先升高再快速下降，最终降至 0；第二阶段为 500～800K，此时在 I_N 的迁移影响下，N 间隙-Ga 空位复合缺陷(I_N-V_{Ga})数目快速降至 0。

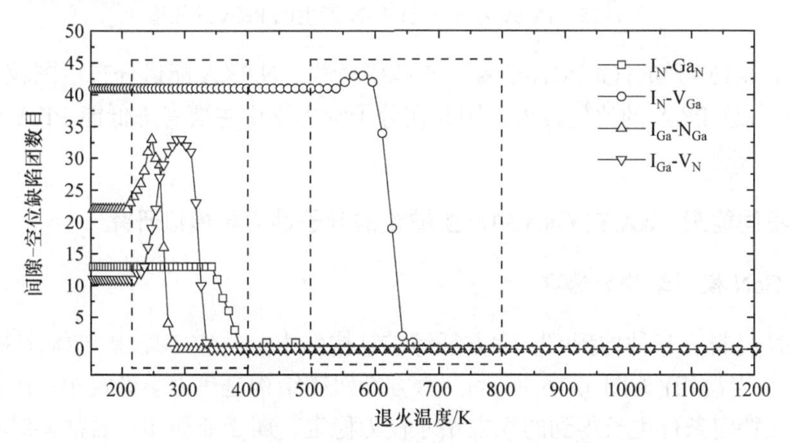

图 6-14　4 种典型间隙-空位缺陷团数目随退火温度变化关系

6.4　1MeV 中子辐照 GaN 产生缺陷的演化模拟研究

以 1MeV 中子入射为例，模拟中子在 GaN 中产生的初级反冲原子的种类及数量，基于 PKA 能谱信息利用分子动力学方法模拟初级损伤缺陷的产生及演化过程，再利用动力学蒙特卡罗方法研究初级损伤缺陷的长时间演化过程，得到稳定缺陷的种类及数目，最终将稳定缺陷的种类和数目代入 TCAD 中，模拟缺陷对 GaN 材料电学性能的影响。

6.4.1 1MeV 中子在 GaN 中产生的初级反冲原子

Geant4 中模拟的 GaN 尺寸为 10mm×10mm×0.3mm。设置中子源从上表面垂直入射，入射中子能量设置为 1MeV，入射中子数目设置为 1×10^7。图 6-15 给出了 Ga PKA 及 N PKA 的能谱。

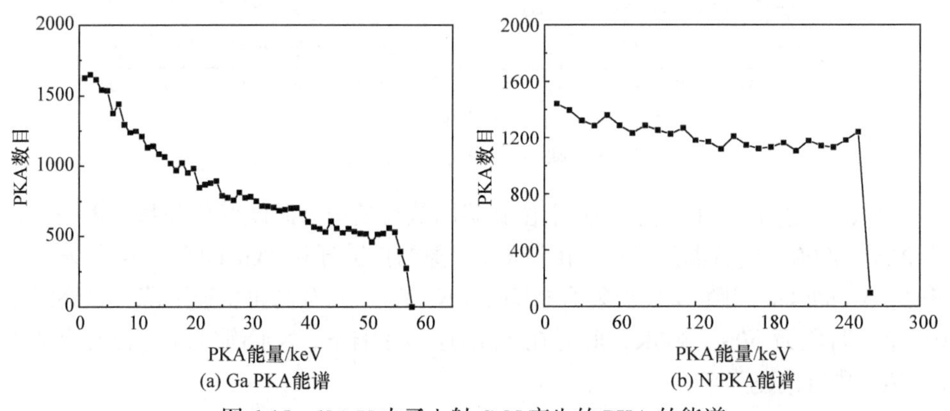

图 6-15 1MeV 中子入射 GaN 产生的 PKA 的能谱

由图 6-15 可知，Ga PKA 能量分布范围较窄，N PKA 能量分布范围较宽；低能 PKA 占总 PKA 的比例较大，因此在分子动力学中主要考虑低能 PKA 产生的初级损伤缺陷。

6.4.2 不同能量 PKA 在 GaN 中产生缺陷的分子动力学模拟研究

1. GaN 模型结构的选取

GaN 材料有三种构型[29]：六方纤锌矿结构(α相)、立方闪锌矿结构(β相)和岩盐矿结构(岩盐相)(如图 6-16 所示)。六方纤锌矿结构是热力学稳定相；闪锌矿结构只有在特定条件生长得到的立方相才较为稳定，属于亚稳相；岩盐矿结构只有在极端高压下才能得到。目前，研究热点是前两种结构。六方纤锌矿结构稳定，制备晶体质量较高，在 GaN 基器件中应用较为广泛，因此以六方纤锌矿结构的 GaN 作为主要研究对象。

2. GaN 中缺陷演化的计算与程序设计

在分子动力学软件 LAMMPS 中模拟了 300K 下能量 1～15keV 的 N PKA 入

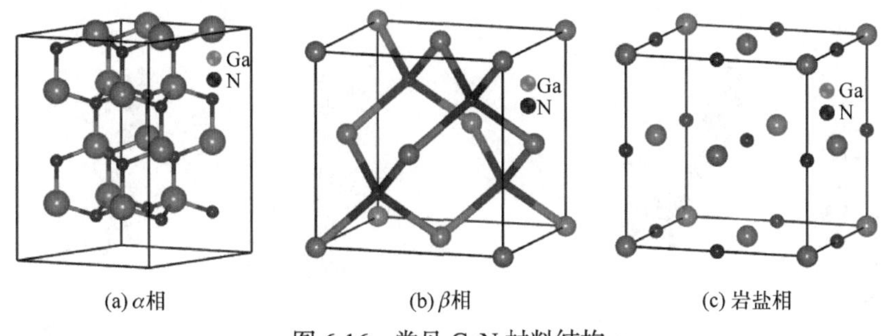

(a) α相　　(b) β相　　(c) 岩盐相

图 6-16　常见 GaN 材料结构

射和能量 1～20keV 的 Ga PKA 入射 GaN 的情形，研究 PKA 在 GaN 中产生的位移损伤。模拟体系如图 6-17 所示，为了防止热浴层对 PKA 的动能产生影响，设置入射面为自由表面，其余 5 个表面均施加热浴进行控温，以实现 NVT 系综。

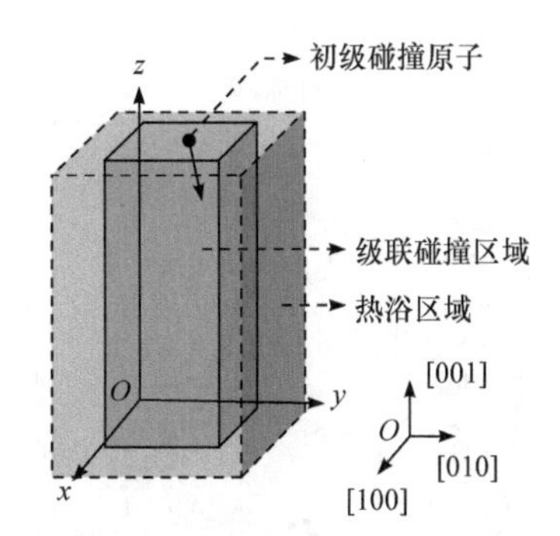

图 6-17　LAMMPS 模拟体系示意图

PKA 的入射位置选为晶体模型上表面中心位置的一个 Ga 原子或一个 N 原子，入射方向[4 11 –95]，以避免发生沟道效应。PKA 在晶体中产生缺陷的模拟及后处理方法与 6.3 节相同。

3. 不同能量 PKA 在 GaN 中形成缺陷的分子动力学模拟结果分析

模拟了 1keV、2keV、5keV、10keV、15keV 和 20keV 的 Ga PKA 在 GaN 中形成缺陷分子动力学过程，图 6-18 给出不同能量 Ga PKA 在 GaN 中产生缺陷的空间分布。

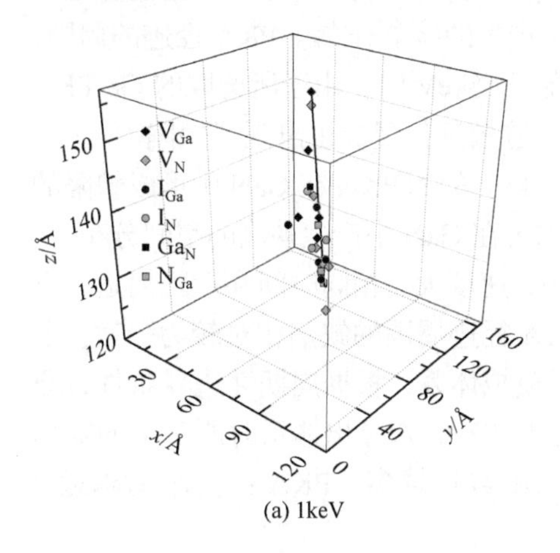

(a) 1keV

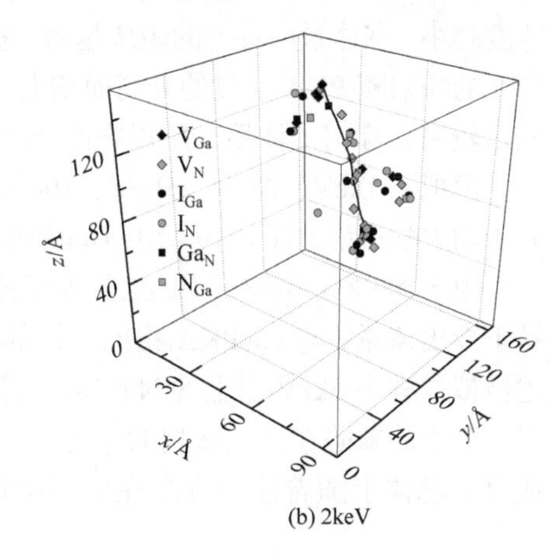

(b) 2keV

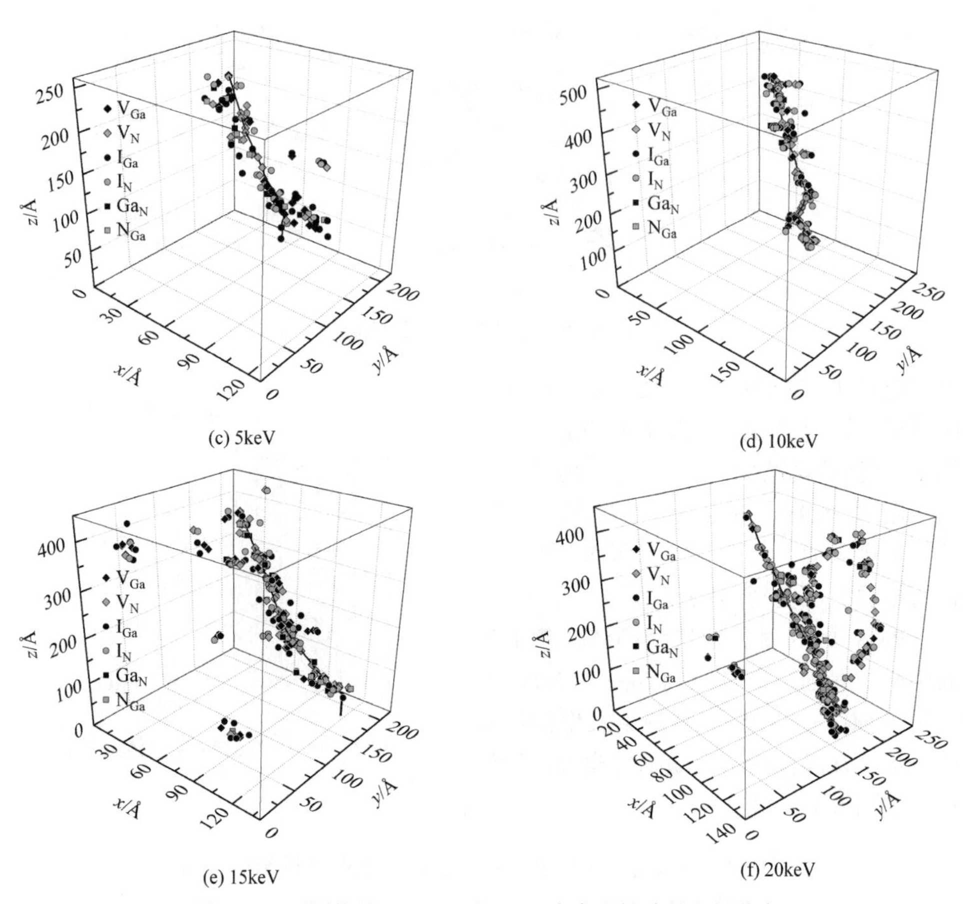

图 6-18　不同能量 Ga PKA 在 GaN 中产生缺陷的空间分布

由于受到过大体系的模拟计算资源限制，同时为了提高计算效率，采取周期性边界条件，在 Ga PKA 能量低于 15keV 时，入射的 PKA 均在体系内，且能量越小速度越小，在体系内穿行的距离越短，基本上产生的缺陷分布在 PKA 径迹的周围，产生的缺陷随 PKA 能量的升高而增大。在高于 15keV 时，由于所选取的 Ga PKA 能量较高，穿出了体系，所以在距离 PKA 径迹较远位置处也出现了缺陷。

模拟了 1keV、2keV、5keV、10keV 和 15keV 的 N PKA 在 GaN 中形成缺陷的分子动力学过程，图 6-19 给出不同能量 N PKA 在 GaN 中产生缺陷的空间分布。

由于 N PKA 相较于 Ga PKA 原子质量小，速度大，相同时间穿行距离远，更易于穿出体系，与 Ga PKA 相比，分布在 PKA 径迹周围的缺陷相对较为分散。上述模拟过程中 5keV 以上的 N PKA 均穿出了模拟体系，根据周期性边界条件，原则上产生的缺陷在互不影响的情况下可以视为 PKA 未穿出体系时所产生的缺陷数目。总体上随着能量升高在空间中产生缺陷数目越多，PKA 穿行距离越远。

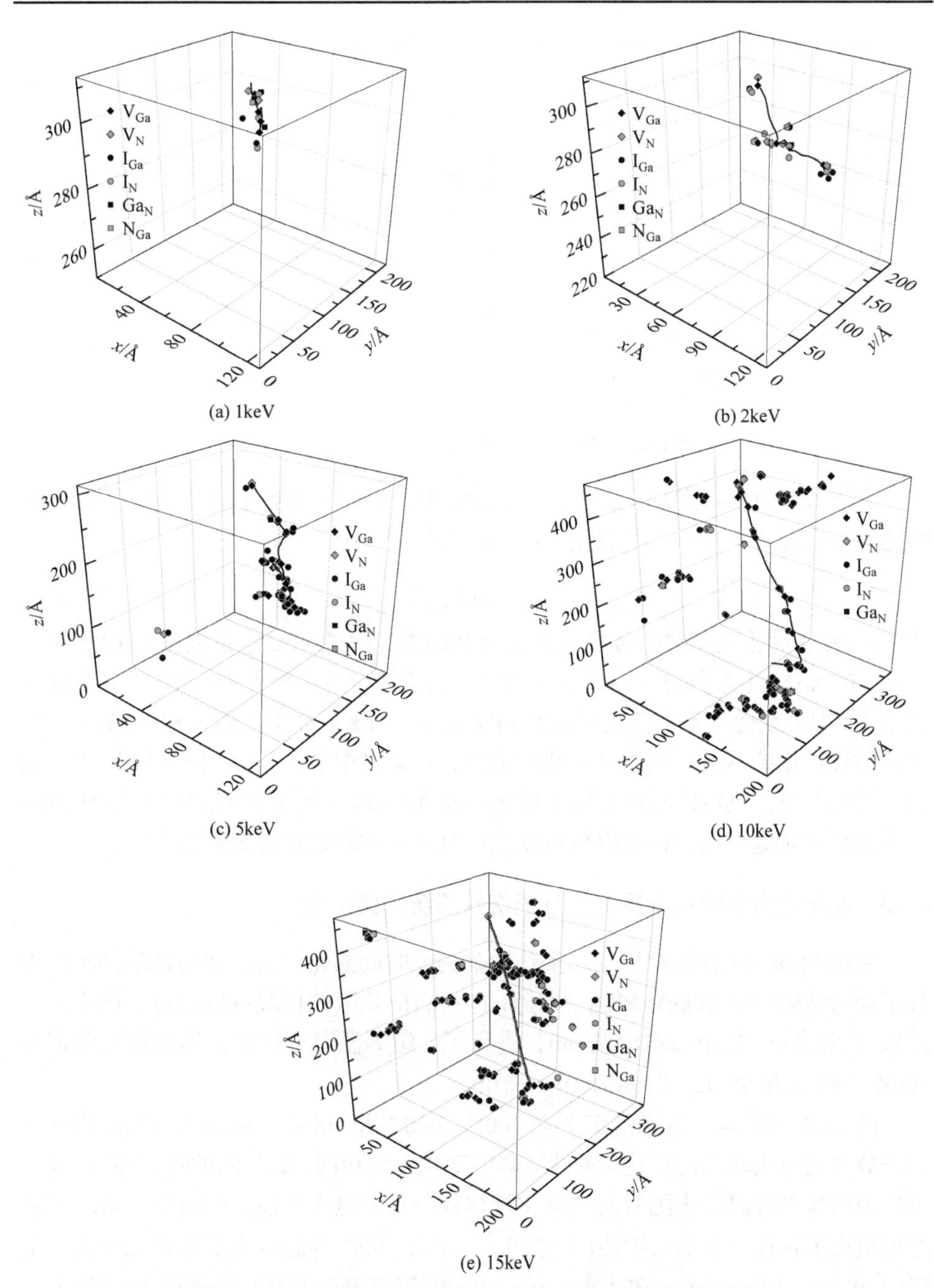

图 6-19　不同能量 N PKA 在 GaN 中产生缺陷的空间分布

图 6-20 为产生的缺陷数目与 PKA 能量的关系，呈较好的线性关系，这符合之前研究者所得结论。

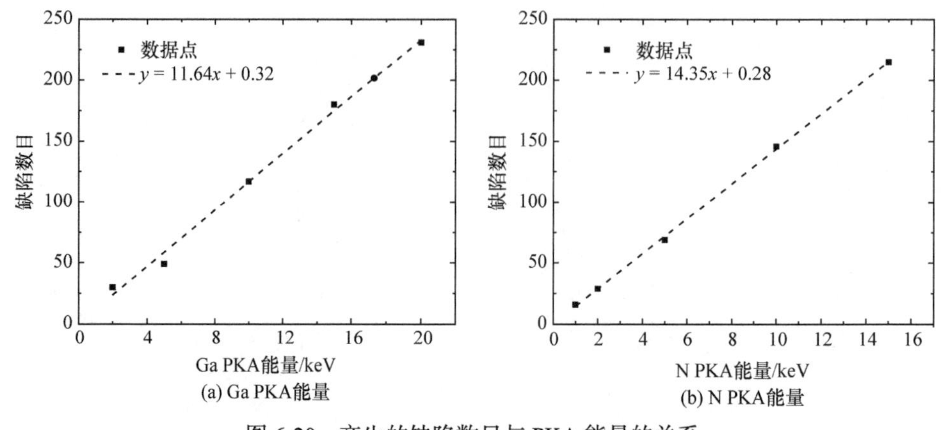

图 6-20　产生的缺陷数目与 PKA 能量的关系

高飞等通过模拟发现，在 SiC 和 Al_3N_4 中产生的弗伦克尔缺陷对数目和 PKA 的能量与在金属中类似，可以用式(6-1)进行描述[30]：

$$N_F = A(E_{MD})^m \tag{6-1}$$

式中，N_F 为弗伦克尔缺陷对数；E_{MD} 为 PKA 能量。在 SiC 中系数 $A=11.86$，$m=0.82$，在 Al_3N_4 中系数 $A=5.47$，$m=0.71$。由于拟合过程中发现在 GaN 中系数 m 趋于 1，即呈线性关系，并且发现相同能量下 Ga PKA 产生的缺陷和 N PKA 产生的缺陷数目相差不大。利用这一线性关系，可以将中子在 GaN 中产生的 PKA 能谱与缺陷对应，也可以将核反应产物进一步在 GaN 中产生的 Ga PKA 和 N PKA 与具体缺陷对应，从而计算得到核反应产物产生的缺陷对总缺陷的影响。

6.4.3　基于动力学蒙特卡罗的位移损伤缺陷演化模拟研究

采用 Mmonca 软件模拟位移损伤缺陷的长时间演化行为，初始缺陷分布采用分子动力学模拟中 10keV PKA 入射 GaN 材料的缺陷数目及位置信息，体系大小设置为 32.4nm×32.4nm×183.75nm，进行了三组等温退火模拟，退火温度分别为 300K、600K 和 900K，时间为 10^{-7}～10^{7}s。

图 6-21～图 6-23 分别给出了在 300K、600K 和 900K 等温退火下间隙和空位缺陷数目随退火时间的变化。每种缺陷的变化不尽相同，缺陷间的数目相互关联，可以根据缺陷等温退火随时间的演化规律划分几个退火阶段。从图中可知，300K 等温退火下存在一个退火阶段(Ⅰ)：10^{-2}～10^{4}s；600K 等温退火下存在二个退火阶段(Ⅰ和Ⅱ)：10^{-7}～10^{-1}s 和 10^{1}～10^{7}s；900K 等温退火下存在三个退火阶段(Ⅰ、Ⅱ和Ⅲ)：10^{-7}～10^{-3}s、10^{-3}～10^{2}s 和 10^{2}～10^{7}s。第一个退火阶段Ⅰ，主要反应是 I_{Ga} 与其他点缺陷发生复合反应或聚集成团，V_N 与周围的 I_N 发生复合反应。第二个退火阶段Ⅱ，主要反应是 I_N 与其他点缺陷发生复合反应或聚集成团。第三个退

火阶段Ⅲ，V_{Ga}、V_N 与间隙缺陷团簇发生复合反应，以及空位间隙团簇的生长。退火机理与等时热退火的机理类似。

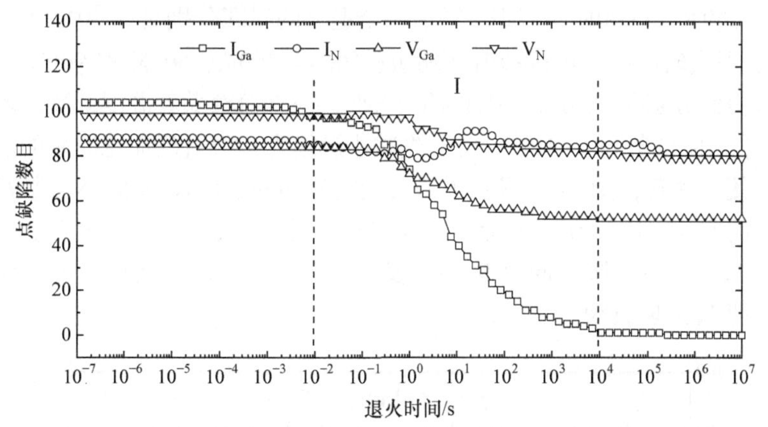

图 6-21　退火温度为 300K 间隙与空位缺陷数目随退火时间的变化

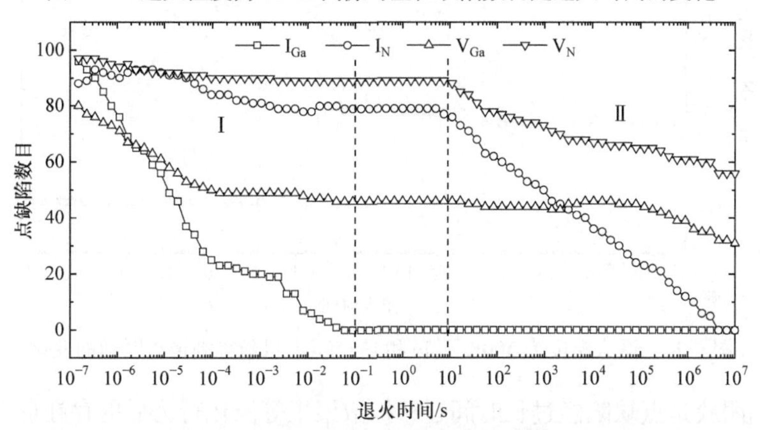

图 6-22　退火温度为 600K 间隙与空位缺陷数目随退火时间的变化

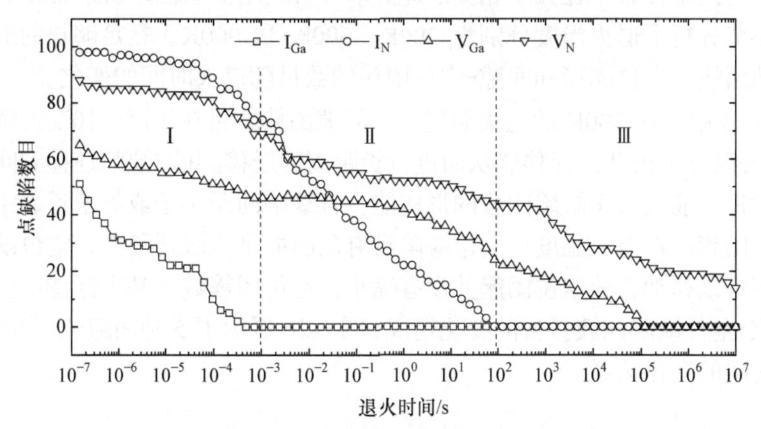

图 6-23　退火温度为 900K 间隙与空位缺陷数目随退火时间的变化

退火温度越高，间隙和空位缺陷获得的能量越多，增加点缺陷相互碰撞的频率，从而退火所需的时间缩短并且退火份额也越高。由图 6-21～图 6-23 可知，I_{Ga} 在 300K、600 K 和 900K 等温退火下，完全退火的时间分别是约 10^4s、约 10^{-1}s 和约 10^{-3}s，退火时间随着温度提升而缩短；V_{Ga} 在 300K、600K 和 900K 等温退火下，退火份额分别是 37.6%、61.3%和 100%，退火份额随着温度升高而增加。在图 6-21 中，I_N 的数目在 10^{-2}～10^2s 先减小后增大，数目反而比原来的数目增加了。为了便于理解，图 6-24 展示了退火温度为 300K 下 I_N 和 I_{Ga}-N_{Ga} 数目随等温退火时间的变化。因为在这个阶段，I_N 与其附近的 V_N 发生同质复合从而实现退火，导致 I_N 的数目下降，同时 I_{Ga}-N_{Ga} 发生内部异质复合生成 I_N，导致 I_N 数目增加，从而使 I_N 出现波动。

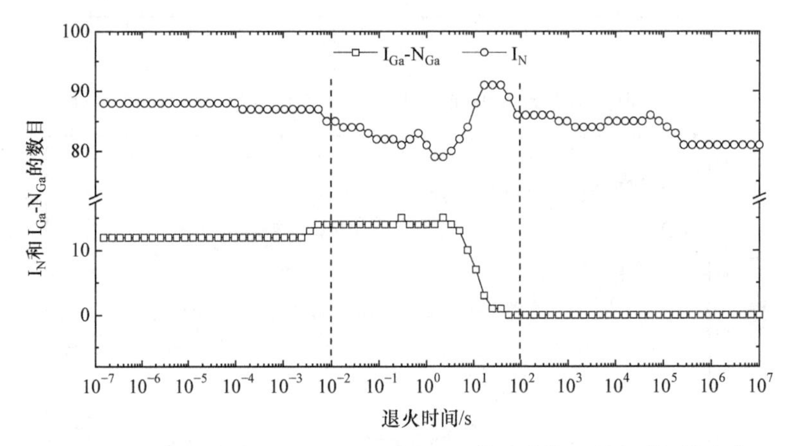

图 6-24 退火温度为 300K 下 I_N 和 I_{Ga}-N_{Ga} 数目随等温退火时间的变化

缺陷团簇是点缺陷经过长时间迁移扩散聚集等演化行为后的存在形态。缺陷团簇数目与判定搜索半径大小相关。此处取 GaN 的近邻距离 0.338nm 为搜索半径。本小节分析了退火温度分别为 300K、600K 和 900K，在足够长的退火时间下，间隙团簇、空位团簇和间隙-空位团簇的数目随退火时间的变化。

图 6-25 中，在 300K 的退火温度下，间隙团簇数目在 10^{-4}～10^5s 持续增加。Ga 间隙可以克服较低的迁移能从而进行长距离的迁移。间隙缺陷迁移到间隙或反位缺陷附近，能量大于缺陷团簇的形成能，且缺陷间距小于或等于近邻距离，就会聚集成团簇。在退火温度，空位缺陷没有足够能量克服迁移能，空位缺陷在退火温度下难以移动，故空位团簇并没有缩小，空位团簇数目基本保持不变。为了解释间隙-空位缺陷团簇数目的变化情况，图 6-26 展示了 5 种间隙-空位团簇数目随退火时间的变化关系。

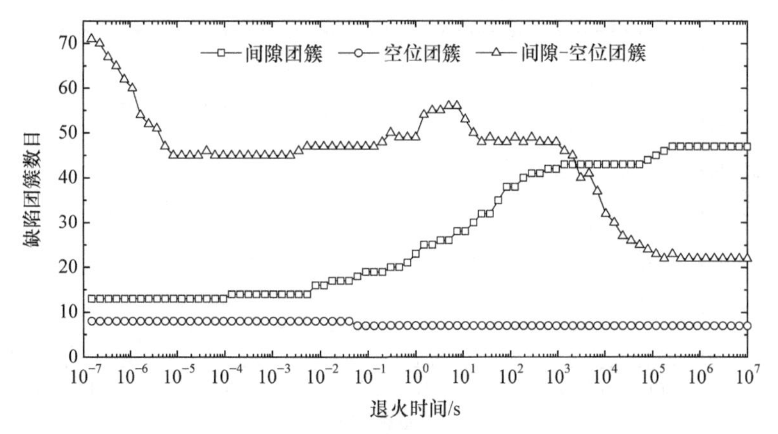

图 6-25 退火温度为 300K 三类缺陷团簇数目随退火时间的变化

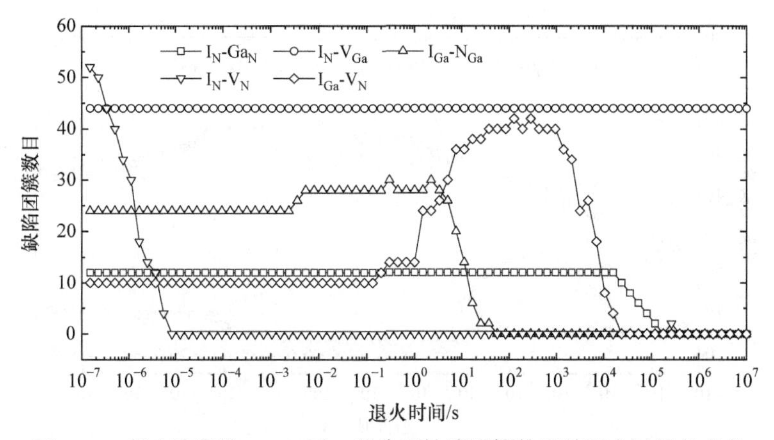

图 6-26 退火温度为 300K 时 5 种典型缺陷团簇数目随退火时间的变化

根据图 6-26，I_N-V_N复合势垒很小，退火 10^{-5}s 快速同质复合实现退火，故在图 6-25 中间隙-空位缺陷团簇总数下降。但在 10^{-5}～10^{-3}s 总数目出现波动，由于 I_{Ga}经过长时间的迁移，与 V_N和 N_{Ga}聚集生成 I_{Ga}-V_N和 I_{Ga}-N_{Ga}。之后缺陷团内缺陷发生复合从而使位移损伤得到退火恢复。此外，在 300K，I_N-V_{Ga}中的 I_N和 V_{Ga}没有足够的能量克服迁移能，故数目保持不变。

退火温度为 600K 时，如图 6-27 所示，I_N获得足够能量可以迁移扩散，对比 300K，形成的间隙缺陷团簇数目更多，并且间隙-空位团簇退火完全。温度越高，缺陷可以获得更多的能量，可以进行长距离的迁移复合等，从而加速了退火过程的进度。

退火温度为 900K 时，如图 6-28 所示，间隙团簇在 10^3s 开始下降，空位团簇开始增加，主要是空位缺陷获得足够能量开始迁移扩散，与间隙团簇发生复合导致间隙团簇数目下降，或者空位间聚集成团导致空位团簇数目上升。

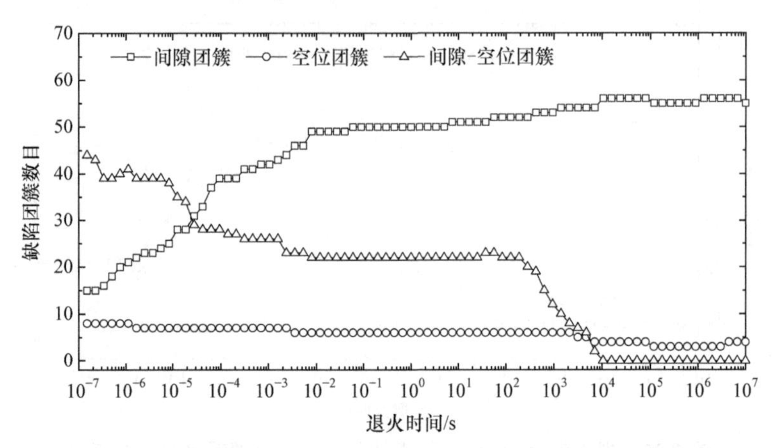

图 6-27　退火温度为 600K 三类缺陷团簇数目随退火时间的变化

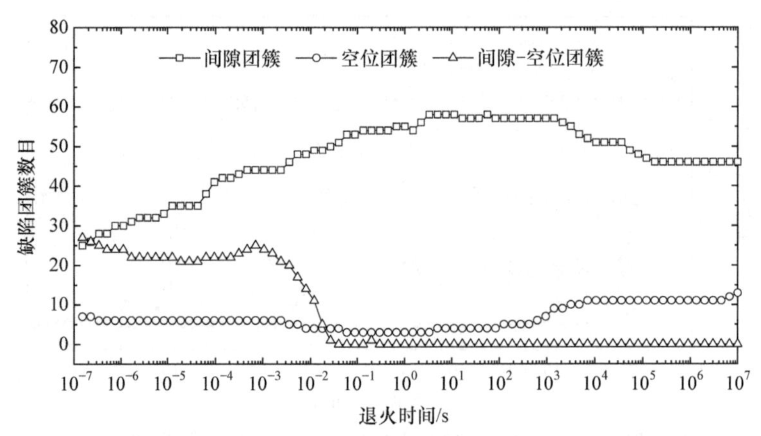

图 6-28　退火温度为 900K 三类缺陷团簇数目随退火时间的变化

6.4.4　基于 TCAD 的 GaN 电学特性研究

本小节采用 Synopsys 公司发布的 Sentaurus TCAD 中的器件仿真工具来模拟位移损伤产生的稳定缺陷对器件电学特性的影响。器件结构编辑器(SDE)绘制器件结构的方式主要有两种，一是通过交互式页面绘制器件结构，二是通过命令行直接定义结构参数。因模拟过程中需设置不同物理参数进行对比，且通过命令行编写好的器件结构，可以经过修改用于类似结构，因此本工作选用命令行绘制器件结构。图 6-29 展示了定义器件结构需要的基本信息。

图 6-30 为 TCAD 中 GaN 几何结构，设置与 Geant4 相同，GaN 尺寸为 10mm×10mm×0.3mm，并在材料表面设置电极。

在 Sentaurus Device 中定义缺陷时需要三个物理量：缺陷浓度、缺陷能级及缺陷对电子和空穴的俘获截面。目前，研究大多关注 Ga 空位导致的性能退化，因

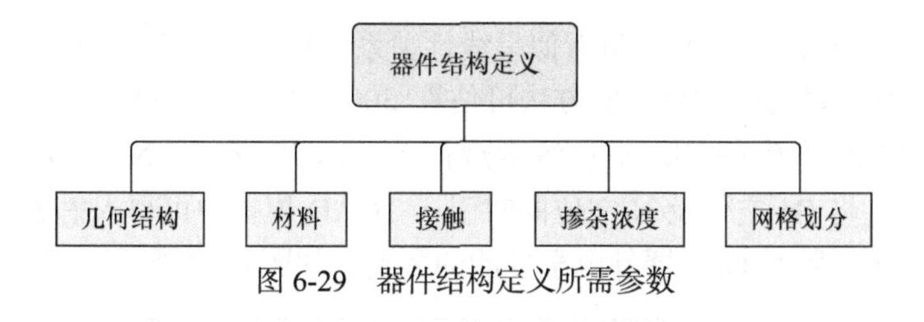

图 6-29　器件结构定义所需参数

图 6-30　TCAD 中 GaN 几何结构

此在 TCAD 中引入缺陷时主要考虑 Ga 空位。根据吕玲[10]的模拟结果和第一性原理计算得出 Ga 空位相关的缺陷是影响 GaN 材料黄光带变化的主要因素，形成能级位于距价带顶 0.86eV，其电子俘获截面为 $2.7\times10^{-21}cm^2$，空穴俘获截面为 $2.7\times10^{-14}cm^2$，将 Ga 空位的能级及俘获截面引入 TCAD，研究 Ga 空位缺陷浓度对 GaN 电学性能的影响，设置浓度为 $0\sim1\times10^{14}cm^{-3}$。图 6-31(a)给出了不同 Ga 空位浓度下 GaN 的 I-V 曲线。

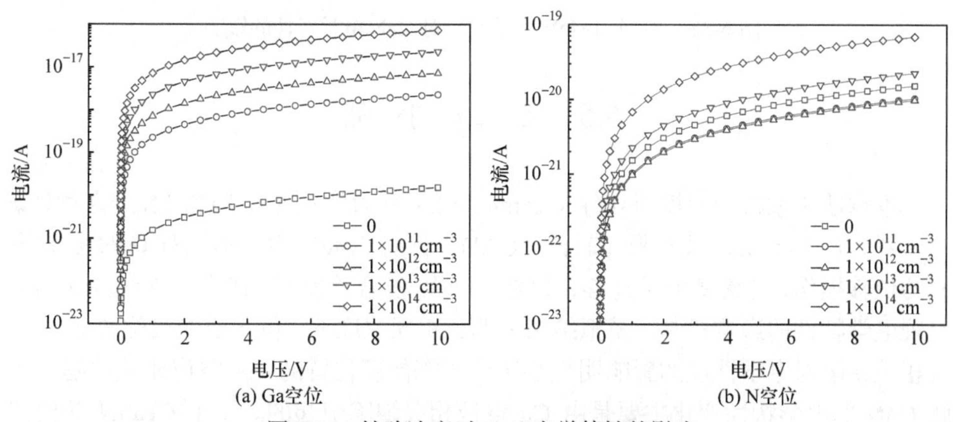

图 6-31　缺陷浓度对 GaN 电学特性的影响

此外，研究了 N 空位缺陷对 GaN 电学性能的影响，N 空位能级距离价带顶约为 0.5eV，设置浓度为 $0\sim1\times10^{14}cm^{-3}$，图 6-31(b)给出了不同 N 空位浓度下 GaN 的 I-V 曲线，与图 6-31(a)相比可知，位于浅能级位置的 N 空位相关缺陷在相同浓度下对电学性能的影响明显小于位于深能级位置的 Ga 空位相关缺陷，因此 GaN 的电学特性变化主要是由 Ga 空位相关缺陷引起的。

由 Geant4 计算结果可知，入射数目为 1×10^7 的 1MeV 中子在 GaN 材料中产生了 48931 个 Ga PKA 和 30668 个 N PKA，近似取平均能量作为入射 PKA 能量计算产生的初级损伤缺陷的数目；通过分子动力学的模拟结果可知，在模拟范围内，缺陷数目与入射 PKA 能量近似呈线性关系，将模拟结果外推，综合 Geant4 计算结果，代入动力学蒙特卡罗方法可估算 300K 温度下，80163 个平均能量为 61keV 的 PKA 产生的 Ga 空位浓度近似为 $1.6\times10^{8}cm^{-3}$，N 空位浓度近似为 $2.2\times10^{8}cm^{-3}$。将 Ga 空位及 N 空位同时引入 TCAD 模拟中可得入射数目为 1×10^{7} 的 1MeV 中子辐照对 GaN 器件电学性能的影响，如图 6-32 所示。

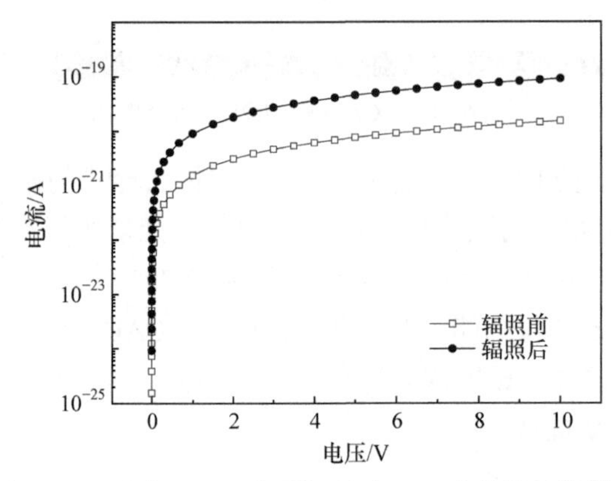

图 6-32　10^{7} 个 1MeV 中子辐照对 GaN 电学特性的影响

6.5 本 章 小 结

本章使用蒙特卡罗模拟软件 Geant4、分子动力学软件 LAMMPS、动力学蒙特卡罗软件 Mmonca 及有限元软件 TCAD，针对 1MeV 中子辐照对 GaN 材料造成的位移损伤，考虑载流子迁移、载流子产生-复合等模型，研究微观位移缺陷对宏观电学特性的影响机制。模拟结果表明，相同浓度下，位于浅能级位置的 N 空位相关缺陷对电学性能的影响明显小于位于深能级位置的 Ga 空位相关缺陷，因此 GaN 的电学特性变化主要是由 Ga 空位相关缺陷引起的。基于 Geant4 的模拟结果，近似将初级反冲原子的平均能量作为分子动力学模拟的入射能量，估算得到 1×10^{7} 个 1MeV 中子入射产生的 Ga 空位浓度及 N 空位浓度分别近似为 $1.6\times10^{8}cm^{-3}$ 及 $2.2\times10^{8}cm^{-3}$，在此基础上利用 TCAD 模拟得到 1MeV 中子辐照对 GaN 器件电学特性的影响。

参 考 文 献

[1] LORENZ K, MARQUES J G, FRANCO N, et al. Defect studies on fast and thermal neutron irradiated GaN[J]. Nuclear Instruments and Methods in Physics Research, Section B: Beam Interactions with Materials and Atoms, 2008, 266(12-13): 2780-2783.

[2] 贾婉丽, 周淼, 王馨梅, 等. Fe 掺杂 GaN 光电特性的第一性原理研究[J]. 物理学报, 2018, 67(10) : 107102.

[3] 周梅, 左淑华, 赵德刚. 一种新型 GaN 基肖特基结构紫外探测器[J]. 物理学报, 2007, 56(9): 5513-5517.

[4] MORKO H. Handbook of Nitride Semiconductors and Devices[M]. Weinheim: Wiley - VCH Verlag GmbH & Co. KGaA, 2008.

[5] 张力, 林志宇, 罗俊, 等. 具有 p-GaN 岛状埋层耐压结构的横向 AlGaN/GaN 高电子迁移率晶体管[J]. 物理学报, 2017, 66(24): 247302.

[6] KAŽUKAUSKAS V, KALENDRA V, VAITKUS J V. Carrier transport and capture in GaN single crystals and radiation detectors and effect of the neutron irradiation[J]. Nuclear Instruments and Methods in Physics Research Section A: Accelerators, Spectrometers, Detectors and Associated Equipment, 2006, 568(1): 421-426.

[7] 张明兰, 杨瑞霞, 李卓昕, 等. GaN 厚膜中的质子辐照诱生缺陷研究[J]. 物理学报, 2013, 62(11): 117103 .

[8] ZHANG M, WANG X, XIAO H, et al. Influence of neutron irradiation on the deep levels in GaN[C]. 2010 10th IEEE International Conference on Solid-State and Integrated Circuit Technology, Proceedings, IEEE, 2010: 1533-1535.

[9] 张得玺. 一种新型 GaN 功率开关器件(GIT)中子辐照效应研究[D]. 西安: 西安电子科技大学, 2015.

[10] 吕玲. GaN 基半导体材料与 HEMT 器件辐照效应研究[D]. 西安: 西安电子科技大学, 2014.

[11] WANG R X, XU S J, LI S, et al. Raman scattering and X-ray diffraction study of neutron irradiated GaN epilayers[C]. Conference on Optoelectronic and Microelectronic Materials and Devices, Proceedings, COMMAD, 2005: 141-144.

[12] WANG R X, XU S J, FUNG S, et al. Micro-Raman and photoluminescence studies of neutron-irradiated gallium nitride epilayers[J]. Applied Physics Letters, 2005, 87(3): 031906.

[13] 胡志良, 杨卫涛, 李永宏, 等. 应用中国散裂中子源 9 号束线端研究 65nm 微控制器大气中子单粒子效应[J]. 物理学报, 2019, 68(23): 238502.

[14] WAS G S. Fundamentals of Radiation Materials Science: Metals and Alloys[M]. Berlin, Heidelberg: Springer-Verlag, 2007.

[15] HU J, HAYES A C, WILSON W B, et al. Fission gas production in reactor fuels including the effects of ternary fission[J]. Nuclear Engineering and Design, 2010, 240(11): 3751-3757.

[16] 谢飞, 臧航, 刘方, 等. 氮化镓在不同中子辐照环境下的位移损伤模拟研究[J]. 物理学报, 2020, 69(19) : 192401.

[17] PLIMPTON S. Fast parallel algorithms for short-range molecular dynamics[J]. Journal of Computational Physics, 1995, 117(1): 1-19.

[18] NORD J, NORDLUND K, KEINONEN J. Molecular dynamics study of damage accumulation in GaN during ion beam irradiation[J]. Physical Review B, 2003, 68(18): 1-7.

[19] FARRELL D E, BERNSTEIN N, LIU W K. Thermal effects in 10keV Si PKA cascades in 3C-SiC[J]. Journal of Nuclear Materials, 2009, 385(3): 572-581.

[20] NORD J, ALBE K, ERHART P, et al. Modelling of compound semiconductors: Analytical bond-order potential for gallium, nitrogen and gallium nitride[J]. Journal of Physics Condensed Matter, 2003, 15(32): 5649-5662.

[21] STUKOWSKI A. Visualization and analysis of atomistic simulation data with OVITO—The open visualization tool[J]. Modelling and Simulation in Materials Science and Engineering, 2010, 18(1): 015012.

[22] NORDLUND K, GHALY M, AVERBACK R. Defect production in collision cascades in elemental semiconductors and fcc metals[J]. Physical Review B, 1998, 57(13): 7556-7570.

[23] XI J Q, ZHANG P, HE C H, et al. Evolution of defects and defect clusters in β-SiC irradiated at high temperature[J]. Fusion Science and Technology, 2014, 66(1): 235-244.

[24] NORDLUND K, PELTOLA J, NORD J, et al. Defect clustering during ion irradiation of GaAs: A molecular dynamics

study[J]. Journal of Applied Physics, 2001, 90: 1710-1717.

[25] HE H, HE C H, ZHANG J H, et al. Primary damage of 10keV Ga PKA in bulk GaN material under different temperatures[J]. Nuclear Engineering and Technology, 2020, 52(7): 1537-1544.

[26] PEARTON S. GaN and ZnO-based Materials and Devices[M]. Berlin, Heidelberg: Springer-Verlag, 2012.

[27] 唐杜, 贺朝会, 臧航, 等. 硅单粒子位移损伤多尺度模拟研究[J]. 物理学报, 2016, 65(8): 084209.

[28] JAY A, RAINE M, RICHARD N, et al. Simulation of single particle displacement damage in silicon—Part Ⅱ: Generation and long-time relaxation of damage structure[J]. IEEE Transactions on Nuclear Science, IEEE, 2017, 64(1): 141-148.

[29] QIN H, LUAN X, FENG C, et al. Mechanical, thermodynamic and electronic properties of wurtzite and zinc-blende GaN crystals[J]. Materials, 2017, 10(12): 1419.

[30] Gao F, WEBER W J, DEVANATHAN R. Atomic-scale simulation of displacement cascades and amorphization in β-SiC[J]. Nuclear Instruments and Methods in Physics Research Section B: Beam Interactions with Materials and Atoms, 2001, 180(1): 176-186.